LEGENDÄRE
AUTOS

AUTOS, DIE GESCHICHTE SCHRIEBEN, VON DEN ANFÄNGEN BIS INS 21. JAHRHUNDERT

whitestar

MERCEDES-BENZ

INHALT

TEXT
Larry Edsall

REDAKTION
Valeria Manferto De Fabianis
Laura Accomazzo
Claudia Zanera

LAYOUT
Maria Cucchi

Vorwort Seite 12

Eine schnelle Reise zu den Anfängen des Automobils Seite 14

Ein frischer Wind: Aerodynamik macht die eckigen Karossen runder Seite 28
Fiat 508 Balilla Seite 32
Tatra 77 Seite 36
Citroën Traction Avant Seite 40
Mercedes-Benz 540K Seite 44
Chrysler Airflow Seite 46
Cord 810 Seite 50
Bugatti Type 57SC Atlantic Seite 54
BMW 328 Seite 56
Alfa Romeo 8C 2900 Seite 60
Fiat Topolino Seite 64
Talbot Lago Seite 68
Ford Lincoln Continental Seite 72

Langsam beschleunigen: Die Unternehmen rüsten sich mit neuen Werken Seite 76
Cisitalia 202 Seite 80
Citroën 2CV Seite 84
Jaguar XK 120 Seite 88
1949 Ford Seite 92
Volkswagen Käfer Seite 96
Porsche 356 Seite 102
MG TD Seite 104
Lancia Aurelia B20GT Seite 106
Bentley R-Type Continental Seite 110
Chevrolet Corvette Seite 114
Mercedes-Benz 300SL Seite 116

Alfa Romeo Giulietta Sprint und Spider Seite 120

Stil und Geschwindigkeit: Die Gangart steigert sich Seite 124
Citroën DS Seite 128
Rolls-Royce Silver Cloud Seite 132
MGA Seite 136
Austin Healey 100 Seite 140
Ford Thunderbird Seite 142
Ferrari 250 GT Seite 144
Triumph TR3A Seite 148
Mini Seite 150
Jaguar Mk II Seite 154
Cadillac Eldorado Biarritz Seite 158
Jaguar XK-E (E-type) Seite 162
Shelby AC Cobra Seite 166
Aston Martin DB5 Seite 168
Chevrolet Corvette Sting Ray Seite 172

Muskelspiele: die PS-Herrschaft Seite 174
Ford Mustang Seite 178
Porsche 911 Seite 182
Pontiac GTO Seite 186
Lamborghini Miura Seite 188
Alfa Romeo Duetto Seite 190
Ferrari Dino 206 GT Seite 192
Ferrari 365 Daytona Seite 196
Maserati Ghibli Seite 200
De Tomaso Pantera Seite 202
Lamborghini Countach Seite 204

Über holprige Strecken: von der Benzinkrise und anderen Problemen Seite 206
BMW M1 Seite 210
Audi Quattro Seite 214
DeLorean DMC-12 Seite 216
Ferrari Testarossa Seite 218

Wie man ein modernes Auto schafft – und einen modernen Autokonzern Seite 220
Ferrari F40 Seite 224
Bugatti EB110 Seite 226
Dodge Viper RT/10 Seite 228
Jaguar XJ 220 Seite 232
McLaren F1 Seite 234

Vollgas voraus: Das sind die schönen alten Zeiten Seite 236
BMW Z3 Seite 240
Volkswagen New Beetle Seite 242
Ferrari 360 Modena Seite 246
Nissan 350Z Seite 250
Mercedes-Benz SRL McLaren Seite 252
Enzo Ferrari Seite 256
Chevrolet Corvette Seite 262
Porsche Carrera GT Seite 264
Audi R8 Seite 268
Bugatti 18/4 Veyron Seite 272
Maserati GranTurismo Seite 276
Chevrolet Camaro Seite 278
McLaren MP4-12C Seite 280
Tesla Model S Seite 284
Ferrari FXX K Evo Seite 286
Aston Martin Valkyrie Seite 288
Ferrari SF90 Stradale Seite 290
Chevrolet C8 Corvette Seite 292
Rimac Nevera Seite 294
Volkswagen ID. Buzz Seite 296
Lotus Evija Seite 298
Gordon Murray Automotive T.50 Seite 300

Autor, Bibliographie, Bildnachweis und Danksagungen Seite 302

2-3 DER TALBOT LAGO DER SPÄTEN DREISSIGER JAHRE HATTE EINE FORM, DIE VON DEN FRANZOSEN „GOUTTE D'EAU" – „WASSERTROPFEN" GENANNT WURDE.

4-5 DER MERCEDES-BENZ 300SL AUS MITTE DER FÜNFZIGER JAHRE, BEKANNT ALS „GULLWING" ODER „MÖWENFLÜGEL".

6-7 DIE IKONE JAGUARS IN DEN SECHZIGER JAHREN UND EIGENTLICH NOCH WEIT LÄNGER WAR DER XK-E.

8-9 NUR WENIGE AUTOS WAREN SO GEWAGT WIE DER DODGE VIPER DER NEUNZIGER JAHRE.

10-11 ROLLS-ROYCE FÜHRTE DIE ZWEITE GENERATION SEINES SILVER CLOUD 1959 EIN. DIESES „CABRIO-COUPÉ" WURDE VON EINEM NEUEN V8-MOTOR ANGETRIEBEN.

VORWORT

Schon seit sehr viel längerer Zeit, als man sich vorstellen kann, haben die Menschen begierig auf die Möglichkeit gewartet, ein motorisiertes Fahrzeug zu steuern. Lange bevor die industrielle Revolution etwas Derartiges möglich machte, hatten Homer und da Vinci von Fahrzeugen mit mechanischem Antrieb geträumt. Dampfmaschinen, die mehr wie aus ihrem Gleis geflüchtete Lokomotiven aussahen als irgendetwas, das wir heutzutage als Personenkraftwagen betrachten würden, wurden über die Straßen Chinas, Europas und Nordamerikas „gelenkt", in einigen Fällen mehr als ein Jahrhundert, bevor Carl Benz, Gottlieb Daimler und Emile Levassor jene Fahrzeuge bauten, die wir derzeit als die ersten Automobile ansehen. Mit seinem Model T, das mit standardisierten Bauteilen in Serie produziert wurde, stellte Henry Ford die ganze Welt auf Räder. Am Ende der Produktion 1927 war die Hälfte aller Autos, die bis zu diesem Zeitpunkt gebaut worden waren, ein Model T von Ford. Die europäischen und japanischen Automobilhersteller reisten bis nach Michigan, um die Produktions- und Montagemethoden von Ford zu studieren und um dann in ihr Heimatland zurückzukehren und diese Techniken an die örtlichen Gegebenheiten anzupassen. Die Autos vermehrten sich rasch. Sie waren nicht mehr nur Spielzeuge, mit denen sich die wohlhabenderen Klassen spazieren fahren ließen. Ob Model T, Citroën Torpedo, Austin Seven, Fiat Topolino, VW Käfer oder Toyota Corolla – diese Fahrzeuge hatten erschwingliche Preise und konnten daher für den alltäglichen Transport auch derjenigen genutzt werden, die bescheidenere wirtschaftliche Möglichkeiten hatten. Doch ebenso, wie die Menschen anfänglich schlicht danach gestrebt hatten, einen Personenwagen ihr Eigen zu nennen, träumten sie fast unverzüglich nach Erreichen dieses Ziels davon, nicht einfach nur ein Auto zu besitzen, sondern ein ganz besonderes Auto. Ein Auto, das besser aussah, schneller war oder am besten beide Eigenschaften zusammen aufwies. Automobile, zumindest einige ganz besondere Modelle, erwarben eine legendäre Aura. Legendär zu sein heißt, als so besonders angesehen zu werden, dass es mythische, gar heroische Dimensionen annimmt, das heißt, bewundert, gefeiert, ja sogar Teil der kulturellen Tradition zu werden. Solche Autos sind Gegenstand dieses Buches.

DER MERCEDES-BENZ 540K ZEIGT DIE RAFFINIERTEN DETAILS, DIE BEI HOCHWERTIGEN AUTOS DER DREISSIGER JAHRE EINGESETZT WURDEN. DAS AUTO BEZOG SEINE LEISTUNG VON EINEM ACHTZYLINDER-REIHENMOTOR MIT KOMPRESSOR, DER VON FERDINAND PORSCHE FÜR RENNEN ENTWORFEN WORDEN WAR.

EIN WERBEPLAKAT EINES FRANZÖSISCHEN KAROSSERIEBAUERS AUS DEM JAHR 1899 ZEIGT EINE FRAU, DIE IHREN AUSFLUG GENIESST, IN HÄNDEN EINEN SIEGESLORBEERKRANZ.

Eine schnelle Reise zu den Anfängen des Automobils

Jahre ehe Leonardo da Vinci die Mona Lisa malte, zeichnete er Traummaschinen, einige davon waren zum Fliegen gedacht – ausgestattet sogar mit einem fallschirmähnlichen System, damit man sich im Falle eines Absturzes retten könne –, und andere sollten sich auf der Erde mit eigenen Antriebsmitteln fortbewegen: zwei große ausgeglichene Federn, die sich gegenseitig aufzogen und so die notwendige Energie entwickelten, um eines der auto-mobilen, also selbstbeweglichen Fahrzeuge von da Vinci anzutreiben. Jahrhunderte später sollten Studenten in Europa, den Vereinigten Staaten und Japan von ihren Professoren getadelt werden, weil sie praktisch dasselbe gemacht hatten, weil sie exotische oder auch gewöhnliche Automobile gezeichnet und davon geträumt hatten, wohin und wie schnell diese Autos sie transportieren könnten. „Der Erfinder des Automobils hatte einen größeren Einfluss auf die Gesellschaft als die Unternehmungen von Napoleon, Dschingis Khan und Julius Cäsar zusammen", schrieb der berühmte Soziologe William Ogburn bereits 1938, als das Automobil gerade erst begann, seine Bedeutung für die moderne Gesellschaft zu erlangen.

Mehr als ein Jahrtausend, bevor da Vinci von einem mechanisch angetriebenen Fahrzeug träumte, schrieb Homer in der Ilias von „lebenden Rädern", die sich mit eigener Kraft von einem Ort zum anderen „rund um die geliebten Wohnstätten" bewegten. Und der britische Wissenschaftler, Mathematiker und Philosoph Roger Bacon spekulierte über die Möglichkeiten von automobilen Fahrzeugen bereits zwei Jahrhunderte, bevor da Vinci sie zeichnete.

Einigen Zeugnissen zufolge sollen zwei französische Missionare in China Mitte des siebzehnten Jahrhunderts dampfbetriebene Fahrzeuge gebaut haben, auch wenn die Historiker der Automobilgeschichte eher geneigt sind, den 1769 von dem Mechaniker Nicholas Cugnot erbauten Dampfwagen als „automobilen Adam" anzusehen. Cugnots Erfindung, die entworfen worden war, um Kanonen für das französische Heer zu ziehen, war so riesig, dass sie anscheinend noch in der Entwicklungsphase außer Kontrolle geriet und an einer Mauer zerschellte. Dampflokomotiven zogen Waggons auf Metallschienen, und Dampf lieferte auch die Antriebskraft für Fahrzeuge wie zum Beispiel die Kutschen, die der englische Ingenieur Richard Trevithick bereits 1801 erbaute, und für die Baggermaschinen mit Eigenantrieb, die der amerikanische Erfinder Oliver Evans seit 1805 über die Straßen Philadelphias lenkte.

Dampf sollte noch länger die Energie für viele der ersten Automobile liefern. Das Locomobile war ein Dampffahrzeug und 1901 in den USA das am meisten verkaufte Automobil. Der Stanley Steamer erwarb 1906 weltweite Berühmtheit, als er an den Stränden von Ormond Beach in Florida einen Geschwindigkeitsrekord an Land von 205,44 km/h aufstellte.

Wer also erfand das, was wir nunmehr als das moderne Automobil betrachten, das Fahrzeug, das nach Meinung von Ogburn einen so sensationellen Einfluss auf Kultur und Gesellschaft hatte?

1895 wurde dem amerikanischen Erfinder und Anwalt George B. Selden das US-Patent für ein Auto erteilt, das von einem Motor mit innerer Verbrennung angetrieben wurde – auch wenn er das Fahrzeug erst 1904 baute und obwohl derartige Fahrzeuge in Europa bereits gebaut wurden, als Selden sein Patent einreichte.

Der Motor mit innerer Verbrennung ist eine Maschine, in der Benzin oder eine andere brennbare Flüssigkeit oder ein brennbares Gas mit Luft zusammenkommt und entzündet wird, was eine Explosion auslöst, die einen Kolben in einen Zylinder schiebt. Durch den Kolbenhub dreht eine Stange, die mit dem Kolben verbunden ist, eine Übertragungswelle, die in verschiedener Weise mit einem Rad verbunden sein kann.

Die Kolben bewegen sich auf und ab, die Übertragungswellen rotieren, die Räder drehen

Guiet
& Cie
Constructeurs
Exclusifs
de la Société
Française
d'Autos
Électriques
L'Automobile
par la
Carrosserie
Maurice Neumont 99
124 Bis Avenue de Villiers

OBEN IN DER MITTE CARL UND BERTA BENZ MIT FAMILIE BENÖTIGTEN ZWEI VON CARLS AUTOS FÜR DIESEN FAMILIENAUSFLUG IM JAHR 1891. BENZ WAR EINER DER ERFINDER DES AUTOMOBILS.

OBEN RECHTS DIESE ZEICHNUNGEN LEGTE BENZ SEINEM PATENTANTRAG BEI, DER 1886 BEWILLIGT WURDE.

UNTEN RECHTS GOTTLIEB DAIMLER STEUERT SEINEN VIKTORIA 1886. DAS FAHRZEUG WAR EINE PFERDEKUTSCHE, AUF DIE DAIMLER EINEN MOTOR UND EIN GETRIEBE ZUM ANTRIEB DER RÄDER MONTIERTE.

sich und drehen sich, und das Fahrzeug, das all diese Elemente trägt, kann mit einem Steuer auf der Straße gelenkt werden.

Patente für Motoren diesen Typs wurden 1844 in den USA vom New Yorker Smart Perry hinterlegt und 1860 in Frankreich von einem Belgier, Etienne Lenoir, der eine Methode ersann, um mit Hilfe einer Batterie, einer Spule und einer Kerze das Luft-Kraftstoff-Gemisch zu entzünden. Lenoirs Motor war der erste, der kommerziell produziert wurde.

Dann ersann 1876 Nicolaus August Otto, ein Deutscher, der zuvor mit Motoren experimentiert hatte, die ähnlich waren wie die von Perry und Lenoir, eine Methode, um das Luft-Kraftstoff-Gemisch in einem Zylinder zu verdichten, die dem Motor einen ruhigeren Lauf ermöglichte, da sie den Zylinder während des Verbrennungszyklus vier Wege zurücklegen ließ (anstatt der zuvor üblichen zwei). Der Kolben bewegte sich, um das Luft-Kraftstoff-Gemisch anzusaugen, dann kehrte er zurück, um dieses zu verdichten, ehe es sich entzündete, was den Kolben dazu zwang, sich erneut zu bewegen. Schließlich wurden die Abgase aus dem Motor ausgeschieden, während der Kolben wieder in seine Ausgangsposition zurückkehrte, bereit, einen weiteren Strahl des Gemisches anzusaugen.

Da der Pariser Alphonse Beau de Rochas einen ähnlichen Viertaktmotor bereits 1862 beschrieben hatte, wurde Otto nicht gestattet, seine Erfindung patentieren zu lassen, und daher wurde sein Entwurf öffentliches Gut und von anderen perfektioniert. Darunter waren Carl Benz, Gottlieb Daimler und Rudolf Diesel. Diesel war es, der einen Motor entwickelte, der Druck anstelle eines elektrischen Funkens zum Entzünden des Gemischs nutzte.

1886 montierte Benz einen Zweitaktantrieb mit Benzinverbrennung auf ein dreirädriges Chassis und baute so das, was als das erste echte Motorfahrzeug angesehen wird. Später im selben Jahr entwickelte Daimler, der für Otto arbeitete und nunmehr mit dem genialen Ingenieur Wilhelm Maybach zusammentraf, eine verbesserte Version des Viertaktmotors, die er auf das Chassis einer vierrädrigen Kutsche montierte, womit er das schuf, was allgemein als das erste wahre Automobil betrachtet wird. Daimlers Motorfahrzeug war in der Lage, Reisegeschwindigkeiten über 16 km/h zu ermöglichen.

Doch Benz war der Erste, der Autos in größeren Serien herstellte und bis 1898 mehr als tausend Vierradfahrzeuge absetzen konnte,

überwiegend in Frankreich, Deutschland und England, aber auch das eine oder andere in den USA, wo die Fahrradbauer Charles und Frank Duryea, zwei Brüder, von Benz und seiner Arbeit lasen und dann 1893 zu den ersten Amerikanern zählten, die kommerziell Autos produzierten.

Wenn auch die Deutschen Benz und Daimler als die Erfinder des Automobils angesehen werden können, so war es der Franzose Emile Levassor, der den Prototyp der Autos baute, die in den

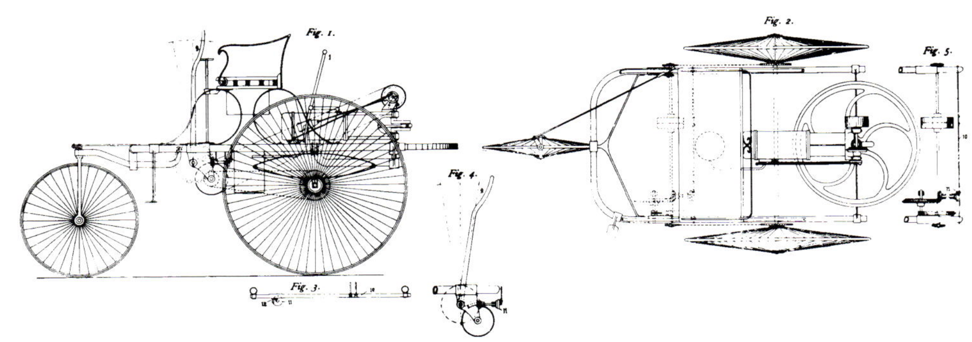

folgenden Jahrzehnten im Verkehr sein sollten. Levassor und der Karosseriebauer René Panhard montierten einen Motor, dessen Zylinder senkrecht und auf der Vorderseite des Fahrzeugs angebracht waren anstatt unter den Sitzen oder auf der Rückseite. Diese neue Anordnung erlaubte es den Autos, auch größere und leistungsstärkere Motoren zu tragen.

Levassor nahm mit seinem Auto an Wettrennen teil und gewann. Zunächst besiegte er zwölf andere Autos mit innerer Verbrennung neben acht dampfbetriebenen Fahrzeugen in dem Rennen, das 1894 auf einer Strecke von 126 Kilometern Länge zwischen Paris und Rouen stattfand, dann fuhr der Franzose im selben Jahr bei dem Rennen Paris-Bordeaux und zurück zwei Tage

lang durch, ohne auch nur zum Schlafen anzuhalten, und schlug weitere 21 Fahrzeuge.

Frankreich wurde das Zentrum der Automobilindustrie, zumindest bis 1904, als seine Produktion von der in den Vereinigten Staaten überholt wurde. Henry Ford war nicht der erste Amerikaner, der Automobile baute, aber er revolutionierte deren Herstellungsprozess und Anschaffungskosten, sodass er die Welt auf vier Räder stellte. Obwohl die Gebrüder Duryea die Ersten waren, die in den USA Autos bauten – sie gewannen auch das erste amerikanische Autorennen, das in Chicago stattfand –, war es Alexander Winton, ein junger Schotte, der nach Amerika ausgewandert war und in Cleveland, Ohio, Fahrräder herstellte, der als der Erfolgreichste unter den ersten amerikanischen Autofabrikanten und Rennfahrern hervorstach: Er bewies die Vitalität des Autos, indem er eines seiner Fahrzeuge in weniger als 48 Stunden von Cleveland nach New York steuerte. 1901 präsentierte Ransom E. Olds aus Lansing, Michigan, Autobauer seit 1897, sein Curved Dash Oldsmobile, das das erste amerikanische Auto in Quantität wie Qualität werden sollte. Olds' Fabrik produzierte 1902 circa 2 500 Kleinwagen, weitere 4 000 im folgenden Jahr und über 5 500 im Jahre 1904.

Olds' Autos waren mit austauschbaren, präzisionsgearbeiteten Teilen ausgerüstet, die von Henry Leland produziert wurden, der in den Munitionsfabriken in Springfield, Massachusetts, gelernt hatte, Bauteile von hoher Qualität und in großen Mengen herzustellen. Später eröffnete

OBEN LINKS DER PIONIER DER AMERIKANISCHEN AUTOMOBILGESCHICHTE, HENRY LELAND, POSIERT MIT SEINEM PERSÖNLICHEN AUTO, EINEM CADILLAC MODEL H COUPÉ OSCEOLA VON 1906. LELAND HATTE DIE MOTOREN FÜR DIE BERÜHMTEN CURVED DASH OLDSMOBILE GEBAUT, 1902 GRÜNDETE ER DANN SEINE EIGENE AUTOFABRIK, CADILLAC. SPÄTER VERKAUFTE LELAND CADILLAC AN DIE FIRMA, DIE IN DER FOLGE ZU GENERAL MOTORS WERDEN SOLLTE. 1920 GRÜNDETE ER EINE ANDERE AUTOMOBILGESELLSCHAFT, LINCOLN, DIE ER DANN AN FORD VERKAUFTE.

UNTEN IN DER MITTE DAS MODEL R WURDE BEKANNT ALS DAS CURVED DASH OLDSMOBILE UND WAR DAS ERSTE AMERIKANISCHE AUTO, DAS IN GROSSER STÜCKZAHL PRODUZIERT WURDE. DIE GESELLSCHAFT VERKAUFTE 1902 2 100 EINHEITEN SEINER KLEINWAGEN, 4 000 IM FOLGEJAHR (IM BILD EINES DER MODELLE VON 1903) UND ÜBER 5 500 IM JAHR 1904.

Leland zusammen mit einem anderen Partner in Detroit eine Autowerkstatt, dann wurde er das mechanische Genie hinter Cadillac – „Standard für die Welt" – und gründete schließlich Lincoln.

Unter Lelands Ägide bei Cadillac erfand Charles Kettering 1911 den selbsttätigen Anlasser. Bis zu diesem Zeitpunkt musste die Kurbelwelle des Motors mit innerer Verbrennung per Hand angekurbelt werden, damit das Auto starten konnte. Das war nicht nur unbequem, sondern durchaus auch gefährlich.

OBEN RECHTS 1905 BESTRITTEN ZWEI CURVED DASH OLDSMOBILE – OLD SCOUT UND OLD STEADY – EIN WETTRENNEN QUER DURCH DIE USA, UM FÜR DIE GOOD-ROADS-KONFERENZ ZU WERBEN. DWIGHT HUSS UND MILFORD WIGLE GEWANNEN DIE 1 000-DOLLAR-SIEGESPRÄMIE, INDEM SIE DIE REISE IM OLD SCOUT IN 45 TAGEN BEWÄLTIGTEN – MIT EINIGEN TAGEN VORSPRUNG VOR PERCY MEGARGEL UND BARTON STANCHFIELD.

Kettering hatte einen kleinen elektrischen Motor für Registrierkassen weiterentwickelt und so umgebaut, dass dieser den Motor eines Autos starten konnte. Er leitete damit das Ende der kurzzeitigen Beliebtheit von elektrischen Autos ein, die ihre Energie nicht von Verbrennungsmotoren, sondern von Akkus bezogen.

Derjenige, der die Techniken der Massenproduktion tatsächlich im Automobilbau anwendete, war Henry Ford, der sein erstes Vierradfahrzeug 1896 herstellte und die Mittel zur Gründung einer Automobilgesellschaft verdiente, als er 1901 bei einem Rennen den berühmten Alexander Winton schlug und verärgerte.

Bis 1908 war Fords Gesellschaft hinreichend erfolgreich geworden, sodass er seinen Traum von der Herstellung eines günstigen Autos für die Massen verwirklichen konnte. Schwarz lackiert, da diese Farbe am schnellsten trocknete, lief das Model T von Ford im Takt von 1 000 Einheiten pro Tag vom Fließband. Das stand im krassen Gegensatz zur europäischen Autoindustrie, wo normalerweise Handwerker und Karosseriebauer immer noch nur jeweils ein Fahrzeug auf einmal bauten. Viele europäische Gesellschaften schickten ihre Techniker nach Michigan, um die Arbeitsprozesse bei Ford zu studieren. Bis 1913, dem letzten Jahr, in dem Automobile in großem Maßstab in Europa produziert wurden, ehe der Krieg den Kontinent verwüstete, wurden mehr als zwei Drittel der Autos der gesamten Welt in den USA hergestellt – und mehr als die Hälfte davon waren Model T von Ford.

Das Model T war das „Maultier" unter den pferdelosen Fahrzeugen. Es schien jedes Ziel erreichen zu können und schaffte es tatsächlich auch. Es gewann Wettbewerbe auf dem ganzen nordamerikanischen Kontinent, wurde eines der meistverkauften Autos auch in Europa, wo die britische Filiale von Ford die größte Automobilgesellschaft des Landes war.

Als 1923 ein Erdbeben die Eisenbahn zwischen Tokio und Yokohama zerstörte, bestellte die japanische Regierung eintausend Model T, um die Fahrgäste zu transportieren. (Ford und General Motors errichteten beide in Japan Anlagen für den Automobilbau, wobei sie bis Ende der dreißiger Jahre eine Art Monopolstellung genossen.

Ungefähr 125 000 Model T wurden benötigt, um während des Ersten Weltkrieges die alliierten Truppen zu transportieren, und sogar Lawrence verzichtete auf seine Kamele und setzte für den Truppentransport durch die Wüste des Mittleren Ostens Autos von Ford ein.

Die Anforderungen des Militärs zu Kriegszeiten ermutigten die Automobilhersteller, ihre Produktionsanlagen zu modernisieren. Nach dem Krieg setzte Citroën modernere Produktionsmethoden ein, um 1919 den Typ A Torpedo auf den Markt zu bringen.

OBEN LINKS ZWEI JAHRE NACH SEINER EINFÜHRUNG WURDE DAS MODEL T 1911 NEU ENTWORFEN, MIT NEUEN KOTFLÜGELN, RÄDERN UND ACHSEN, EINEM NEUEN KÜHLER, EINER STAHLKAROSSERIE STATT EINER AUS HOLZ UND SOGAR MIT EINEM NEUEN MOTOR.

OBEN RECHTS 1919 WURDE DER ELEKTRISCHE ANLASSER (STATT DES HANDKURBELANLASSERS) SERIENMÄSSIG IN DIE MODEL-T-LIMOUSINE VON FORD EINGEBAUT, OPTIONSWEISE AUCH IN OFFENE AUTOS WIE DIESEN ROADSTER. ZUR ELEKTROAUSSTATTUNG GEHÖRTE DAS ERSTE ARMATURENBRETT FÜR DIE KONTROLLINSTRUMENTE MIT AMPEREMETER, LUFTKLAPPE UND ANLASSER-SCHEINWERFER-SCHALTER UND EINEM PLATZ FÜR DIE INSTALLATION EINES TACHOMETERS.

UNTEN RECHTS HENRY FORD ZEIGT DEM AMERIKANISCHEN ESSAYISTEN JOHN BURROUGHS (AUF DEM VORDERSITZ) UND THOMAS EDISON EINES SEINER AUTOS. BEVOR FORD AUTOS BAUTE, ARBEITETE ER IN DER DETROITER FILIALE DER EDISON ILLUMINATING COMPANY. EDISON WAR ES AUCH, DER IHN ERMUTIGTE, SEINE AUTOMOBILEN TRÄUME WEITERZUVERFOLGEN.

Der Automobilhistoriker James Flink merkt an, dass der Torpedo zu einem Viertel des Preises verkauft wurde, der vor dem Krieg für normale europäische Autos üblich war. Citroën machte ihn zum ersten Modell eines europäischen Autos aus Massenproduktion zu erschwinglichen Preisen und verkaufte 1920 fast 20 000 Stück. Somit waren die anderen Hersteller gezwungen, ähnliche Fahrzeuge zu produzieren. Der britische Austin Seven war eines dieser Autos und wurde mit Lizenz sogar in Japan und in Amerika hergestellt.

Doch die Nachkriegsrezession hatte starke Auswirkungen auf die Verkaufszahlen von europäischen Autos, und es war für die Firmen dieses Kontinents sicherlich nicht hilfreich, dass Ford und General Motors allein im Ausland mehr Autos herstellten als Frankreich und Deutschland zusammen.

In ihrem beeindruckenden Buch Cars 1930–2000 betonen die drei Autoren, dass in der gesamten Dekade nach 1920 keine europäische Automobilfabrik die Möglichkeiten hatte, mehr als 100 000 Autos pro Jahr zu produzieren.

Die Karosserien des Model T von Ford und der meisten Fahrzeuge anderer Automobilbauer der ersten Stunde waren wenig mehr als Blechbüchsen mit abgeflachten Ecken, die die mechanischen Teile bedecken und den Fahrer und seine Passagiere aufnehmen sollten. Aber schnell fand auch der Stil seinen Weg auf die Straßen.

Zunächst unter dem extravaganten William Durant, dann unter Leitung des tüchtigen Geschäftsmannes Alfred Sloan wollte General Motors die Vorherrschaft von Ford brechen, indem das Unternehmen verschiedene Autohersteller unter einem Dach vereinte und ihren Kunden etwas mehr bot als nur ein einziges Modell ganz in Schwarz. 1926 stellte General Motors Harley J. Earl ein, der bislang für Hollywoodstars Sonderanfertigungen hergestellt hatte und dem es im Laufe eines Jahres gelang, die erste echte Planungsabteilung der Gesellschaft, die Art and Color Section der GM, zu organisieren, die 1927 den LaSalle herausbrachte. Dieses Modell war das erste Auto in Serienproduktion, das bewusst entworfen statt einfach nur konstruiert wurde.

Besonders in Europa hatten Techniker bereits experimentelle Fahrzeuge gebaut, um die Möglichkeiten zur Verbesserung der Aerodynamik von Automobilen zu erforschen. Allerdings entwarf Earl 1938 den „dream car" des Automobilbaus. Sein Buick Y-Job, dessen Name sich von experimentelle Flugzeugen herleitete, war ein Konzeptfahrzeug, das das ästhetische Potenzial des automobilen Designs auslotete.

Wie das Unternehmen von Earls Vater in Südkalifornien hatten europäische Karosseriebauer viele Jahre lang in Handarbeit für die wohlhabendere Kundschaft Karossen auf Bestellung gebaut, genauso wie Pferdekarren und -kutschen, ehe die Epoche des pferdelosen Transportes begann.

Isotta Fraschini, Hispano-Suiza, Maybach, Alfa Romeo und viele andere Automobilgesellschaften bauten massive Chassis, auf die dann Karosseriedesigner in Italien, Frankreich, England und anderen Ländern für die eigenen Kunden Karosserien auf Bestellung bauten.

Auch wenn sie in geringerer Stückzahl hergestellt wurden als die Fahrzeuge aus der Massenproduktion, waren diese Arbeiten, die von Gesellschaften wie Saoutchik, Touring, Zagato, Murphy, La Baron und vielen anderen produziert wurden, in Design und Details raffiniert und ausgefeilt. Um ein breiteres Publikum zu gewinnen, musste das Automobil in Umgang und Wartung jedoch einfacher werden. Und es musste einen Fahrgastraum haben, der vor den Unbilden des Wetters Schutz bot.

In den gesamten zwanziger Jahren realisierten die Automobilgesellschaften diese Verbesserungen. Die Kurbelmotoren wurden durch elektrische Anlasser ersetzt. Die Leistungssteigerung des Beleuchtungssystems machte Nachtfahrten weniger beschwerlich. Die Bremsen wurden verbessert. In der Reifenherstellung wurden technologische Fortschritte gemacht. Ebenso beim Straßenbau, als die italienischen „autostrade" der späten zwanziger Jahre zum Prototyp der Hauptverbindungsstraßen der Zukunft wurden. Leistungsstärkere Motoren hatten nun einen Platz zum Üben. „Schließlich entwuchs das Automobil endgültig seiner anfänglichen Rolle als Spielzeug für die Reichen", schreiben die Autoren von Cars, „Vertreterinnen des schwachen Geschlechts am Steuer, die außerhalb der USA eine Seltenheit waren, wurden auch in den anderen Ländern immer zahlreicher..."

UNTEN IN DER MITTE CESARE ISOTTA UND ORESTE FRASCHINI BEGANNEN 1899 IN MAILAND, AUTOS ZU BAUEN. 1910 WAR ISOTTA FRASCHINI DAS ERSTE AUTOMOBIL-UNTERNEHMEN, DAS SEINE WAGEN MIT BREMSEN AN ALLEN VIER RÄDERN VERSAH. SEINE FAHRZEUGE, WIE DIESES MODELL AUS DEM JAHR 1929, WAREN RIESIGE LUXUSLIMOUSINEN, DIE ALS „NACKTE" RAHMEN VERKAUFT WURDEN, AUF DIE DANN VON KAROSSERIEBAUERN HANDGEFERTIGTE KAROSSEN AUFGESETZT WURDEN. DIESE EXKLUSIVEN FAHRZEUGE WAREN SEHR BELIEBT AN KÖNIGSHÄUSERN UND BEI FILMSTARS.

OBEN RECHTS HISPANO-SUIZA WAR DER NAME, DEN DER SCHWEIZER MARC BIRKIGT SEINER 1904 IN BARCELONA GEGRÜNDETEN GESELLSCHAFT GAB. AUF DIESEM BILD KANN MAN DAS MODELL H6B BEWUNDERN, DAS VON 1922 BIS 1933 PRODUZIERT WURDE.

FOLGENDE SEITEN 24–25 DER EXOTISCHE F40 WAR DAS LETZTE AUTO, DAS VON ENZO FERRARI VOR SEINEM TOD VORGESTELLT WURDE. DER WAGEN WAR NICHT NUR DER GEWAGTESTE JE DESIGNTE FERRARI, SONDERN AUCH DER SCHNELLSTE.

26–27 DER Z3 VON BMW STELLTE DIE MODERNE INTERPRETATION DES KLASSISCHEN EUROPÄISCHEN ROADSTERS DAR, AUCH WENN DIESER SPORTWAGEN IN DEN USA FÜR ALLE MÄRKTE PRODUZIERT WURDE.

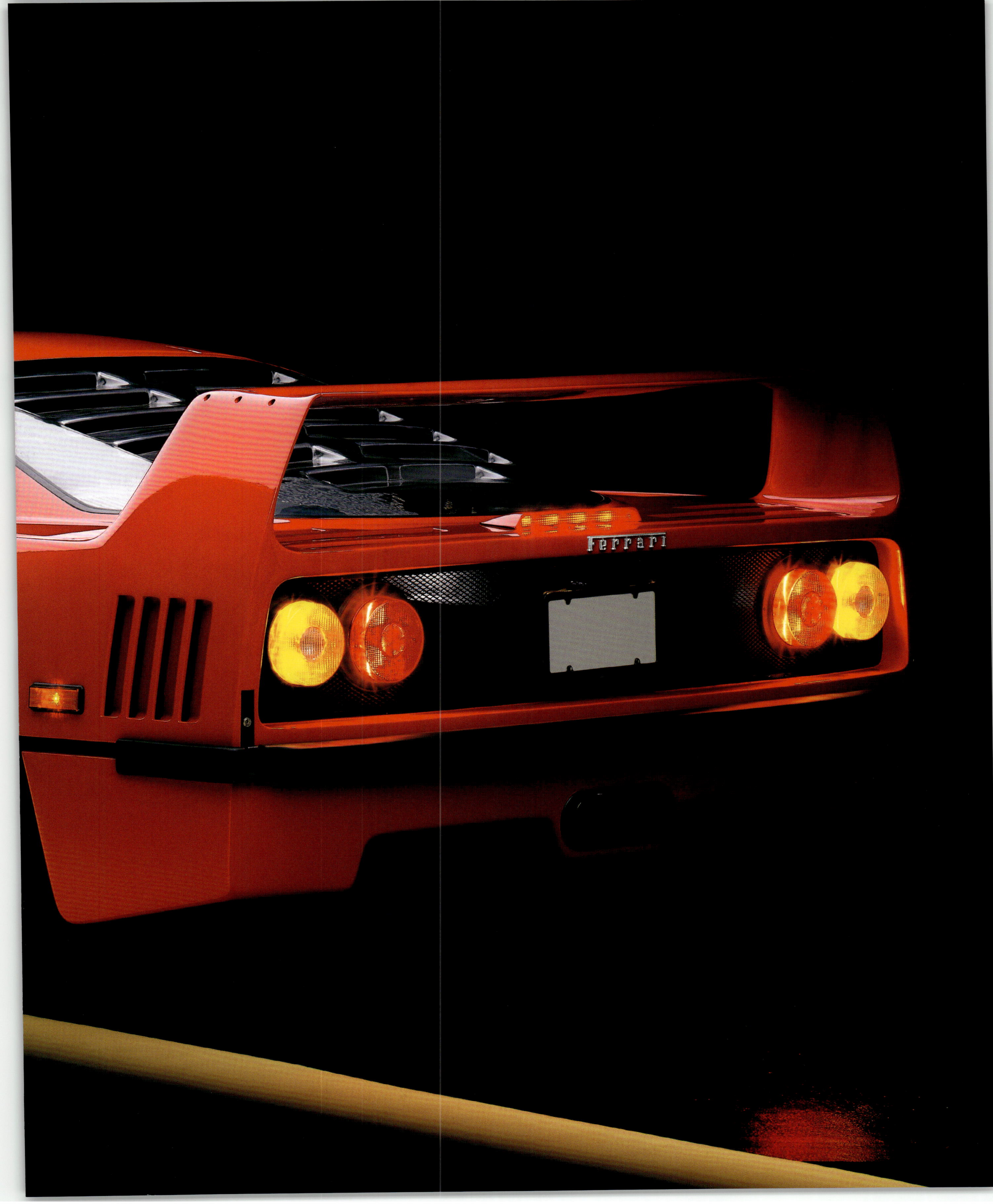
Ferrari

Ein frischer Wind: Aerodynamik macht die eckigen Karossen runder

1932/1944

Ein frischer Wind: Aerodynamik macht die eckigen Karossen runder

In den Kindertagen des Automobils war das Steuern eines Fahrzeugs eine undankbare, schmutzige und gefährliche Aufgabe. Die Motoren wurden mit Handkurbeln angelassen, die häufig zurückschlugen und Hände und Finger brachen. Die ersten Motoren spuckten Öl und Abgase auf den Fahrer und seine Passagiere. Mehr oder weniger alle Automobilpioniere mussten Schutzbrillen, Handschuhe und kittelähnliche Arbeitsoveralls anlegen. Diese Fahrzeuge waren eigentlich Kutschen ohne Pferde, wenig mehr als ein Rahmen mit Rädern und einem Motor, einem Tank, einem Sitz und einer Lenkstange (schließlich vom Lenkrad ersetzt).

Ziemlich bald wurden Kastenelemente aus Holz oder Metall um die mechanischen Komponenten gebaut. Dann wurde ein größeres Gehäuse um die Sitze errichtet, das den Fahrer und die Passagiere aufnehmen konnte und das manchmal als Abdeckung eine Art Baldachin hatte, der ein wenig Schatten spenden konnte, aber kaum Schutz bot, weder vor Wetterunbilden noch Staub oder Schmutz. Mit der Zeit wurden Scheinwerfer, Kotflügel, Ersatzreifen und Kästen für das zur Wartung des Autos notwendige Werkzeug an den verschiedenen Gestellen angebracht. Schließlich wurde der gesamte Fahrgastraum mit einem festen Dach und Glasscheiben geschlossen. Dennoch waren mit Ausnahme der gebogenen Kotflügel, der runden Scheinwerferfassungen und vielleicht einer kleinen Wölbung des Metallkastens, der den Motor barg, die Linien der ersten Autos flach, gerade und senkrecht. Aber es gab auch Ausnahmen (es gibt immer welche).

1899 wurde der Belgier Camille Jenatzy der erste Mann, der über 100 km/h schnell fuhr, als er ein Auto mit Elektroantrieb baute, das im Grunde aussah wie ein Torpedo, den man auf ein Gestell mit vier Rädern montiert hat. Seit Ende 1898 hatten Jenatzy und sein französischer Partner Gaston de Chasseloup-Laubat an der Verbesserung des Geschwindigkeitsrekordes gearbeitet, wobei sie sich ständig gegenseitig mit ihren Elektroautos überboten. Auch der Jeantaud von Chasseloup-Laubat war außergewöhnlich aerodynamisch, obwohl er hoch war und aussah wie ein umgedrehtes Kanu mit einer messerähnlichen Schnauze und einem spitz zulaufenden Schwanz.

Bei ihrer Jagd nach Geschwindigkeit steigerten sie sich immer mehr (fast 63 km/h … mehr als 66 … fast 70 … und mehr als 91), bis es schließlich Jenatzy gelang, sein torpedoähnliches Fahrzeug „Jamais Contente" – „Niemals zufrieden" – zu bauen und damit die 100 km/h-Grenze zu durchbrechen, wobei er eine Höchstgeschwindigkeit von 105,26 km/h erreichte.

Während die beiden Rennfahrer ihre Rivalität auslebten, wollten viele Pioniere des Automobilbaus einfach nur Autos bauen, die man in mechanischer und vielleicht auch kommerzieller Hinsicht herstellen konnte, ohne sich allzu viele Gedanken um Stil oder Geschwindigkeit zu machen. Im Übrigen galt fast jedes Tempo über dem einer von Pferden gezogenen Kutsche bei den meisten Leuten als absolut verwegen.

Sicher hätten die Rennfahrer den Vorteil bemerkt, den die Reduzierung der Frontfläche, das Ersetzen der senkrechten Flächen durch aerodynamischere Formen und das Absenken des Schwerpunktes des eigenen Autos bot, aber ihre Hauptmission bestand darin, der Öffentlichkeit zu beweisen, dass das Automobil tatsächlich ein effizientes, verlässliches und vielleicht auch schnelles Transportmittel war. Jenatzys Geschwindigkeitsrekord blieb fast drei Jahre lang ungeschlagen, auch wenn er dann, als er gebrochen wurde, gleich um fast 15 km/h übertroffen wurde. Der ungarische Ingenieur Paul Jaray erstellte zwar nicht unbedingt die erste, so doch eine der bedeutendsten Studien darüber, wie aerodynamische Vervollkommnungen dazu beitragen könnten, das Automobil zu verbessern, genau wie zuvor schon bei Schiffen und Flugzeugen.

Von 1914 bis 1923 war Jaray Chefdesigner für Zeppelin-Luftschiffe, nutzte seinen Windkanal allerdings auch, um mit dem automobilen Design zu experimentieren. Anfang der zwanziger Jahre baute Jaray schon experimentelle Autos mit Wassertropfenprofil anstelle der flachen, kantigen Oberflächen. Zusätzlich zu seiner Arbeit in Europa gründete Jaray eine amerikanische Gesellschaft, die Jaray Streamline Corporation, und bald begann er, das automobile Design auf beiden Seiten des Atlantiks zu beeinflussen.

VORHERIGE SEITE DER CORD 810 WAR SO NIEDRIG GELEGT, DASS DER DESIGNER GORDON BUEHRIG DEN ANBAU VON TRITTBRETTERN VERMEIDEN KONNTE UND SO EIN ÜBERRASCHEND MODERNES FAHRZEUG SCHUF.

RECHTS 1933 VERÖFFENTLICHTE DIE MARKE OLDSMOBILE VON GENERAL MOTORS EINEN REKLAMEPROSPEKT, DER DIE ELEGANZ SEINES NEUEN ZWEITÜRIGEN COUPÉS MIT KLAPPVERDECK – OLDSMOBILE 8 – BEWARB.

FIAT 508
BALILLA

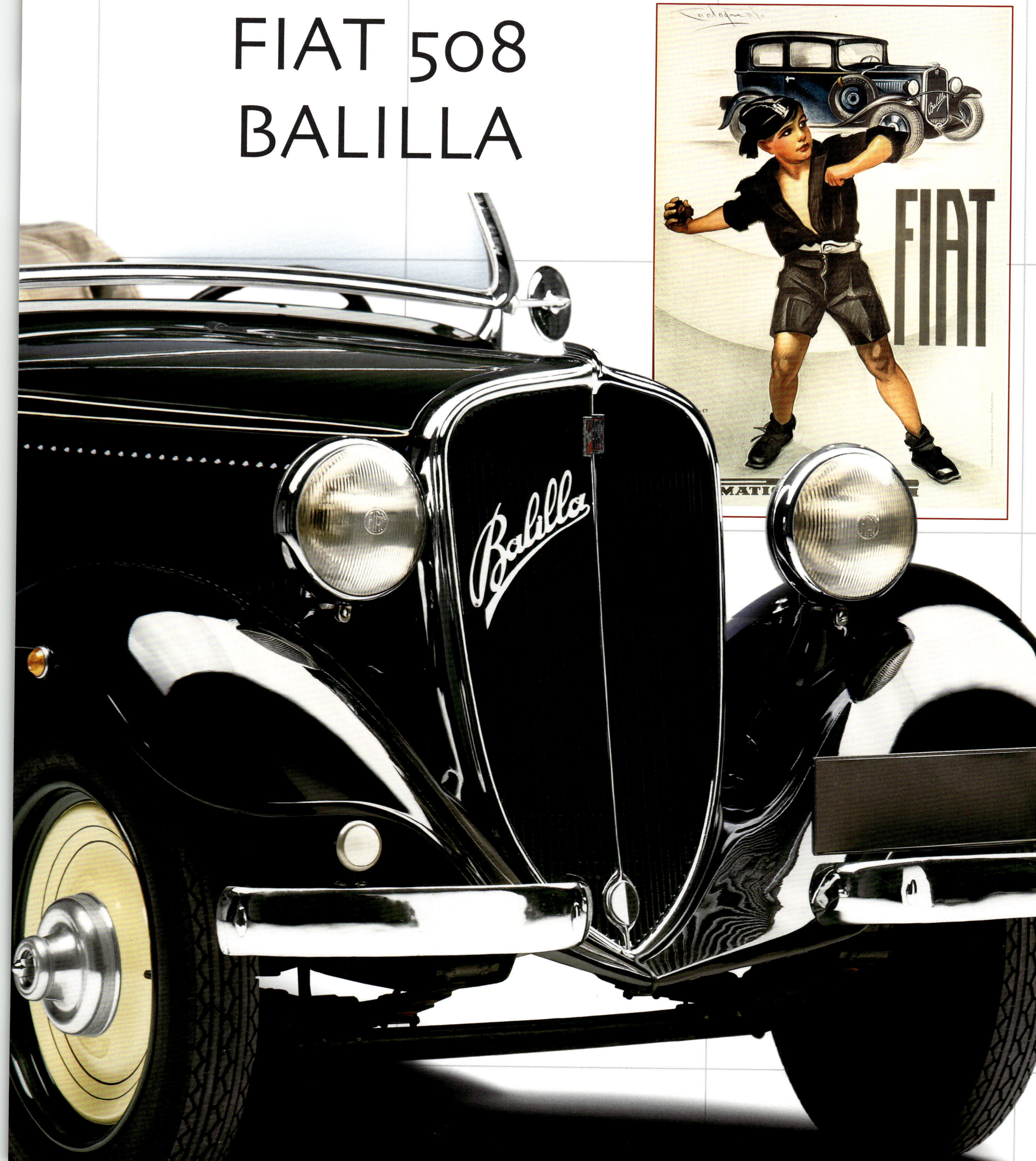

LINKS 1937 WURDE DER BALILLA-REIHE EIN MODELL MIT KLAPPVERDECK HINZUGEFÜGT. DIE KOTFLÜGEL, DIE DIE VORDERRÄDER WEITER UMFASSTEN, UND EINE ZWEIGETEILTE STOSSSTANGE VERLIEHEN DEM FAHRZEUG EIN MODERNERES AUSSEHEN.

OBEN LINKS DER PATRIOTISCHE ANSPRUCH DES BALILLA WURDE VOM KÜNSTLER PLINIO CODOGNATO IN SEINEM PLAKAT AUS DEM JAHR 1933 WIEDERGEGEBEN, DAS EINEN FIAT BALILLA MIT PIRELLI-REIFEN BEWIRBT.

RECHTS ÄHNLICH DEM ZUVERLÄSSIGEN MODEL T VON HENRY FORD MACHTE DER LANGLEBIGE UND GÜNSTIGE FIAT BALILLA AUS DEM AUTO EIN FÜR EINE ITALIENISCHE DURCHSCHNITTSFAMILIE ERSCHWINGLICHES TRANSPORTMITTEL.

In Italien begann die Industrialisierung eigentlich erst richtig in den letzten Jahren des 19. Jahrhunderts, als Giovanni Battista Pirelli seine Reifenfirma gründete, Camillo Olivetti Schreibmaschinen baute, Guido Donegani das Chemieunternehmen Montecatini ins Leben rief und Giovanni Agnelli senior zusammen mit seinen Partnern die Società Anonima Fabbrica Italiana di Automobili Torino, FIAT, zur Herstellung von Automobilen gründete.

Fiat wurde am 1. Juli 1899 gegründet, und noch vor Ende des Jahres hatte man dort das erste Auto gebaut, das von einem Zweizylindermotor mit 3,5 PS angetrieben wurde. Innerhalb von zwei Jahren gehörte das Unternehmen zu den ersten, die die moderne automobile Bauweise bestimmten, indem es Motoren im vorderen Teil der Fahrzeuge und die Sitze für Fahrer und Passagiere im hinteren Teil ansiedelte.

Unter der Leitung der Agnellis und nach einem ersten Wechsel von handwerklichen Werkstätten zu Massenproduktionstechniken dominierte Fiat den italienischen Automobilmarkt; seine Fahrzeuge machten bereits zu Beginn des Ersten Weltkrieges achtzig Prozent der Autoverkäufe in Italien aus, ehe das Engagement des Unternehmens mit der Herstellung von Flugzeugen, Schiffen, Lokomotiven und Panzern enorm gesteigert wurde.

Zur Ausweitung der eigenen Autoproduktion beauftragte Fiat den Ingenieur Giacomo Matté-Trucco mit der Planung einer neuen Fabrik im Süden von Turin. Sein Lingotto – „Barren" – war ein futuristisches Meisterwerk. Das 1922 vollendete Gebäude war das erste in Italien, das in Stahlbeton gebaut wurde. Seine fünf Stockwerke, die sich über zwei Kilometer Länge erstreckten, umschlossen eine Reihe von Innenhöfen. Oben auf dieser soliden Konstruktion befand sich kein normales Dach, sondern eine hoch gelegte Autoteststrecke mit gepflasterten Fahrbahnen, die sich ringförmig über die gesamte Länge des Gebäudes erstreckten und die an jedem Ende mit Parabolkurven versehen waren.

1932 brachte Fiat zwei neue und wichtige Modelle auf den Markt: den 518 Ardita und den 508 Balilla. Der Ardita war eine äußerst leistungsstarke Limousine, die Geschwindigkeiten von 115 km/h erreichen konnte, und der erste Fiat, der mit einem eigenständigen Kühlergrill entworfen wurde. Doch den Durchbruch in jenem Jahr sollte das andere Auto, der Balilla, bringen. Dieses Modell sollte für Italien das bewirken, was das Model T von Henry Ford für Amerika geleistet hatte: die Durchschnittsfamilie auf vier motorisierte Räder setzen. Ein Motorwagen war nicht mehr nur das exklusive Vergnügen der Wohlhabenden. Viele Familien konnten sich einen Balilla leisten, ein kompaktes Fahrzeug, das weniger als 11 000 Lire kostete und dennoch mit einem zuverlässigen Kurzhubmotor von 20 PS und vier Zylindern ausgestattet war und das bei einem Verbrauch von nur acht Litern Benzin auf 100 Kilometer eine Geschwindigkeit von 85 km/h erreichen konnte.

Der Balilla war in drei Versionen erhältlich: zweitüriges Coupé (Limousine), Torpedo (ein etwas aerodynamischerer Touring Car) und Spider. Eine sportliche Zweisitzerversion mit 36 PS, der 508S, kam 1934 als Modell dazu, aber ziemlich bald begannen Karosseriebauer wie Ghia mit seinem Millemiglia Coupé und Touring mit seinem niedrig liegendem Roadster eigene Rennkarosserien für das Chassis des Balilla zu schaffen. Obwohl sich die italienische Wirtschaft noch in der Depressionsphase befand, verkaufte Fiat in den ersten zwei Produktionsjahren dieses Autos 41 000 Balilla. Der Balilla wurde in Lizenz auch in Deutschland, Polen, der Tschechoslowakei, Spanien und Frankreich gebaut. Das Nachfolgemodell, der Fiat 1100 aus dem Jahr 1937, oder auch Nuova Balilla – „Neuer Balilla" – lieferte die Basis für eine neue Fiatlinie, die bis 1955 produziert werden sollte.

LINKS EIN MODELL MIT KLAPPVERDECK STIESS 1937 ZUR FIAT-BALILLA-FAMILIE. DER BALILLA KONNTE IN DEN VERSIONEN COUPÉ, SPIDER ODER CABRIOLET ERWORBEN WERDEN.

RECHTS 1934 MACHTE DAS WERBEPLAKAT VON MARCELLO DUDOVICH REKLAME FÜR DEN NUOVA BALILLA FÜR ALLE, BESONDERS ABER FÜR DIE „ELEGANTE DAME".

TATRA 77

Die Nesseldorfer Wagenbau-Fabriks-Gesellschaft begann 1853 mit der Herstellung von Eisenbahnwaggons. 1897 wurde die Produktion für das erste Automobil in Zentraleuropa aufgenommen, den Präsident, entworfen vom Ingenieur Hans Ledwinka und mit einem Zweizylinder-Benz-Motor ausgerüstet. Zu Beginn des 20. Jahrhunderts begann die Firma mit dem Bau eigener Motoren.

Nach dem Ersten Weltkrieg wurde das österreichisch-ungarische Kaiserreich geteilt, und das ehemalige Nesseldorf wurde zu Koprivnice in der Tschechoslowakei. Die Automobilgesellschaft benannte sich nun neu nach dem Tatragebirge, der Bergkette, in der viele ihrer Fahrzeuge getestet wurden. Der erste Tatra von Lewinka war der Tatra 11, bemerkenswert insofern, als er nicht auf dem üblichen Rahmen gebaut wurde, sondern auf einem tragenden Aufbau, den ein Stahlrohr von elf Zentimentern Durchmesser bildete. Die Motoren von Ledwinka waren Boxer mit Luftkühlung mit einer Bandbreite von vier Zylindern, sechs Zylindern und sogar einem V12. Das Auto, das Ledwinka und das tschechoslowakische Autounternehmen vor allem berühmt machen sollte, war der Tatra 77, der 1934 vorgestellt wurde. Ausgerüstet mit einem luftgekühlten V8-Motor, der hinter der Hinterachse montiert war, war der Tatra 77 ein Vorläufer der Personenkraftwagen mit selbsttragendem Aufbau, doch wirklich kennzeichnend war das aerodynamische Design mit einem langen Schwanz und der sich darauf erhebenden senkrechten Flosse.

Wenn man den Tatra 77 mit modernen Augen betrachtet, könnte man den Eindruck haben, vor einem in eine Limousine verwandelten Volkswagen Käfer zu stehen, mit einer zusätzlichen Flosse auf dem Heck. (Tatra verklagte

LINKS DER TATRA 77 HATTE KEINE HECKSCHEIBE, DOCH DER FAHRER KONNTE DIE STRASSE HINTER IHM DURCH DIE LÜFTUNGSSCHLITZE DER GROSSEN RÜCKSEITIGEN MOTORHAUBE EIN WENIG IM AUGE BEHALTEN, OBWOHL AUCH DIESE SICHT NOCH VON DER LANGEN SCHWANZFLOSSE AUF DEM HECK DES WAGENS ZWEIGETEILT WURDE.

RECHTS WÄHREND ZUR VERBESSERUNG DER AERODYNAMIK DIE SICHT NACH HINTEN STARK EINGESCHRÄNKT WURDE, BOTEN DIE PANORAMAWINDSCHUTZSCHEIBE UND DIE NIEDRIGE VORDERHAUBE DES TATRA 77 EINEN OPTIMALEN AUSBLICK NACH VORNE.

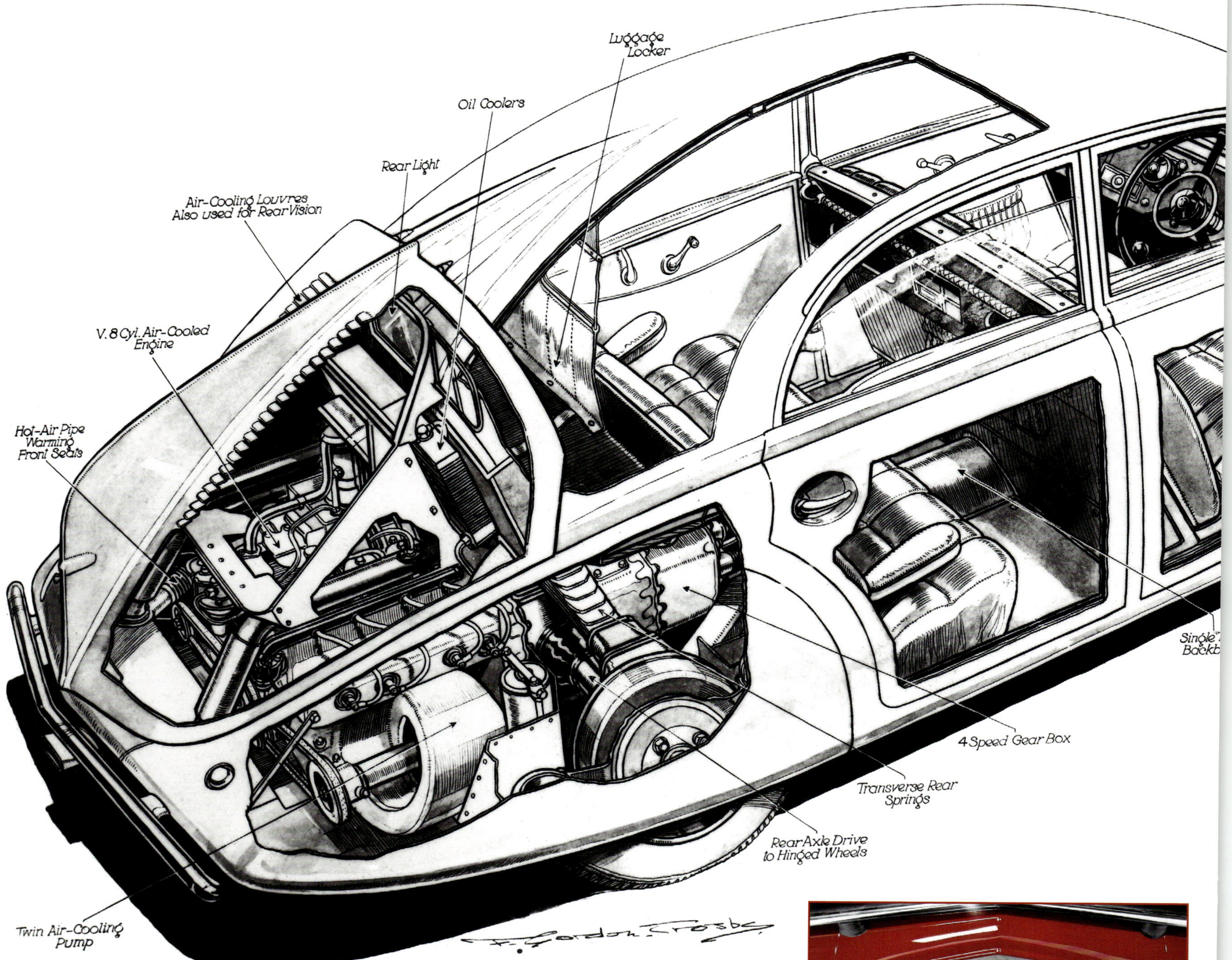

OBEN LINKS DIESE SCHNITTZEICHNUNG ILLUSTRIERT DIE MECHANISCHEN DETAILS DES ELEGANTEN ENTWURFS VON HANS LEDWINKA FÜR DEN STROMLINIENFÖRMIGEN TATRA 77.

UNTEN IN DER MITTE IN DER ABSICHT, DIE AERODYNAMIK ZU VERBESSERN, MONTIERTE LEDWINKA EINEN LUFTGEKÜHLTEN V8-ANTRIEB ANS HINTERE ENDE DES FAHRZEUGS.

RECHTS DIE HECKKLAPPE ÜBER DEM MOTOR WAR AUCH ALS ENORME BELÜFTUNGSHAUBE GEDACHT, DIE DEN LUFTSTROM ZUR KÜHLUNG DES ANTRIEBS UND SEINES SCHMIERSYSTEMS LIEFERTE.

Volkswagen und behauptete, dass in Wahrheit das eigene Design kopiert worden sei. Erst 1961 konnte das Unternehmen die Klage gewinnen und erhielt circa drei Millionen D-Mark.)

Der Tatra 77 wurde auf einem Rohrrahmen gebaut, in einem ähnlichem Stil wie der des Tatra 11, der sich allerdings im Gegensatz zu diesem im hinteren Teil gabelte, um den V8-Motor aufzunehmen. Außerdem war dieser Rohrrahmen besonders lang; der Achsstand des Autos erreichte tatsächlich eine Länge von 3,12 Metern. Der Fahrer genoss eine ausgezeichnete Frontsicht. Der PKW besaß eine revolutionäre Panoramawindschutzscheibe, während der vordere Kofferraum brüsk nach vorn abfiel. Allerdings bot das Auto (fast) keine Sicht auf das, was hinter ihm stattfand: Der Tatra 77 hatte kein Rückfenster.

Der Tatra 77 wurde von einem 3-Liter-V8-Motor mit 60 PS angetrieben. Dank seiner aerodynamischen Vorzüge, darunter ein Luftwiderstandskoeffizient von knapp 0,21, erreichte der Wagen Geschwindigkeiten von über 135 km/h. Im folgenden Jahr wurde die Motorleistung im Tatra 77A auf 3,4 Liter und 70 PS gesteigert. Dieses Modell wurde zusätzlich mit einem dritten Scheinwerfer ausgerüstet.

Das Design mit drei Scheinwerfern wurde dann im Tatra 87 fortgeführt, dem letzten Auto der Vorkriegszeit, das von 1937 bis 1950 produziert wurde. Das Fahrzeug hatte einen kürzeren Achsstand und einen leichteren Motor, und zumindest der Prototyp besaß einen ungewöhnlichen Innenraum, da der Platz des Fahrers in der Mitte der Vorderbank angesiedelt war. Die Autoserie wurde mit dem Tatra 603 beendet, der bis 1975 in Produktion war.

CITROËN TRACTION

André Citroën werden viele Dinge zugute geschrieben, unter anderem, dass er die Massenproduktion in der europäischen Automobilindustrie eingeführt hat, dass er der erste war, der Autos mit einer kompletten Stahlkarosse baute (mit Fahrzeugversicherung für seine Kunden) und dass er für die Verbreitung des Frontantriebs gesorgt hat: „Traction Avant" heißt auf Französisch „Vorderantrieb". André war der Urenkel des reichen Holländers Roelof Limoenman, der den Familienname in Citroën änderte, und der Sohn eines Pariser Diamantenhändlers, Levie Bernard Citroën. Er studierte bis 1898 Ingenieurswesen und zog dann eine Firma auf, die Getriebe herstellte, deren Design von seinem Onkel patentiert war. 1908 begann Citroën, die Autobaugesellschaft Mors zu beraten, die er schließlich, als die Firma in Konkurs geriet, übernahm. Dann begab er sich in die Vereinigten Staaten, um effizientere Herstellungsmethoden kennen zu lernen, was ihm bei einem Besuch der Produktionsanlagen von Henry Ford auch gelang.

Citroën baute während des Ersten Weltkriegs Rüstungsgüter für Frankreich und rüstete dann seine Fabrik zur Automobilproduktion um. Das Kennzeichen von Citroën scheint zwei umgedrehte „V" darzustellen, aber in Wirk-

UNTEN LINKS DIE PRODUKTLINIE VON CITROËN IM JAHR 1934 UMFASSTE DEN 7, DER ERSTE WAGEN AUS DER MODELLSERIE TRACTION AVANT, DANEBEN DEN 11, DER SO ÄHNLICH WIE DER 7 WAR, NUR ETWAS GRÖSSER, UND DEN 22, EIN PROTOTYP MIT EINEM V8-MOTOR MIT 100 PS.

UNTEN IN DER MITTE DAS DESIGN MIT TIEFEM SCHWERPUNKT UND EINER KAROSSERIE AUS EINEM EINZIGEN STAHLBLECH DES CITROËN TRACTION AVANT, DER 1934 HERAUSKAM, MACHTE TRITTBRETTER ÜBERFLÜSSIG.

OBEN RECHTS ANDRÉ CITROËN (RECHTS, MIT DEM FRANZÖSISCHEN BOTSCHAFTER VOR DEM WEISSEN HAUS) BESUCHTE DIE USA, UM MEHR ÜBER NEUESTE PRODUKTIONSMETHODEN BEI FORD ZU ERFAHREN.

AVANT

lichkeit soll das Zeichen an die Zähne der Getriebe erinnern, die von Andrés erster Firma produziert wurden.

In der Zeit, in der die ersten Citroën herauskamen, wirkten sie ziemlich traditionell; doch dank der Massenproduktion konnten von diesen Fahrzeugen zahlreiche Exemplare hergestellt werden. In seinem Bemühen, die Aufmerksamkeit auf seine Autos zu lenken, ließ sich das Unternehmen einiges einfallen, darunter als Belastungstests internationale Reisen durch Asien, Afrika und Nordamerika, Werbebotschaften, die von Flugzeugen mit Rauch in den Himmel geschrieben wurden, und eine Lichterinstallation am Eiffelturm, die den Firmennamen aufleuchten ließ. 1934 brachte Citroën den Traction Avant heraus, eine schlanke, tiefe Limousine. Offiziell bekannt als Citroën 7CV, oder abgekürzt „Sieben", wurde hier ein Antriebssystem eingesetzt, bei dem die Vorderräder das Auto zogen, anstelle der traditionellen Methode , bei der die Hinterräder das Fahrzeug schoben. Frontantrieb war zuvor schon in einigen Luxusautos verwendet worden, doch Citroën meinte, dass dessen hervorragende Eigenschaften in Bezug auf „Straßenlage" auch auf die Autos aus Massenproduktion angewandt werden könnten. Der 7CV war mit einer Monokarosse aus Stahl ausgestattet, mit einem separaten vorderen Unterrahmen, der Motor, Übertragungswelle und Aufhängungen trug. Dank des Gewichts des

Motors, das auf die Räder drückte, welche die Antriebskraft lieferten, war der Vorderradantrieb stabil. Allerdings litt das Unternehmen, wie so viele andere Firmen der Zeit, unter den Auswirkungen der Finanzkrise, die mit dem Börsenkrach der USA begann. Citroën war praktisch pleite, als er 1935 starb, kurz nachdem er ein neues Werk zur Produktion des 7CV errichtet hatte. Damit die Fahrzeugproduktion überhaupt aufgenommen werden konnte, musste der Reifenhersteller Michelin eingreifen und eine Mehrheitsbeteilung an der Automobilgesellschaft erwerben. Mit einem Motor von 1 303 ccm und vier Zylindern in Reihe war der Traction Avant zwar langsam bei der Beschleunigung, konnte aber eine Höchstgeschwindigkeit von circa 100 km/h erreichen. Citroën sollte die Serie Traction Avant fast bis ans Ende der fünfziger Jahre fortführen. Zu Produktionsende waren von dem Auto mit Vorderradantrieb mehr als 750 000 Exemplare verkauft worden.

LINKS DIE KÜHLERVERKLEIDUNG DES TRACTION AVANT VON 1934 WAR MIT DEM UMGEDREHTEN DOPPEL-V-EMBLEM VERZIERT, EINE REMINISZENZ AN DIE URSPRÜNGE CITROËNS ALS GETRIEBEHERSTELLER.

RECHTS „TRACTION AVANT" BEDEUTET, DASS DIE VORDERRÄDER SOWOHL ZUM LENKEN ALS ZUM ANTRIEB DES FAHRZEUGS DIENTEN, WODURCH IM HINTEREN TEIL DES WAGENS MEHR PLATZ ZUR AUFNAHME DER PASSAGIERE, DES GEPÄCKS UND DES RESERVERADES BLIEB.

MERCEDES-BENZ 540K

Die von Gottlieb Daimler und Carl Benz gegründeten Automobilgesellschaften verschmolzen 1926: Zusammen sollten die beiden Industriellen einige der spektakulärsten Fahrzeuge der damaligen Zeit herstellen. Zu Mercedes-Benz stieß mehr oder weniger zur selben Zeit auch Ferdinand Porsche, der allerdings nur ein paar Jahre bleiben sollte, ehe er das Unternehmen wieder verließ, um seine eigene Konstruktionsfirma aufzumachen und nicht nur die spektakulären Rennwagen der Auto Union zu schaffen, sondern auch den „Volkswagen", der das Model T von Henry Ford als meistverkauftes Auto aller Zeiten ablösen sollte.

Auch wenn Porsche nicht lange blieb, hatte er doch bedeutsamen Einfluss auf Mercedes-Benz sowohl durch seine aggressiven Rennwagen wie auch durch seine überraschenden Fahrzeuge für den Straßengebrauch. Daimlers Sohn Paul hatte daran gearbeitet, die Aufladung von Flugzeugmotoren auf Automotoren zu übertragen. Die Kombination aus dieser Aufladung mit Porsches Motoren, zu der sich dann noch ein geniales Automobildesign gesellte, schuf neue Horizonte.

Der Mercedes S 26/120/180 war technisch gesehen ein Sportwagen, auch wenn es sehr viel

länger, geräumiger und schwerer war als das, was man heutzutage mit diesem Begriff verbindet. Porsche schuf einen Motor mit einem Sechszylinderblock aus Aluminium. Wenn dieser 6,8-Liter-Antrieb aufgeladen wurde, erzeugte er 180 PS und trieb den massiven Wagen zu Höchstgeschwindigkeiten von über 160 km/h.

Von dieser S-Serie wurden nur 300 Autos gebaut, die überwiegend bei Rennen eingesetzt wurden und überall Preise abräumten. Für den SS wurde der Motor auf 7,1 Liter Hubraum erweitert, während die anderen Sonderversionen, SSK und SSKL, leichter und mit kürzerem Radstand, von gut 300 PS angetrieben wurden. Porsche entwickelte für die Rennwagen von Mercedes-Benz auch einen Achtzylinderreihenmotor.

Nach seinem Ausscheiden wurde die Achtzylinderreihenarchitektur in einer neuen Serie von Straßenwagen eingesetzt, die das Erbe der S-Serie fortsetzten, aber fast die dynamischen Eigenschaften eines Sportwagens boten: so sportlich, wie eben ein 2 268 Kilogramm schweres Auto der dreißiger Jahre sein konnte.

Der erste war 1934 der 500K („K" steht für Kompressor, dem Fachbegriff für den Lader), angetrieben von einem Achtzylindermotor von 5,0 Litern, der mit seinen 160 PS den massiven und eleganten Zweisitzer zu Geschwindigkeiten jenseits der 165 km/h treiben konnten.

1934 wurde der Antrieb für die 540K-Version auf 5,4 Liter erweitert, mit 180 PS und einer Höchstgeschwindigkeit von 170 km/h. Damit dieses Tempo auch gehalten werden konnte, stattete Mercedes den 500K und den 540K mit einem Vier-Gang-Getriebe aus. Doch das, was die Autos wirklich von anderen abhob, war ihr Design. Die Motoren waren hinter die Vorderachse montiert, weshalb die Motorhauben unglaublich lang waren und viel Platz für ausdruckstarke Verzierungen boten. Die vorderen Kotflügel waren weitschweifige Skulpturen aus gebogenem Metall, die nach hinten flossen zum abfallenden Heckteil des Fahrzeugs.

OBEN DER MERCEDES-BENZ 540K WAR EIN WIRKLICHES LUXUSAUTO MIT DEN TYPISCHEN MERKMALEN DER DREISSIGER JAHRE WIE FLÜGELÄHNLICHEN KOTFLÜGELN, GROSSEN AUFGERICHTETEN SCHEINWERFERN UND EINER SENKRECHTEN KÜHLERVERKLEIDUNG MIT ÜPPIGER DEKORATION AUF DEM KÜHLERVERSCHLUSS.

UNTEN IN DER MITTE DER MERCEDES-BENZ 540K WAR DAS ETWAS ANDERE LUXUSAUTO. ES HATTE LANG GESTRECKTE, ELEGANTE LINIEN, EINEN EXTREM LEISTUNGSSTARKEN ANTRIEB UND EINE NIEDRIGE LAGE. DER 540K WAR ABER AUCH EIN SPORTWAGEN, EBENSO ATHLETISCH WIE RAFFINIERT.

CHRYSLER AIRFLOW

Fast 20 Jahre lang waren Carl Breer, Fred Zeder und Owen Skelton die berühmten „drei Musketiere" von Chrysler, ein Trio von technischen Ingenieuren, die für die Linie der Fahrzeuge verantwortlich waren, die in Walter P. Chryslers Unternehmen gebaut wurden. Wie die anderen Autos jener Zeit bestanden die Chrysler aus zwei Stahlkästen mit eckigen Kanten, die von einem „Leiterrahmen" getragen wurden. Der große Kasten schützte die Fahrgäste vor schlechtem Wetter und Straßenschmutz, der kleinere beherbergte den Motor. Die Kotflügel waren gebogen, aber viel mehr gab es nicht. Breer, der sich als Junge ein Dampfauto gebaut und an der Stanford University Ingenieurwesen studiert hatte, wurde 1925 Leiter der Forschungsabteilung von Chrysler. Er interessierte sich auch für Flugzeuge und fragte sich, ob die Luftfahrt die Effizienz der Automobilindustrie steigern könne. Breer setz-

te sich mit dem Luftfahrtpionier Orville Wright in Verbindung, der ihm vorschlug, einen Windkanal zu bauen, um dort an maßstabsgetreuen Automodellen aus Holz zu experimentieren. Breer beriet sich auch mit Norman Bel Geddes, der für die Automobilindustrie innovative Arbeit auf dem Gebiet des stromlinienförmigen Designs geleistet hatte. Beim Experimentieren mit spitz zulaufenden Formen zur Verbesserung des Luftabflusses neben und über dem Auto entwarfen Breer, Skelton und Zeder einen Fahrzeugprototyp, den Trifon Special, der Airflow genannt wurde, nachdem Walter P. Chrysler dessen Produktion 1935 genehmigt hatte.

Die vorspringende Schnauze des Airflow war parabelförmig gebogen wie der Flügel eines Flugzeugs, mit Scheinwerfern, die in die Karosserie eingebunden anstatt aufgesetzt waren. Die Motorhaube besaß eine weiche, schlanke, tropfenförmige Linie, weiter verstärkt

UNTEN LINKS DER AUTOMOBILKONZERN VON WALTER P. CHRYSLER UMFASSTE MEHRERE MARKEN. DESOTO VERKAUFTE 1934 VOM AIRFLOW MEHR MODELLE ALS DIE MUTTERGESELLSCHAFT.

UNTEN IN DER MITTE DAS DESIGN DES CHRYSLER AIRFLOW PLATZIERTE DIE SCHEINWERFER IN DER KAROSSERIE UND REDUZIERTE SO DIE TURBULENZEN DES FAHRZEUGS.

RECHTS OBEN ORVILLE WRIGHT SCHLUG DEN INGENIEUREN VON CHRYSLER VOR, MODELLE AUS HOLZ UND EINEN WINDKANAL ZU BENUTZEN, UM DIE LINIEN IHRER FAHRZEUGE ZU „GLÄTTEN".

von der Karosserie, die die Hinterräder bedeckte. Auch unter der eleganten Verkleidung war das Auto revolutionär: Der tragende Aufbau bestand aus einem käfigähnlichen Stahlrahmen. Um zu beweisen, wie stabil diese Konstruktion war, ließ man eines der Fahrzeuge von einem Hügel dreißig Meter in die Tiefe stürzen, das sich nach dem Aufprall noch als voll funktionstüchtig erwies.

Um den Fahrgästen im Inneren der schlanken Form noch genügend Raum zu bieten, wurde der Motor mit 122 PS, 4,9 Litern und acht Zylindern in Reihe von seiner gewohnten Position zwischen Vorderachse und Innenraum verschoben und auf die Vorderachse gesetzt, womit eine Richtung angestoßen wurde, die in den folgenden Jahrzehnten weiterverfolgt werden sollte. Walter P. Chrysler gefiel ganz besonders die leichtgängige Lenkung und der geräumige Innenraum des Autos mit seinen deutlich breiteren Sitzen, den Chromverzierungen am Armaturenbrett und Gummibodenmatten. Der Autobauer ging sogar so weit, den Airflow wegen des radikal innovativen Profils als das „erste Automobil seit der Erfindung von Autofahrzeugen" zu definieren.

Die Geschichte bestätigte ihn vielleicht, doch die potenziellen Chrysler-Kunden taten dies nicht: Sie fanden das Auto für ihren Geschmack zu extrem. Obwohl der Airflow in fünf Modellen erhältlich war, gingen die Verkäufe von Chrysler um fast die Hälfte zurück. Der Airflow wurde in den folgenden drei Jahren noch verschiedenen „Operationen" unterzogen, dennoch wurde die Produktion nach 1937 ausgesetzt.

LINKS DER CHRYSLER AIRFLOW WURDE IN DEN AUSFÜHRUNGEN ZWEITÜRIGES COUPÉ UND VIERTÜRIGE LIMOUSINE GEBAUT, EINSCHLIESSLICH DES MODELLS MIT LANGEM ACHSSTAND IMPERIAL AIRFLOW. EINIGE VERSIONEN WAREN MIT EINEM SECHSZYLINDERREIHENMOTOR AUSGESTATTET.

IM ZENTRUM DER RENNFAHRER HARRY HARTZ STELLTE MIT EINEM AIRFLOW-COUPÉ VIELE GESCHWINDIGKEITS- UND BELASTUNGSREKORDE AUF. DIE LINIEN DES AUTOS ERLAUBTEN ES HARTZ, VON EINER KÜSTE ZUR ANDEREN MIT EINEM MITTEL VON 7,8 KM PRO LITER ZU FAHREN.

CORD 810

UNTEN IN DER MITTE DIE MOTORHAUBE DES CORD 810 A MIT IHREN FENSTERLADENÄHNLICHEN SCHLITZEN KÖNNTE MANCH EINEN AN EINEN SARG ERINNERN, DOCH FÜR AMERIKANISCHE SAMMLER BLEIBT DER 810, EGAL OB COUPÉ, LIMOUSINE ODER CABRIO, EIN AUTO, FÜR DAS MAN „VOR SEHNSUCHT STERBEN" KÖNNTE.

OBEN RECHTS E. L. CORD WAR EINER DER JÜNGSTEN AMERIKANISCHEN AUTOBAUER UND DER ERSTE, DER IN EINEM SERIENWAGEN, DEM CORD L29, VORDERRADANTRIEB EINSETZTE. EBEN DIESE ANTRIEBSART WURDE IN DEM GROSSARTIGEN CORD 810 VERWENDET.

Errett Lobban „E. L." Cord hatte bis zu seinem 21. Geburtstag bereits drei Vermögen verdient und wieder verloren. Doch vier Jahre danach besaß er schon wieder sein eigenes Automobilunternehmen in Chicago, und ziemlich bald wurde er von den Geldgebern der Auburn Automobile Company angeheuert, um zu versuchen, die Firma von ihren Schulden zu befreien. Auburns Vorgänger, die Eckhart Carriage Company, war 1874 gegründet worden, als Charles Eckhart die Gebrüder Studebaker verließ und nach Indiana zog, um seine eigene Kutschenbaufirma auf die Beine zu stellen. Als Charles in Pension ging, ersetzten ihn seine Söhne Frank und Morris. 1900 gründeten sie die Auburn Automobile Company und bauten ihr erstes Auto, einen offenen „Flitzer" mit einem Zylinder, der mit einer Steuerstange gelenkt wurde.

1919 benötigte das Unternehmen Unterstützung durch Investoren. Fünf Jahre später war die Produktion auf nur sechs Autos pro Tag gesunken, als der sechsundzwanzigjährige Cord als Generaldirektor eingestellt wurde. Nach nur zwei Jahren war Cord dann Präsident des Unternehmens, hatte Duesenberg aufgekauft und ein Mitarbeiterteam zusammengestellt, in dem sich neben dem Designer Gordon Buehrig die Brüder Fred und August Duesenberg befanden.

1929, kurz vor dem Börsencrash, brachte dieses Team den Duesenberg Modell J heraus, der in Sammlerkreisen immer noch äußerst gesucht ist. Cord begann auch, Autos unter eigenem Namen herzustellen: Der Cord L29 war das erste amerikanische Serienauto mit Frontantrieb. Danach, 1936, ließ Cord von Buehrig einen anderen amerikanischen Klassiker entwerfen, den Cord 810, „das überraschendste und wunderbarste Auto, das jemals entworfen wurde" – so der Fachmann Leon Mandel in seinem Buch über amerikanische Autos.

Das Fahrzeug war ursprünglich als „Baby"-Duesenberg geplant, doch dann wurde es in Cord umbenannt, als es 1935 auf der Autoausstellung in New York seinen ersten Auftritt hatte. „Der 810 ähnelte keinem anderen Auto: Er war so

The Cord Front Drive Embodies More New Features that contribute to safety and comfort, than any other automobile

verblüffend andersartig, dass Buehrig das Patent für ein neues originelles und dekoratives Design eines Autos erhielt", wie die englische Professorin für Designgeschichte Penny Sparks schreibt und hinzufügt, dass der 810 und sein Quasizwillingsbruder, der aufgeladene 812, „zwei der Autos mit dem außergewöhnlichsten Aussehen jener Epoche waren". Das Fahrzeug besaß eine langgezogene Schnauze, die die Komponenten des Vorderradantriebs enthielt und tief zwischen den vorderen Kotflügeln lag. Diese bogenförmigen Kotflügel verbargen die Scheinwerfer im Inneren der Karosse, die mittels Steuerelementen im Fahrgastraum in die gewünschte Position gebracht wurden. Das wirkungsvollste Detail des Entwurfs bildete jedoch die lange, sargähnliche Motorhaube, um die herum eine Reihe paralleler Chromleisten lief.

Der Cord 810 lieferte die Antriebskraft auf die Vorderräder mittels eines V8-Lycoming-Motors, der wiederum von einer Tochtergesellschaft von Auburn produziert wurde, die Motoren für die Luftfahrt und die Automobilindustrie herstellte. Der 4,8 Liter-Motor entwickelte 125 PS, die reichten, um das elegante Auto auf eine Geschwindigkeit von 160 km/h zu beschleunigen. Später, 1937, bot Cord das Modell 812 mit seinem V8-Lycoming-Lader mit 170 PS an. Aber es gab Probleme mit der Getriebeautomatik und auch mit der elektrisch-hydraulischen Schaltkontrolle, die aus Zeitmangel nicht hinreichend justiert wurde. Trotz Cords Enthusiasmus und der 3 000 produzierten Exemplare der Modelle 810 und 812, wurde die Gesellschaft im Sommer 1937 geschlossen. Nach Entführungsdrohungen gegen seine Familie flog Cord nach England, kehrte jedoch wieder nach Kalifornien zurück, um sich dem Immobiliensektor zu widmen.

Dennoch verließ der Unternehmer die Welt der Autobauer im großen Stil, und Jahre später wurde der 810 in die bedeutendste Designsammlung des Automobilsektors im Museum of Modern Art aufgenommen.

LINKS CORD BEWARB 1936 DIE SICHERHEIT UND DEN KOMFORT, DEN DIE ARCHITEKTUR MIT VORDERACHSANTRIEB SEINES MODELLS 810 BOT. DIE SCHEMATISCHE ANSICHT ZEIGT (LINKS) DIE PLATZIERUNG DES MOTORS UND WIE DIE ÜBERTRAGUNG VOR DEN VORDERRÄDERN LIEGT.

UNTEN IN DER MITTE GORDON BUEHRIG ARBEITETE FÜR EINIGE KAROSSERIEBAUER DETROITS, DANN BESCHÄFTIGTE ER SICH BEI PACKARD UND IM BÜRO VON HARLEY EARL BEI GENERAL MOTORS MIT AUTOMOBILEM DESIGN, EHE ER 1929 DEN STUTZ LE MANS MIT SCHIFFSFÖRMIGEM HECK BAUTE, VERSCHIEDENE DUESENBERG, AUBURN UND CORD, DARUNTER AUCH DEN 810 MIT DER „SARG-SCHNAUZE" (UNTEN). SPÄTER ARBEITETE BUEHRIG FÜR STUDEBAKER UND FORD.

OBEN RECHTS AUCH WENN DIE LANGE MOTORHAUBE UND DIE BREITEN KOTFLÜGEL VIEL RAUM EINNAHMEN, REISTEN DER FAHRER UND DIE PASSAGIERE DES CORD 810 SICHERLICH AUSGESPROCHEN STILVOLL.

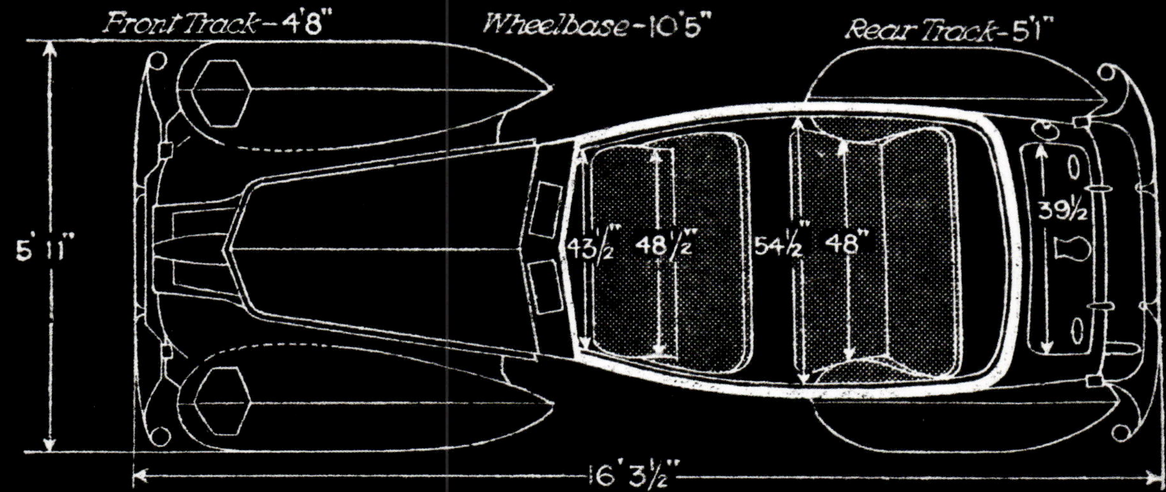

Seating dimensions are measured with cushions and squabs uncompressed.

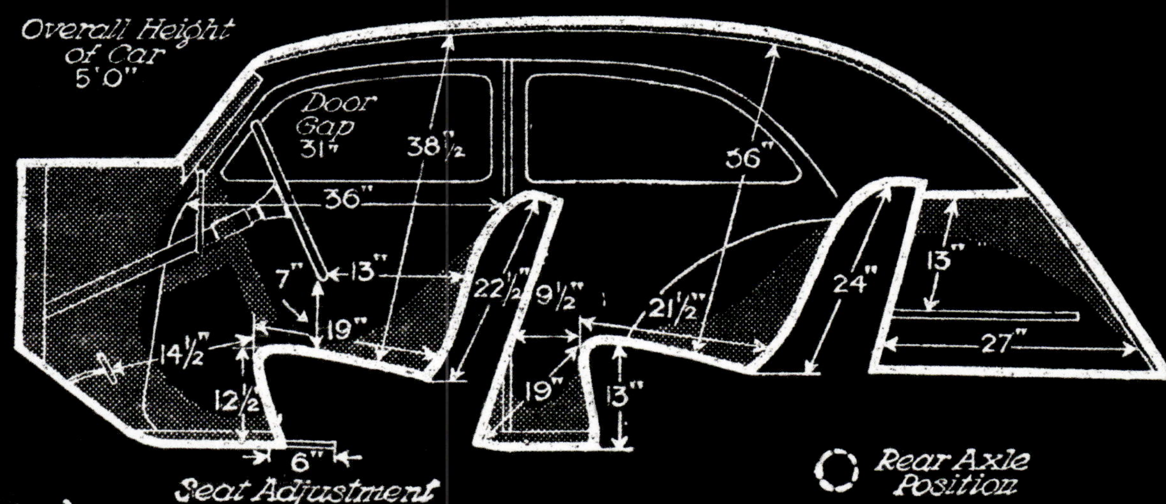

BUGATTI TYPE

Die Familie von Ettore Bugatti war kurzgesagt eine Künstlerfamilie. Der Vater, Carlo, war Ende des 19. Jahrhunderts ein berühmter Möbeldesigner. Der Bruder, Rembrandt, war ein gefeierter Bildhauer, vor allem für seine Tierfiguren. Auch Ettores Kunst hatte etwas Bildhauerhaftes: Ettore entwarf und baute wunderschöne Automobile, die sowohl für die Rennpiste wie für den normalen Straßenverkehr geeignet waren. Die Professorin Penny Sparks schrieb in ihrem Buch über die ersten hundert Jahre des Automobildesigns, dass Bugattis Arbeit von „einer starken Verbindung zwischen Funktionalität und Schönheit" zeugte. Die Autos des Konstrukteurs, so die Professorin, stellten ihr dynamisches Leistungspotenzial bildlich dar.

Bugattis Sohn Jean erbte die künstlerischen Talente seiner Vorfahren. 1930 wurde Jean Nachfolger seines Vaters, nachdem er mit ihm bei der Schaffung des Bugatti Type 57 zusammengearbeitet hatte. Ein Auto, das der Historiker für Automobiltechnik, Roger Barlow, als eines jener seltenen Fahrzeuge beschrieb, das in sich die „oftmals gegenläufigen Ziele von hervorragender Straßenlage und annehmbarem Komfort, von Raffinesse und Zuverlässigkeit" vereinigte. Der Type 57 wurde bis 1939 produziert, dem Jahr, in dem Jean bei dem Versuch starb, einem betrunkenen Radfahrer auszuweichen, der unerklärlicherweise auf eine Straße geraten war, die man für den Verkehr gesperrt hatte, um dort eine neue, 260 km/h schnelle Version des Bugatti 57 zu testen. Der Type 57 war 1933 auf den Automobilausstellungen vorgestellt worden und wurde in verschiedenen Versionen produziert, einige davon mit einem neuen Motor mit obenliegender Doppelnockenwelle und 3,3 Liter für acht Zylinder in Reihe, der bei normaler Ansaugung 135 PS lieferte und 160, wenn er aufgeladen wurde.

57SC ATLANTIC

JEAN BUGATTI BENUTZTE EINE MAGNESIUM-LEGIERUNG, UM DIESE AERODYNAMISCHE KAROSSERIE ZU FORMEN. WEGEN DES NIEDRIGEN SCHMELZPUNKTES DIESES METALLS WURDEN DIE KAROSSERIEELEMENTE GENIETET, UND DIESE NIETENNÄHTE ENTLANG DER KOTFLÜGEL UND LÄNGS ÜBER DIE MITTE DES FAHRZEUGS WURDEN SYMBOL SEINES KÜNSTLERISCHEN TALENTS.

Sein Potenzial bewies der Motor 1929, als ein Prototyp des Bugatti Type 57 bei einem Start aus dem Stand in nur einer Stunde 179 Kilometer zurücklegte. Der Type 57 war auf der Straße elegant und bei Rennen erfolgreich. 1937 gewann der Bugatti Type 57G, der mit einer speziellen Rennkarosserie verkleidet war, das 24-Stunden-Rennen von Le Mans, wobei er alle überrundete und jeden Rekord brach, während am Steuer der Neuling Jean-Pierre Wimille und der Veteran Robert Benoist saßen. Zwei Jahre später kehrte Bugatti mit seinem leichteren und noch aerodynamischeren Type 57C ins Rampenlicht zurück, diesmal mit einem Ladermotor, der so eingestellt war, dass er 200 PS Leistung erbrachte. Obwohl Wimille wegen verschiedener Probleme drei Runden zurücklag, konnte er bei seinem zweiten Rennen erneut gewinnen, wobei er wieder neue Rekorde brach, dieses Mal mit Pierre Veyron als Copiloten. Jean Bugatti entwarf verschiedene Karosseriemodelle für den Type 57, doch keines war so spektakulär wie der Atlantic.

1936 stellte Bugatti die S-Version des Type 57 vor. Dieser Type 57S fuhr auf einem von 3,3 auf 3 Meter verkürzten Achsstand und auf vorderen hydraulischen Aufhängungen, die die Dämpfung an die Straßenbeschaffenheit und die Geschwindigkeit anpasste. Die Laderversionen wurden Type 57SC genannt.

Um das Auto so niedrig und so leicht wie möglich zu machen, ließ Bugatti die Hinterachse durch Schienen des Rahmens laufen und stellte den Aufbau des Atlantic aus einer Magnesiumlegierung her. Dieses Material war sehr leicht, aber sein Schmelzpunkt zu niedrig, um eine traditionelle Verschweißung der Karosserieteile zu ermöglichen. Bugatti verband daher die Bleche mit Nieten und ließ diese in einem wahren künstlerischen Geniestreich frei liegen.

Mit seiner V-förmigen Kühlerverkleidung, die tief zwischen den beiden Kotflügeln lag, einer langen Motorhaube, einer abgerundeten Kabine und nierenförmigen Seitenfenstern, die der schrägen Kurve des Daches folgten, ist der Bugatti Type 57SC Atlantic eine in Form und Funktionalität unsterbliche Ikone des Automobildesigns geblieben.

BMW 328

Der deutsche Flugzeugingenieur Karl Friedrich Rapp gründete 1913 in München ein Unternehmen, das Motoren für die aufkommende Luftfahrtindustrie baute. Drei Jahre später tat Rapp sich mit dem Flugzeugfabrikanten Gustav Otto zusammen, dessen Vater, Nicolaus August Otto, ungefähr vierzig Jahre zuvor den Viertaktmotor mit innerer Verbrennung erfunden hatte. 1917 wurde das Unternehmen umstrukturiert und von Bayerische Flugzeug Werke AG in Bayerische Motoren Werke GmbH umbenannt, nunmehr unter der Leitung von Franz Joseph Popp, dem ehemaligen Manager von Daimler. Popp brachte das junge Ingenieursgenie Max Friz in die Firma, der die ursprünglich von Rapp stammenden Entwürfe verbesserte. Ziemlich bald wurde die Gesellschaft ein öffentliches Unternehmen und änderte seinen Namen in BMW AG um, wobei es allerdings das blauweiße Propeller-Logo beibehielt.

Ziemlich bald, ab 1919, begannen Motorradhersteller, Zweizylindermotoren von BMW zu verwenden, und als der Vertrag von Versailles es deutschen Unternehmen für fünf Jahre untersagte, Flugzeugmotoren herzustellen, konzentrierte das Haus seine Aufmerksamkeit auf andere Gebiete. 1923 brachte es eine eigene Motorradlinie heraus. Innerhalb kurzer Zeit fuhren die BMW-Maschinen Rennen und gewannen Wettbewerbe in ganz Europa. Gegen Ende der zwanziger Jahre erwarb BMW den deutschen Automobilhersteller Dixi, der britische Austin Seven in Lizenz montierte. Als die Lizenz von Dixi auslief, entwarf und baute BMW eigene Autos, beginnend im Jahr 1933 mit dem 303, dem ersten Auto, das mit dem prunkte, was zum Kennzeichen von BMWs Autodesign werden sollte: ein Kühlergrill in Form einer Doppelniere.

Acht Jahre nach der Montage der ersten Autos und knapp drei Jahre nach der Vorstellung des ersten Fahrzeugs aus eigener Planung vertrieb BMW den ersten einer ganzen Serie von außergewöhnlichen Wagen, den Spider 328. Aus heutiger Sicht war das Auto das „erste ultimative Gefährt". Rudolf Schleicher und Fritz Fiedler waren die Planungsingenieure, die das Auto entworfen hatten, das mit einem Gitterrohrchassis, unabhängiger Vorderradaufhängung, Zahnstangenlenkung, hydraulischen Bremsen, einer eleganten, aber trotzdem sportlichen Karosserie und einem bemerkenswerten Sechszylinderreihenmotor ausgestattet war. Der BMW 328 hatte seinen ersten Auftritt im Juni 1936 bei einem Rennen auf dem Nürburgring, bei dem der Motorradfahrer Ernst Henne am Steuer mit einer Durchschnittsgeschwindigkeit von 100 km/h gewann. Im folgenden Jahr gewann der Spider BMW mehr als 200 Wettbewerbe und Rennen.

1939 errang ein 328, der mit einer vom italienischen Unternehmen Touring entworfenen Coupé-Karosserie verkleidet war, in Le Mans den fünften absoluten Platz und den ersten Platz in der Kategorie der leichten Rennwagen. Dann landeten 1940 die 328 auf den Plätzen eins, drei,

OBEN IN DER MITTE EIN BMW-MOTORRADFAHRER NIMMT MIT SEINEM PARTNER, DER SICH ZUM GEWICHTSAUSGLEICH AUS DEM BEIWAGEN HERAUSLEHNT, 1958 AN EINEM WETTRENNEN TEIL.

UNTEN LINKS AM 17. JUNI 1919 FLOG FRANZ ZENO DIEMER MIT EINEM VON EINEM BMW-MOTOR ANGETRIEBENEN DOPPELDECKER EINEN HÖHENREKORD VON 9760 METERN.

RECHTS UND 62–63 AUSGESTATTET MIT FORTSCHRITTLICHEN MECHANISCHEN KOMPONENTEN UND EINER AERODYNAMISCHEN ROADSTER-KAROSSERIE WAR DER 328 DER ERSTE BMW, DER DEN TITEL „ULTIMATIVES GEFÄHRT" VERDIENTE. DER SPORTWAGEN SETZTE STANDARDS, DIE ANDERE AUTOMOBILHERSTELLER ZU ÜBERNEHMEN TRACHTETEN.

B M W

DER BMW 328 VON HJ ALDINGTON „HEBT" 1938 VON EINEM TESTHÜGEL DER RUNDSTRECKE VON BROOKLANDS IN ENGLAND AB.

fünf und sechs der Mille Miglia, mit Fritz Huschke von Hanstein und Walter Bäumer als Gewinnercrew, die eine durchschnittliche Geschwindigkeit von über 166 km/h halten konnte. Der BMW 328 war jedoch auch ein Straßenwagen und setzte die Standards, die britische und andere Sportwagen zu übernehmen trachteten. Die Scheinwerfer waren in die vorderen Kotflügel integriert, und diese waren wiederum in die Karosse eingebunden. Der hohe Doppelnierenkühlergrill war leicht nach hinten geneigt, um die Aerodynamik des Fahrzeugs zu verbessern.

Zwischen 1936 und 1940 baute BMW ungefähr 460 dieser außergewöhnlichen kleinen Sportwagen, doch der Motor sollte noch zwei weitere Jahrzehnte in Produktion bleiben.

ALFA ROMEO 8C 2900

Man hat Vittorio Jano einmal als den Vater des Hochleistungsrennautos bezeichnet. Wenn man bedenkt, dass die Rennversionen des Achtzylinderreihenmotors, die er handwerklich für Alfa Romeo baute, jedes Jahr von 1931 bis 1934 das 24-Stunden-Rennen von Le Mans und die Targa Florio gewannen, neben jedem Grand Prix, an dem sie teilnahmen, und von 1932 bis 1937 auch alle Mille Miglia, kann man Jano diese Ehre sicher zu Recht zukommen lassen.

Seine Eltern waren von Ungarn nach Italien gezogen, wo Vittorio 1891 zur Welt kam. Er arbeitete in der Schmiedewerkstatt des Vaters, in der alle beide ziemlich bald mit dem Bau von Rennautos begannen. 1911 wurde Jano bei Fiat

OBEN LINKS ALFA ROMEO NUTZTE WETTBEWERBE, UM FÜR SEINE AUTOS ZU WERBEN, UND DER 8C 2900 HATTE SICHER DIE LINIEN EINES RENNWAGENS – NEBEN EINEM MOTOR, DER AUS TEILEN GEFERTIGT WURDE, DIE NOCH AUS DEN TAGEN STAMMTEN, ALS ALFA AN DEN GRAND-PRIX-RENNEN TEILNAHM.

UNTEN IN DER MITTE DIE LANGGESTRECKTEN UND NIEDRIGEN LINIEN DES 8C 2900 LIESSEN DAS AUTO SCHNELL WIRKEN, AUCH IM STILLSTAND. DER AUFGELADENE ACHTZYLINDER ENTWICKELTE RUND200 PS.

als technischer Zeichner eingestellt, wo er ebenfalls an Rennwagen arbeitete, diesmal allerdings unter der Leitung von Carlo Cavalli. Jano wurde Experte für den Entwurf von Ventilen und in Zusammenarbeit mit dem Schweizer Chemiker Stefano Somazzi auch für die Herstellung spezieller Brennstoffmischungen, die diese Ventile äußerst leistungsstark machten.

Am Ende der Automobilsaison von 1923 konnte der Rennfahrer (und spätere legendäre Rennstallbetreiber) Enzo Ferrari Jano für Alfa Romeo gewinnen.

Die Società Anonima Lombarda Fabbrica Automobili, oder Alfa, wurde 1906 gegründet, als einige italienische Geschäftsleute den Anteil des französischen Autobauers Alexandre Darracq an seinem Unternehmen in Italien übernahmen. 1915 hatte Nicola Romeo, der Bohrer, Luftkompressoren und andere schwere Geräte herstellte, die Gesellschaft übernommen und seinen Namen dem Firmennamen hinzugefügt, die ab 1920 dann ihre ganze Aufmerksamkeit der Herstellung von Automobilen widmen sollte, wobei sie Rennwagen benutzte, um Werbung für die eigenen Produkte zu machen. Bei Alfa Romeo konnte Jano dann seine Talente voll entfalten. Er begann zunächst, mit Kompressoren herumzuexperimentieren, um das zu schaffen, was als der erste wahre Monoposto, also einsitziger Rennwagen, angesehen wird, und Autos zu entwerfen, die nicht nur für Rennen geeignet waren, sondern Gran-Turismo-Fahrzeuge für den normalen Gebrauch im Straßenverkehr. 1931 brachte Alfa Romeo Janos neuestes Auto heraus, den 8C 2300, mit einem Chassis, das es als Versionen sowohl mit langem wie kurzem Achsstand gab, und als Rennwagen- oder Gran-Turismo-Modelle mit Karosserien von Zagato, Touring und verschiedenen anderen Karosseriebauern.

Das Herz des Autos war ein Achtzylinderreihenlader mit 2 336 ccm. Eigentlich bestand der Motor aus zwei zusammengeschlossenen Vierzylinderantrieben, jeder davon mit eigenem Auflader und Abgassystem, in einem gemeinsamen Gehäuse. Im normalen Straßenverkehr entwickelte der Motor 155 PS und konnte den 8C 2300 auf Geschwindigkeiten um die 180 km/h treiben.

Im Laufe mehrerer Jahre baute Alfa weniger als 200 Einheiten seines 8C 2300. Jano stellte auch eine weniger kostspielige und weniger leistungsstarke Sechszylinderversion her, den 6C 2300.

Dann brachte Alfa 1936 den 8C 2900 heraus, den viele als das schnellste Auto für den Straßengebrauch der dreißiger Jahre ansahen.

LINKS VITTORIO JANO WAR SCHÖPFER DES RENNWAGENPROGRAMMS VON ALFA ROMEO UND AUCH EINER REIHE AUSSERORDENTLICHER STRASSENWAGEN, ZU DENEN AUCH DER 8C 2900 GEHÖRTE, DEN ES SOWOHL MIT KURZEM WIE LANGEM ACHSSTAND GAB.

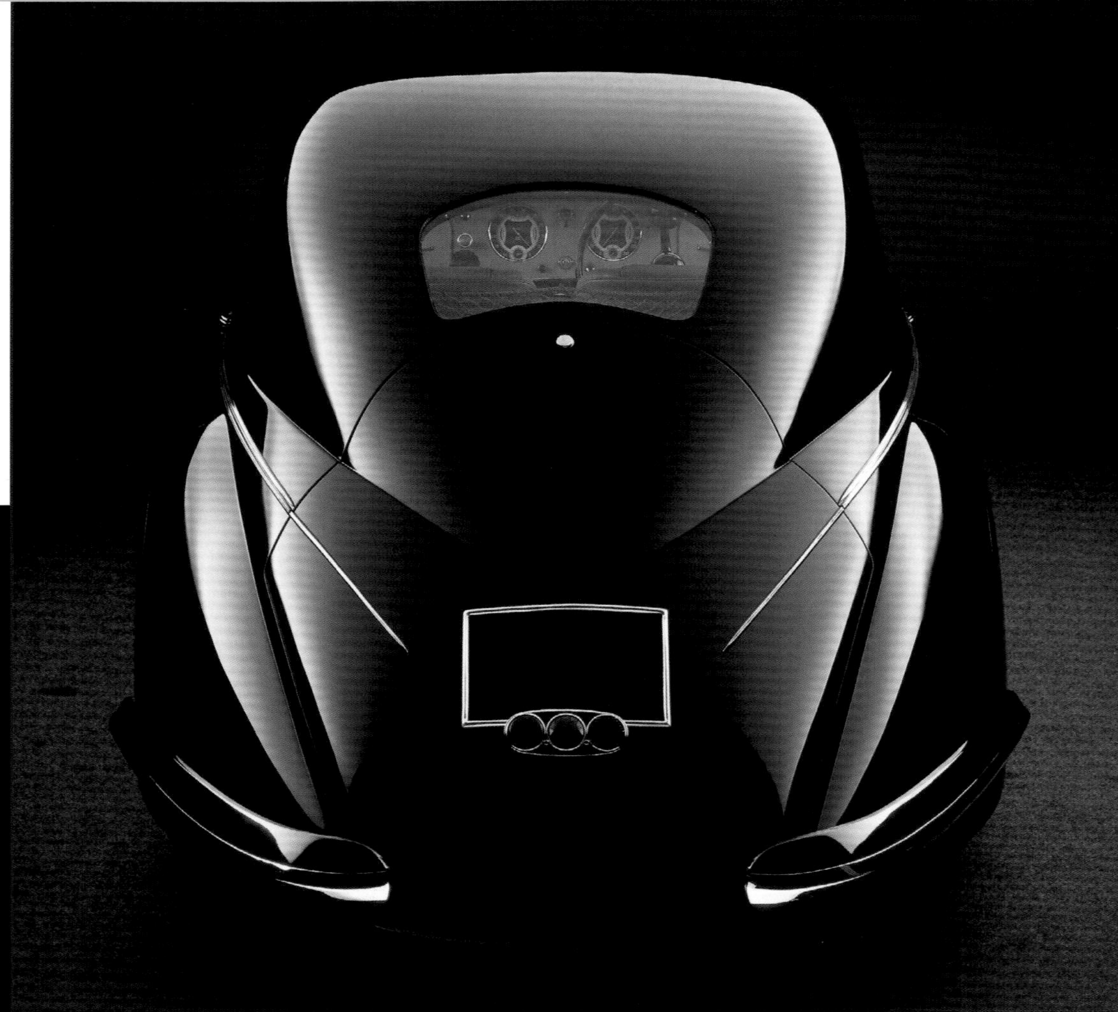

UNTEN IN DER MITTE ZUR VERKLEIDUNG DES LEISTUNGSSTARKEN CHASSIS DES ALFA ROMEO 8C 2900 ENTWARFEN ZAGATO, TOURING UND VERSCHIEDENE ANDERE KAROSSERIEBAUER AERODYNAMISCHE KAROSSERIEN SOWOHL FÜR CABRIOMODELLE WIE FÜR ELEGANTE COUPÉS.

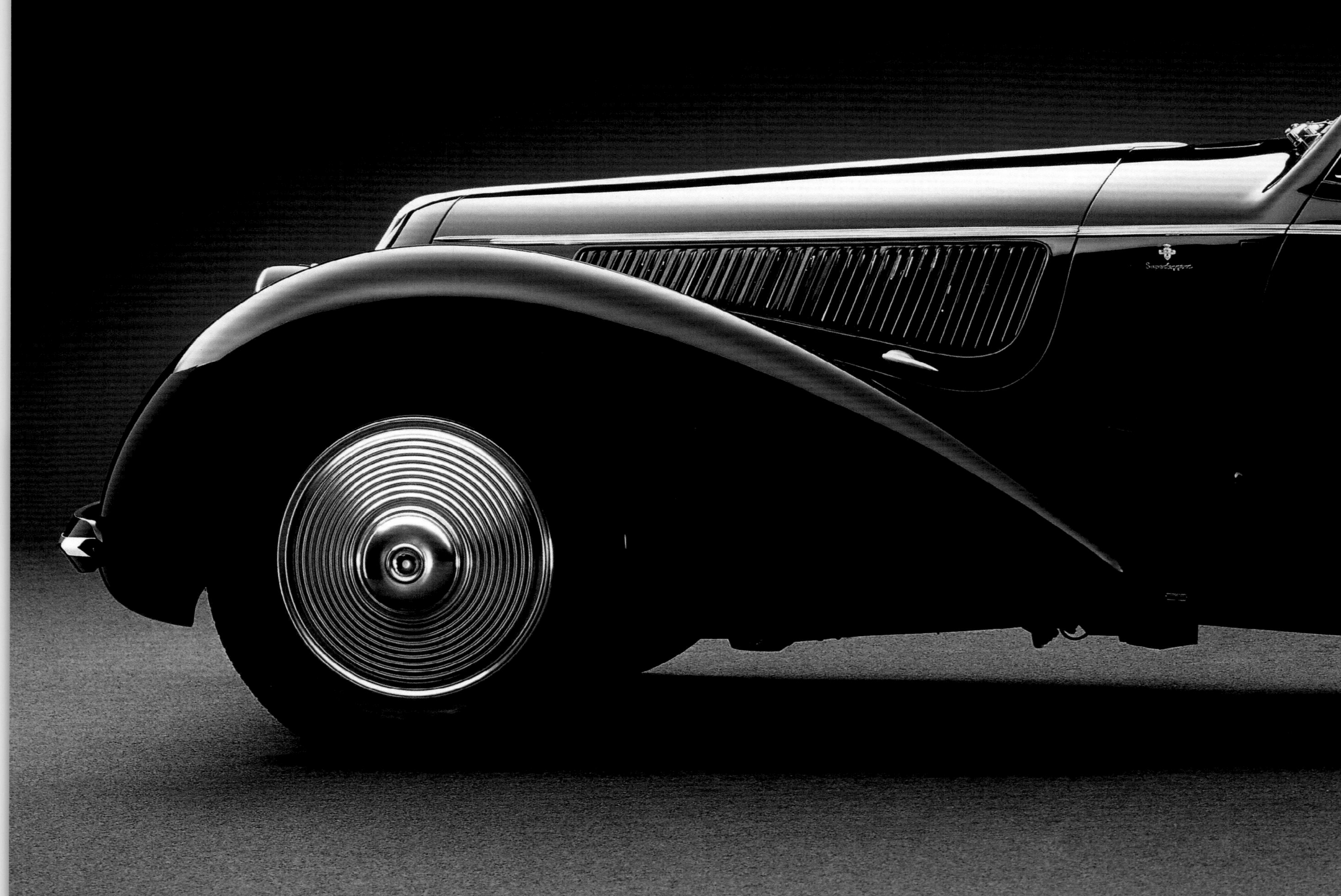

Mit unabhängigen Aufhängungen für jedes Rad, einem verstärkten Chassis und einem aerodynamischen Karosseriekörper, der von verschiedenen Karosseriebauern hergestellt wurde, konnte der 8C 2900 eine Geschwindigkeit von 185 km/h erreichen.

Jano arbeitete bis 1937 bei Alfa Romeo, als Gianni Lancia die Automobilgesellschaft seines Vaters erbte und ihn überredete, deren Chefingenieur zu werden. Jano entwarf weiterhin revolutionäre Autos, darunter den Rennwagen D50 und ein sportliches Coupés – den Aurelia –, bevor er eine Serie von Autos mit V6-Antrieb entwickelte. Als Lancia sich 1950 aus dem Renngeschehen zurückzog, tat sich Jano mit Enzo Ferrari zusammen, der damals mit mäßigem Erfolg das eigene Unternehmen für Renn- und Straßenwagen leitete. Ferraris junger Sohn Dino überzeugte den Vater, ihn zusammen mit dem erfahrenen Techniker an einem neuen Motor arbeiten zu lassen, einem V6-Rennantrieb, der eines Tages, nach seinem Tod, Dinos Namen tragen sollte.

OBEN LINKS DER MOTOR DES TOPOLINO LEISTETE MIT SEINEN 569 CCM 13 PS. SIE REICHTEN AUS, DAS LEICHTE FAHRZEUG AUF ÜBER 80 KM/H ZU BESCHLEUNIGEN.

UNTEN IN DER MITTE OFFIZIELL HIESS DAS KLEINSTE PRODUZIERTE AUTO DER DAMALIGEN ZEIT FIAT 500, DOCH ES WAR ALLGEMEIN ALS „TOPOLINO" – „MÄUSCHEN" – BEKANNT.

OBEN LINKS DAS KLEINE AUTO VON FIAT WAR FÜR ZWEI GROSSE FAHRGÄSTE UND IHR GEPÄCK AUSGELEGT, ABER VIELE BESITZER SCHAFFTEN ES, IRGENDWIE HINTER DEN SITZEN DES AUTOS KINDER, HAUSTIERE UND SOGAR FRACHTGUT UNTERZUBRINGEN.

FIAT TOPOLINO

Fiat bewies 1936, dass die jüngsten Fortschritte in der Aerodynamik auf eine kompaktere automobile Form angewandt werden konnten, eben auf ein „Auto für die Leute", was die genaue Vorgabe war, für die der Fiat 500 entwickelt wurde. Vom Ingenieur Dante Giacosa als Antwort auf Giovanni Agnellis Traum entworfen, der ein kleines Auto herstellen wollte, das sich alle Italiener leisten konnten, war der 500 so winzig, dass er allgemein „Topolino" – „Mäuschen" – genannt wurde, was auch der italienische Name für die amerikanische Zeichentrickfigur „Mickey Mouse" ist.

Der Topolino war der kleinste Serienwagen der Welt.

Der Radstand beispielsweise war mit knapp 2 000 Millimeter fast 400 Millimeter kürzer als der des Volkswagen Käfer, der zu seiner Zeit als sehr klein galt, aber immerhin von der Fronthaube zur hinteren Stoßstange noch circa 4 100 Millimeter maß, beziehungsweise über 75 Zentimeter mehr als der Fiat.

Das Turiner Autounternehmen hatte anfänglich ein Design im Stil von VW erwogen, also ein Fahrzeug mit dem Motor hinten und Luftkühlung. Doch als der Prototyp in Flammen aufging, entschied man sich naheliegenderweise, mit dem Entwurf von Giacosa mit vorne montiertem Motor und einem Wasserkühlsystem in Produktion zu gehen.

Der 569-ccm-Vierzylindermotor des Topolino entwickelte nur 13 PS, doch das Auto wog weniger als 600 Kilogramm. Trotz seiner aufgerichteten Scheinwerfer, die alles andere als stromlinienförmig waren, halfen die nach hinten geneigte Kühlerverkleidung, die schräge Windschutzscheibe und das abfallende Heckteil, dass der Fiat 500 Geschwindigkeiten von 85 km/h bei einem Verbrauch von nur sechs Litern Benzin auf 100 Kilometer erreichen konnte.

Bei Kosten unter 10 000 Lire konnte der Topolino dennoch einen niedrigen Schwerpunkt, einen lebhaften Motor, synchronisierte Übertragung, angemessene Bremsen und unabhängige Vorderradaufhängung bieten, dazu einen Fahrgastraum, der hinreichend geräumig war, um bequem zwei Erwachsene aufzunehmen. Ein leicht zu öffnendes Verdeck aus Leinwand trug dazu bei, dass das Innere des Autos alles andere als klaustrophobisch wirkte. Der Topolino wurde das beliebteste Auto Italiens.

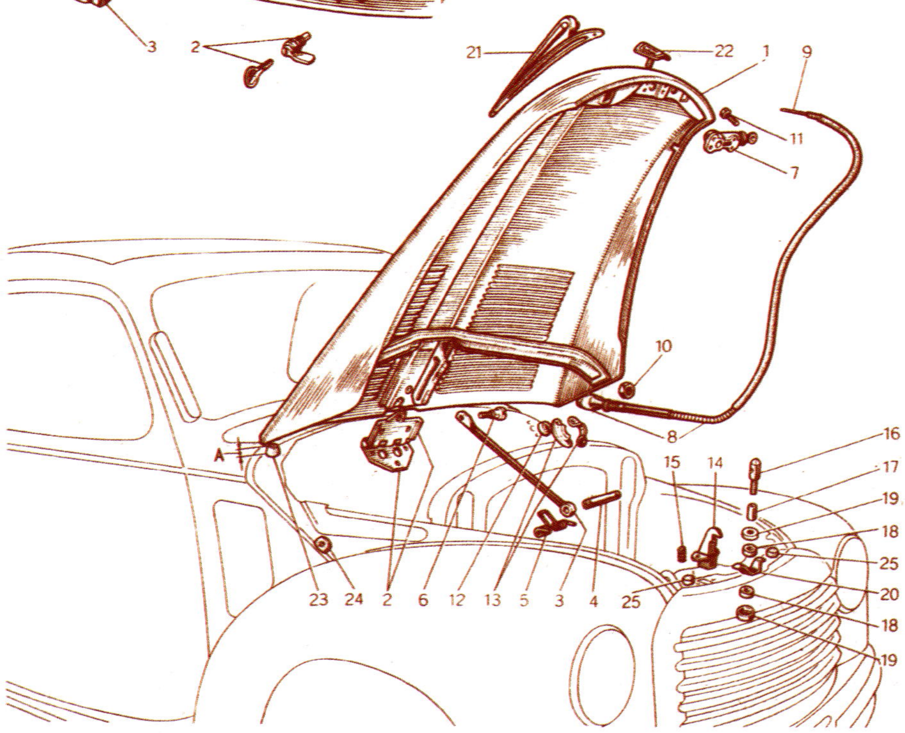

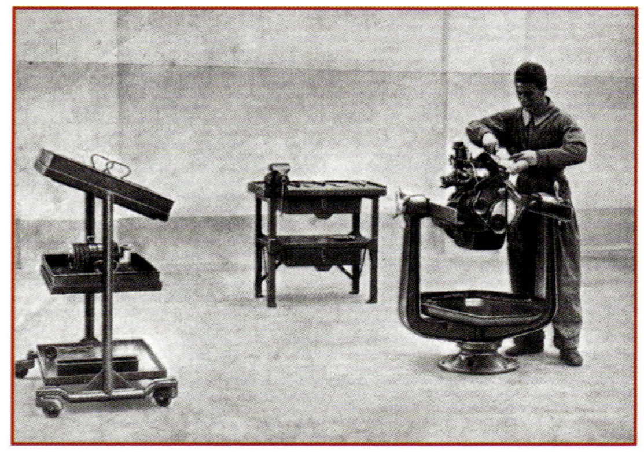

Der ursprüngliche 500 blieb bis 1948 in Produktion, wobei es gegen Mitte des zwölfjährigen Produktionszyklus nur eine einzige bedeutende Änderung durch Modernisierung der Hinterradaufhängung gab. 1948 kam dann der 500B heraus mit einem leicht stärkeren Motor mit hängenden Ventilen und modernisierten Bremsen.

1948 wurde das Innendesign verbessert, und zur Serie gesellte sich auch ein kleiner Kombi, der vier Erwachsene transportieren konnte. Schließlich veränderte der Wagen 1949 seine Form, als er sich zum 500C entwickelte mit neuer Schnauze, einem Zylinderkopf aus Aluminium und einem System, das die warme Kühlerabluft nutzte, um die Windschutzscheibe von Beschlag zu befreien und den Fahrgastraum zu heizen. Die Produktion des 500 wurde bis 1955 fortgeführt, als nach der Herstellung von über einer halben Million Einheiten der Topolino durch den neuen 600 ersetzt wurde.

LINKS UND UNTEN DIE TECHNISCHEN ZEICHNUNGEN ZEIGEN DETAILS DES TOPOLINO, DARUNTER DIE UNTERBRINGUNG DES RESERVERADES, VERSCHIEDENE KOMPONENTEN INNEN AN DER MOTORHAUBE UND DIE FEINHEITEN VON TÜREN UND FENSTERN.

IM ZENTRUM EIN MECHANIKER MONTIERT EINEN MOTOR FÜR DEN TOPOLINO. DER 569-CCM-VIERZYLINDER-MOTOR KAM FÜR EINE STRECKE VON 100 KM MIT NUR SECHS LITERN KRAFTSTOFF AUS.

RECHTS FIAT WAR BEKANNT FÜR DEN KÜNSTLERISCHEN ANSTRICH SEINER WERBUNG. DIESE ABBILDUNG MIT EINER JUNGEN FRAU UND EINEM TOPOLINO WURDE VOM ILLUSTRATOR UND PLAKATZEICHNER FRANCO MOSCA FÜR EIN ZEITSCHRIFTENINSERAT VON 1936 ENTWORFEN.

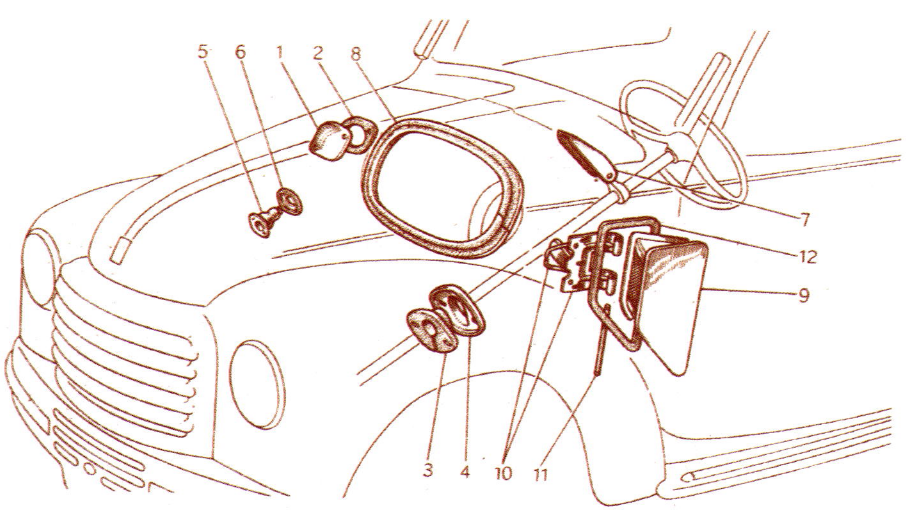

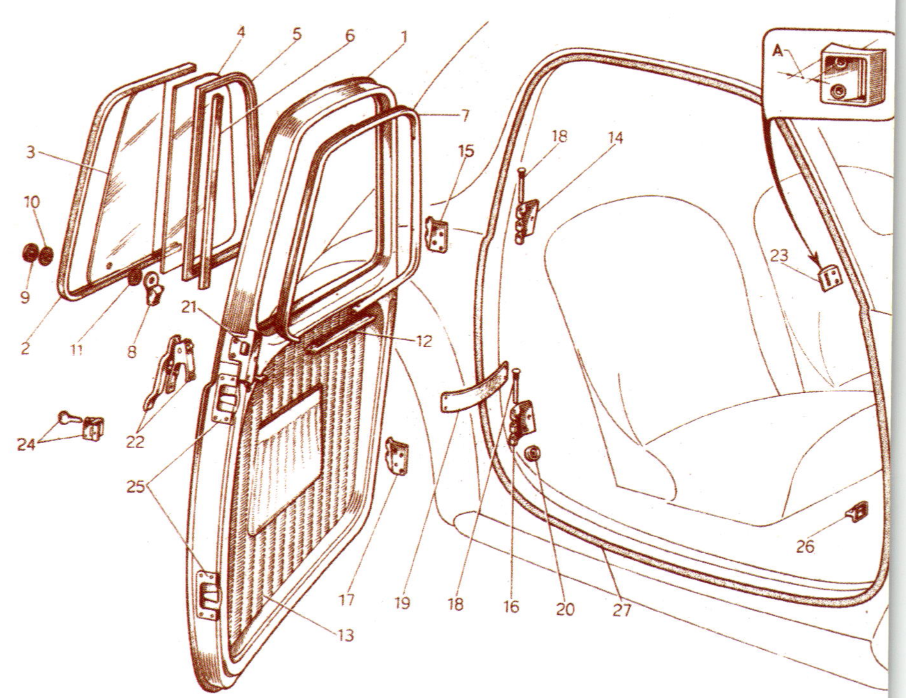

TALBOT LAGO

LINKS DER TALBOT LAGO PRÄSENTIERT SEINE CHARAKTERISTISCHE AERODYNAMISCHE TROPFENFORM NICHT NUR BEI DEN KOTFLÜGELN, SONDERN AUCH IM LANGSCHWÄNZIGEN RUMPF.

RECHTS „PUNKTE ODER KREISE MIT SICH ANSCHLIESSENDEN FLIESSENDEN LINIEN WIE BEI EINEM KOMETENSCHWEIF", SCHRIEB DER KURATOR DES MUSEUM OF MODERN ART ARTHUR DREXLER ÜBER DAS DESIGN DER FRONTPARTIE DES TALBOT LAGO.

Als 1951 das Museum of Modern Art „8 Automobile: eine Ausstellung zur Ästhetik des automobilen Designs" ausrichtete, war eines dieser acht Autos der Talbot Lago.

Die „Zierelemente der Motorhaube", von denen der Kurator Arthur Drexler sprach, lieferten den Schlüssel zu dem, was Drexler selbst als den Ansatz des Designers beschrieb: „Punkte oder Kreise mit sich anschließenden fließenden Linien wie bei einem Komentenschweif geben ein Thema an, das in den Kotflügeln wiederholt und anschließend erweitert wird, um den gesamten Fahrgastraum einzuschließen", schrieb er im Ausstellungskatalog.

„Die vorderen und hinteren Kotflügel, die auf der Grundlinie miteinander verbunden sind, scheinen den Fahrgastraum wie in einer Wiege zu bergen. Das erzeugt ein grobes symmetrisches Gleichgewicht von ovalen Formen, sodass von allen Seiten ein einzelnes dominierendes Element von zwei kleineren flankiert wird. Das Hinterrad ist verdeckt, um die ovale Kontur der Kotflügel zu erhalten, und die Klarheit des gesamten Aufbaus wird durch die farbliche Absetzung verstärkt [das Auto, das auf der Ausstellung des MoMA gezeigt wurde, war in zwei Tönen lackiert mit hellen Kotflügeln und dunklem Fahrgastraum und dunkler Motorhaube]." Talbot, eine anglofranzösische Gesellschaft, entstand 1900, als Alexandre Darracq aus Unzufriedenheit sowohl über das Elektroauto wie auch die von Bollée entworfenen „Dreiräder", die er gegen Ende des Jahrhunderts durch die Straßen von Paris lenkte, ein eigenes Auto baute.

Nach Ablauf von nur zwei Jahren konnte Darracq mit seinem Rennwagen, der mit einem enormen V8-Motor von 22,5 Litern ausgestattet war, Geschwindigkeitsrekorde (177,2 km/h) aufstellen. Die von Darracq hergestellten Autos wurden bis 1911 mit Ein- oder Zweizylindermotoren ausgerüstet, dem Jahr, in dem er sich an den Bau einer schlecht geplanten

OBEN LINKS ARTHUR DREXLER, KURATOR DES MUSEUM OF MODERN ART IN NEW YORK (MOMA), BEMERKTE, DASS DIE KOTFLÜGEL DIE KONTUREN DES AUTOS BETONTEN UND DIE GESAMTSTRUKTUR HERVORHOBEN, WENN SIE IN EINER FARBE LACKIERT WAREN, DIE SICH VON DER HAUPTFARBE DER KAROSSERIE ABHOB.

UNTEN IN DER MITTE DIE TROPFENFÖRMIGE KAROSSERIE DES TALBOT LAGO T150 SS (SPECIALE SPORT) COUPÉ WURDE VON JOSEPH FIGONI VON DEN BERÜHMTEN KAROSSERIEBAUERN FIGONI & FALASCHI ENTWORFEN.

OBEN RECHTS DER FAHRER AUF DER RECHTEN SEITE BEHIELT DEN TOURENZÄHLER IM AUGE, WÄHREND DER BEIFAHRER KONTROLLIEREN KONNTE, WIE SEHR SICH DER TALBOT LAGO DER HÖCHSTGESCHWINDIGKEIT VON 160 KM/H NÄHERTE.

Drehschiebersteuerung wagte. Am Rande des finanziellen Ruins verließ Darracq die Firma, die daraufhin von Owen Clegg geleitet wurde, einem Engländer, der 1920 Talbot mit dem britischen Automobilunternehmen Sunbeam fusionierte. Nunmehr als STD bekannt (Sunbeam-Talbot-Darracq) wurde die Gesellschaft 1935 an die Gebrüder Rootes verkauft. Diese stellten einen Franzosen, Major Antoine (Antonio) Lago an die Spitze der technischen Leitung und der Verwaltung. Lago wiederum machte Talbot dann zu seiner eigenen Gesellschaft, als er eigene Autos und Sechszylindermotoren von 2,7 oder 3,0 Litern für deren Antrieb entwickelte.

1937 entwarf Joseph Figoni, einer der Partner des französischen Karosseriebauunternehmens Figoni & Falaschi, den tropfenförmigen Karosseriekörper des Talbot Lago T150 SS (Speciale Sport) Coupé. Das Auto war unvorstellbar schön, und sein Design ließ es größer erscheinen, als es tatsächlich war. Das Fahrzeug war mit großen Bremsen ausgerüstet, die sinnvoll waren, da es von einem neuen Lago-Motor angetrieben wurde, einem Sechszylinder von 4,0 Litern mit doppelter Vergasung, der 140 PS leistete und eine Spitzengeschwindigkeit von 160 km/h ermöglichte.

Talbot nahm die Produktion in den späten vierziger Jahren wieder auf, wenn auch mit wesentlich kleineren Volumen. Der Talbot Record und der Grand Sport waren Sportwagen, die sich bei Wettbewerben als besonders erfolgreich erweisen sollten. 1950 forderten sie in Le Mans Rennställe wie Ferrari, Jaguar, Aston Martin und sogar Cadillac heraus und belegten schließlich Platz eins und zwei. Ein Jahr später wurden sie Zweiter und Vierter. 1952 konnte sich ein Talbot bis eine Stunde und zehn Minuten vor dem Ziel an der Spitze halten. Antonio Lago starb 1960, kurz nachdem seine krisengeschüttelte Gesellschaft vom französischen Automobilkonzern Simca vereinnahmt worden war.

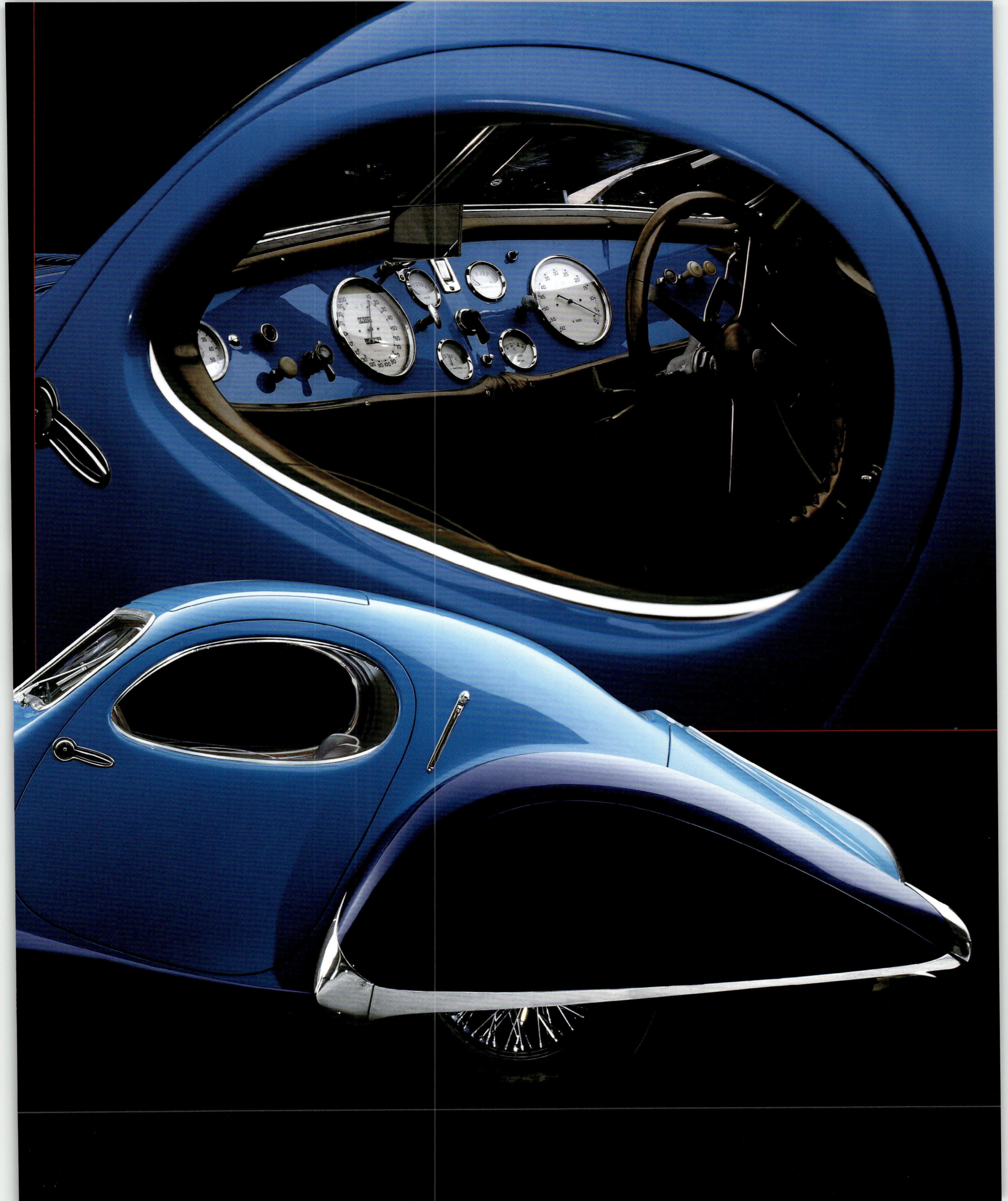

EINIGE LINCOLN CONTINENTAL WURDEN MIT HANDGEFERTIGTEN KAROSSERIEN AUSGESTATTET. DIESES MODELL BESASS ABGEWANDELTE VORDERE KOTFLÜGEL UND EIN VERDECK, IN DAS BULLAUGENFÖRMIGE SEITENFENSTER EINGELASSEN WAREN – EINE STILISTISCHE ANREGUNG, DIE IN DEN FÜNFZIGER JAHREN IM FORD THUNDERBIRD WIEDER AUFGENOMMEN WERDEN SOLLTE.

Henry Ford hatte das Herz eines Industriellen. Sein Sohn Edsel hatte das Auge eines Künstlers.

1919, im Alter von 26 Jahren, wurde Edsel Präsident der Ford Motor Company, auch wenn sein Vater die Zügel der wahren Macht noch fest in der Hand behielt. Doch immerhin konnte Edsel seinen Vater 1922 überzeugen, die bankrotte Lincoln Motor Company zu erwerben. Der alte Ford war über das Geschäft nicht glücklich, doch schließlich stimmte er zu – vielleicht nur, weil er es als eine Art Racheakt gegen seinen alten Rivalen Henry Leland ansah. Leland, ein geschickter Ingenieur, hatte den Motor für das Curved Dash Oldsmobile entwickelt und wurde von den Geldgebern der ursprünglichen Henry Ford Company eingestellt. Nach der Trennung von Ford wurde sie wieder Cadillac genannt und erwarb als „Standard für die Welt" allgemeines Ansehen. Als Cadillac von General Motors übernommen wurde, gründeten Leland und sein Sohn Wilfred

FORD LINCOLN

eine eigene Gesellschaft: Lincoln. Lincoln wurde die Luxuslinie von Ford; Edsel wusste, dass solche Autos schon eine besondere Linie aufweisen mussten, mit der es möglich war, die reichere Kundschaft anzusprechen. Der erste bedeutsame Beitrag von Lincoln zur Charakterisierung seiner Linie war der Zephyr von 1936. John Tjaarda, der bei Briggs arbeitete, einem Chassisbauer in Detroit, gab dem Auto ein aerodynamisches Design, zu dem sich die Feinheiten des Yachtdesigners Eugene T. „Bob" Gregorie gesellten, damals Edsels Berater. 1938 machte Edsel Ford eine Reise durch Europa und kehrte mit dem Wunsch zurück, ein ganz besonderes Auto zu bauen, ein Fahrzeug, das den „kontinentalen" Stil auf die amerikanischen Straßen bringen sollte. Tatsächlich wollte Ford einen Wagen, der es ihm erlaubte, stilvoll zu reisen, und das rechtzeitig zu den Winterferien, die er jedes Jahr in Florida verbrachte.

In nur einer Stunde stellte Gregorie die vorläufigen Entwürfe fertig für ein Auto mit langer, tiefer Motorhaube, abnehmbarem Verdeck und einem Reserverad, das nicht im Kofferraum verstaut wurde, sondern auf dem Heck des Automobils angebracht war. Edsel gefiel die Idee und fragte, wie schnell das Auto realisiert werden könne.

Bald war ein 50 Zentimeter großes Modell hergestellt; der technische Chefzeichner von Ford, Martin Regiko, fertigte die Zeichnungen, und die Facharbeiter von Lincoln formten per Hand die Karosserieteile für Edsels Auto, den

CONTINENTAL

Continental. Das Chassis eines Lincoln Zephyr von 1939 wurde abgeändert, um neben längeren Vorderkotflügeln eine längere und niedrigere Motorhaube tragen zu können.

Der Platz des Fahrers wurde um 18 Zentimeter von den Vorderrädern abgerückt. Der Prototyp wurde so gut es ging zusammengesetzt. Das Fahrzeug wog fast 2 300 Kilogramm. Der Antrieb kam von einem 4,8-Liter-V12-Motor des Zephyr mit 120 PS und 30,4 kgm Drehmoment. Das Automobil wurde taubengrau („dove gray") lackiert und nach Florida verschifft. Zwei Wochen später rief Edsel in Dearborn an, dass das Auto bei den Bewohnern von Palm Beach außergewöhnliche Aufmerksamkeit errege. Er fügte hinzu, dass er gut um die tausend Exemplare dieses Fahrzeugs verkaufen könne.

Für die Produktion wurde das Auto etwas abgeändert, Motorhaube und Kotflügel wurden verkürzt, und der Fahrer wurde weiter vorne platziert, damit mehr Raum für die anderen Passagiere entstand. Im Laufe von drei Jahren baute Ford ungefähr 2 000 Continental, darunter fast 900 Cabriolet. Doch die Anforderungen des Krieges und Edsels Tod im Jahr 1943 setzten der Produktion ein Ende. 1951 nahm das Museum of Modern Art den Lincoln Continental in eine Gruppe von acht Autos seiner Sonderausstellung zu den bedeutsamen Modellen für automobiles Design auf.

LINKS DER LINCOLN CONTINENTAL WAR DAS LIEBLINGSAUTO DER HOLLYWOODSTARS WIE RITA HAYWORTH, DIE HIER AN IHREM NEUEN COUPÉ LEHNT. FORD BAUTE DEN CONTINENTAL IN DEN VERSIONEN COUPÉ UND CABRIO.

UNTEN RECHTS STATT DES TRADITIONELLEN KÜHLERVERSCHLUSSES MIT DEM WINDHUND VON LINCOLN TRUG DER CONTINENTAL WIE DER LINCOLN ZEPHYR EINE ART-DÉCO-VERZIERUNG AUF DER KÜHLERHAUBE.

Langsam beschleunigen: Die Unternehmen rüsten sich mit neuen Werken

1945/1954

Während die Autos allmählich anfingen, unter künstlerischen Aspekten interessanter zu werden, ebenso aufregend anzuschauen wie zu fahren, erlebte die Produktion eine dramatische Wende. Anstelle von Familienautos und Lastwagen für den Gütertransport begannen die Gesellschaften, Rüstungsgüter und Fahrzeuge zu bauen, die diese zusammen mit den Soldaten transportieren sollten. Die Pläne für Limousinen und Cabrios wurden von angesammelt, doch die Verkäufe blieben gering, bis die Volkswirtschaften wieder an Stärke gewannen. Zum Anschieben der Produktion wurden die neuen Autos anfänglich nach veralteten Plänen gebaut. Doch ziemlich bald zeichneten sich klare Tendenzen ab, insbesondere in den unterschiedlichen Entwicklungen der Autos, die für die Europäer entworfen wurden, wo Steuern und enge Straßen kleine und wendige Autos begünstigten, und der Autos für Amerika mit seinen weiten offenen Räumen. Die Historiker beschreiben,

Langsam beschleunigen: Die Unternehmen rüsten sich mit neuen Werken

den technischen Zeichnern vom Tisch gefegt und durch Entwürfe für Flugzeuge und Jeeps, Panzer und Militärtransporter ersetzt. Nach dem Zweiten Weltkrieg mussten sich die Automobilunternehmen neue Produktionsausrüstungen zulegen. Die US-Gesellschaften hatten zwar noch intakte Fabriken, doch die europäischen Produzenten waren gezwungen, zunächst einmal ihre Werke wiederaufzubauen ... Und selbst wenn ihnen dies gelang, erholten sich ihre Volkswirtschaften mühsam. Für viele blieb ein Auto noch lange ein Traum, und das Motorrad stand für die Wirklichkeit.

Einige Unternehmen erholten sich nie wieder. Dafür gab es unterschiedliche Gründe, bis hin zu den bizarren Eigenheiten, die sich aus den neuen Grenzen ergaben und durch die sie vielleicht einfach auf der falschen Seite des Eisernen Vorhangs gelandet waren. In der Zwischenzeit durften japanische Automobilgesellschaften erst zwei Jahre nach Ende des Krieges wieder mit der Produktion beginnen. Als die Produktion wieder aufgenommen wurde, hatte sich eine starke Nachfrage

wie in den Vereinigten Staaten Autos und Autobahnen die Bevölkerung von den Farmen in die Städte und dann aus den Städten in die Vororte trieben. In American Cars schrieb Leon Mandel, dass die erste neue Vorstadt, Levittown in Pennsylvania, 1947 von Personen gebaut wurde, die während des Krieges Militärbauten errichtet hatten. Ein Jahr später wurde der Hamburgerbrater McDonald's zu einer Kette von Franchise-Unternehmen, ebenso die Eisdielen Baskin-Robbins. In Kürze schienen sich Howard Johnsons (Hotelkette) und Kentucky Fried Chicken in allen Städten breit zu machen.

„Henry Ford hatte uns kurz vor und sofort nach dem Ersten Weltkrieg mit Rädern ausgerüstet," schrieb Mandel. „Abraham Levitt, Colonel Harlan Sanders, Howard Johnson, Kemmons Wilson und andere schubsten uns im Kielwasser des Zweiten Weltkriegs auf diese Räder."

Darüber hinaus wollten die Amerikaner bequem fahren. „Das Innere der amerikanischen Autos wurde häufig so entworfen, dass die häusliche Gemütlichkeit eines Wohnzimmers kopiert wurde", schrieb der Kurator Arthur Drexler in dem Katalog zur Ausstellung Ten Automobiles, die 1953 im Museum of Modern Arts von New York City veranstaltet wurde. Knapp zwei Jahre zuvor hatte das Museum eine ähnliche Ausstellung durchgeführt, doch nur eines der acht ausgestellten Fahrzeuge war nach Kriegsende entworfen worden. 1953 konnte das Museum sich auf Nachkriegsserienmodelle konzentrieren. „Die über Gebühr ausgeklügelten Mechanismen der Federaufhängung, die die Fahrgäste vor der Erfahrung bewahren sollen, sich in einem Fahrzeug zu befinden, das sich auf einer Straße bewegt, erzeugen auch dieses ständige Gefedere, das uns wie Babys in der Wiege schaukelt", fährt Drexler fort. „Zuweilen werden auch Sicherheitsvorkehrungen zugunsten der Bequemlichkeit vernachlässigt: Ein Auto, das sich nicht stabil auf der Straße hält, weil sein Schwerpunkt zu hoch liegt, ist technisch nicht perfekt, auch wenn die größere Höhe Ein- und Ausstieg der Passagiere erleichtert. In diesem Fall erzeugt die Sorge um den Komfort eine merkwürdige Gleichgültigkeit gegenüber einem objektiven Risiko für die Sicherheit." Drexlers Worte wirken heutzutage geradezu prophetisch, niedergeschrieben Jahrzehnte, bevor Geländewagen und Unfälle mit Überschlägen zu einem Problem werden sollten.

VORHERIGE SEITE IN DEN SPÄTEN VIERZIGER JAHREN ERSCHIEN EINE NEUE GENERATION VON AUTOS UND HERSTELLERN. FERDINAND PORSCHE WURDE BERÜHMT FÜR SEINE ARBEIT AN VERSCHIEDENEN PROJEKTEN, DOCH ES WAR DANN SEIN SOHN FERRY, DER EINEM FAHRZEUG DEN FAMILIENNAMEN GEBEN SOLLTE, DEM PORSCHE 356.

RECHTS DER ALFA ROMEO GIULIETTA SPRINT WURDE VON BERTONE ALS SIEGESPRÄMIE FÜR EINE LOTTERIE GESCHAFFEN. DER SPRINT WURDE DANN SO GESCHÄTZT, DASS BERTONE EIGENS EINE FABRIK ERRICHTEN MUSSTE, UM DIE NACHFRAGE BEFRIEDIGEN ZU KÖNNEN.

1945/1954

ALFA-ROMEO
MILANO

MIT SEINER MOTORHAUBE, DIE TIEFER LAG ALS DIE VORDEREN KOTFLÜGEL, IN DIE DIE SCHEINWERFER INTEGRIERT WAREN, SETZTE DER CISITALIA EINEN MASSSTAB FÜR AUTOMOBILES DESIGN.

IN IHRER *ENZYKLOPÄDIE DER AUTOMOBILGESCHICHTE* BEZEICHNEN DIE BRITISCHEN AUTOREN MARTIN BUCKLEY UND CHRIS REES DEN CISITALIA ALS „DEN ENTSCHEIDENDEN MOMENT DES NACHKRIEGSSTYLINGS".

Der Cisitalia 202 von 1948 kann ideell zu Recht als Ursprung der Ausprägung des modernen Automobildesigns angesehen werden. Es handelte sich nicht mehr nur um ein schlichtes Transportmittel. Dies war eine Skulptur, eine rollende Skulptur, eine Skulptur mit Eigenantrieb: ein mobiles Meisterwerk oder ein Kunstwerk, das so wichtig war, dass es als erstes Auto im Museum of Modern Art in New York ausgestellt wurde. „Die Linien des Automobils müssen rein, weich und essentiell sein", sagte Battista „Pinin" Farina, der das Fahrzeug nicht nur entworfen, sondern auch dessen Konstruktion überwacht hatte. „Wir konnten die gewohnten Symbole nicht mehr verwenden, die so sehr wie Leitungsinstallationen aussahen. Bei jenem Auto wurden Dusio und ich zu Poeten". Mit Dusio war der Fußballer und Amateurrennfahrer Piero Dusio gemeint. Dusio stellte Dante Giacosa ein, der den Fiat Topolino geschaffen hatte, um eine Linie von Sportautos zu entwerfen, und als Giacosa nach dem Krieg zu Fiat zurückkehrte, empfahl er als seinen Nachfolger Giovanni Savonuzzi, den Chef der Abteilung experimentelle Flugzeuge von Fiat.

Unter Verwendung von gewöhnlichen Fiat-Komponenten schuf Savonuzzi ein einsitziges Rennauto mit freiliegenden Rädern, das man für das erste Fahrzeug mit einer Architektur aus einem Molybdänrohrrahmen hält (er entdeckte die Rohrstruktur, als er durch die Fahrradfabrik von Dusio schlenderte). Es wurden auch drei Rennversionen des Spider gebaut, die mit flossenförmigen hinteren Kotflügeln prunkten. Das Rennfahrerass Tazio Nuvolari hätte wahrscheinlich auch die Mille Miglia von 1947 mit einem dieser Spider gewonnen, wenn er nicht gezwungen gewesen wäre anzuhalten, damit nach einem Regenguss der Magnet trocknen konnte (Nuvolari wurde immerhin noch Zweiter, und seine Teamkollegen belegten Platz drei und Platz vier hinter ihm). Dusio wandte sich an Pinin Farina, um das Design und die Konstruktion eines Cisitalia Coupé zu vervollständigen, und das Ergebnis war ein Auto, dessen Motorhaube niedriger war als die vorderen Kotflügel, in die die Scheinwerfer integriert waren, und mit einer Reinheit in Details wie dem breiten ovalen Kühlergrill, bei dem die freiliegenden senkrechten Stangen des Chromrahmens zu sehen waren. Trotz der vier Zylinder entwickelte der 1 090-ccm-Fiat-Balilla-Motor nur 50 PS. Die schlanke Form verhalf dem Auto zu einer Höchstgeschwindigkeit von 160 km/h.

„Der Cisitalia stellt eines der gelungensten Beispiele für eine Einkörperkarosserie dar, die jemals realisiert wurden", so die Eloge, die das MoMA dem Auto mehr als ein halbes Jahrhundert später zuteil werden ließ. „Der Kofferraum, die Karosserie, die Kotflügel und die Scheinwerfer sind gleichmäßig in die fließende Oberfläche integriert, anstatt auf diese aufgesetzt zu sein. Vor dem Cisitalia bestand der Ansatz, den die Automobilkonstrukteure überwiegend bei der Festlegung von Volumen und Form der Karosserie verfolgten, darin, dass jedes Teil des Ganzen als ein einzelnes und unterschiedliches Element behandelt wurde: ein Kasten zur Aufnahme der Passagiere, ein weiterer für den Motor und die Scheinwerfer als Anhängsel. Beim Cisitalia gibt es keine scharfen Kanten. Hebungen und Senkungen wahren den Gesamtfluss und die Einheit und schaffen so ein Gefühl von Geschwindigkeit". Es wurden 485 Cisitalia gebaut, fast 200 davon von Pinin Farina. Die anderen erhielten Karosserien von Vignale, Touring, Frua oder den Stabilimenti Farina, doch keine davon konnte an die Reinheit von Pinin Farinas Schöpfung heranreichen. Die sauberen Linien und die wunderbaren Proportionen des Sportcoupés Cisitalia 202 sollten als Inspiration für viele nachfolgende Fahrzeuge dienen.

CISITALIA 202

FOLGENDE SEITEN BATTISTA „PININ" FARINA ENTWARF MIT DEM CISITALIA NICHT NUR EINFACH EINEN SPORTWAGEN, ER VERWIRKLICHTE DAS, WAS VON DA AN ALS EINES DER SCHÖNSTEN EXEMPLARE VON SKULPTUR IN BEWEGUNG DEFINIERT WURDE. „WIR KONNTEN DIE GEWOHNTE FORMSPRACHE NICHT MEHR VERWENDEN, DIE SO SEHR WIE LEITUNGSINSTALLATIONEN AUSSAH", SAGTE PININ FARINA HINSICHTLICH DER SAUBEREN FORM DES CISITALIA. „BEI JENEM AUTO WURDEN [PIERO] DUSIO [VON CISITALIA] UND ICH ZU POETEN."

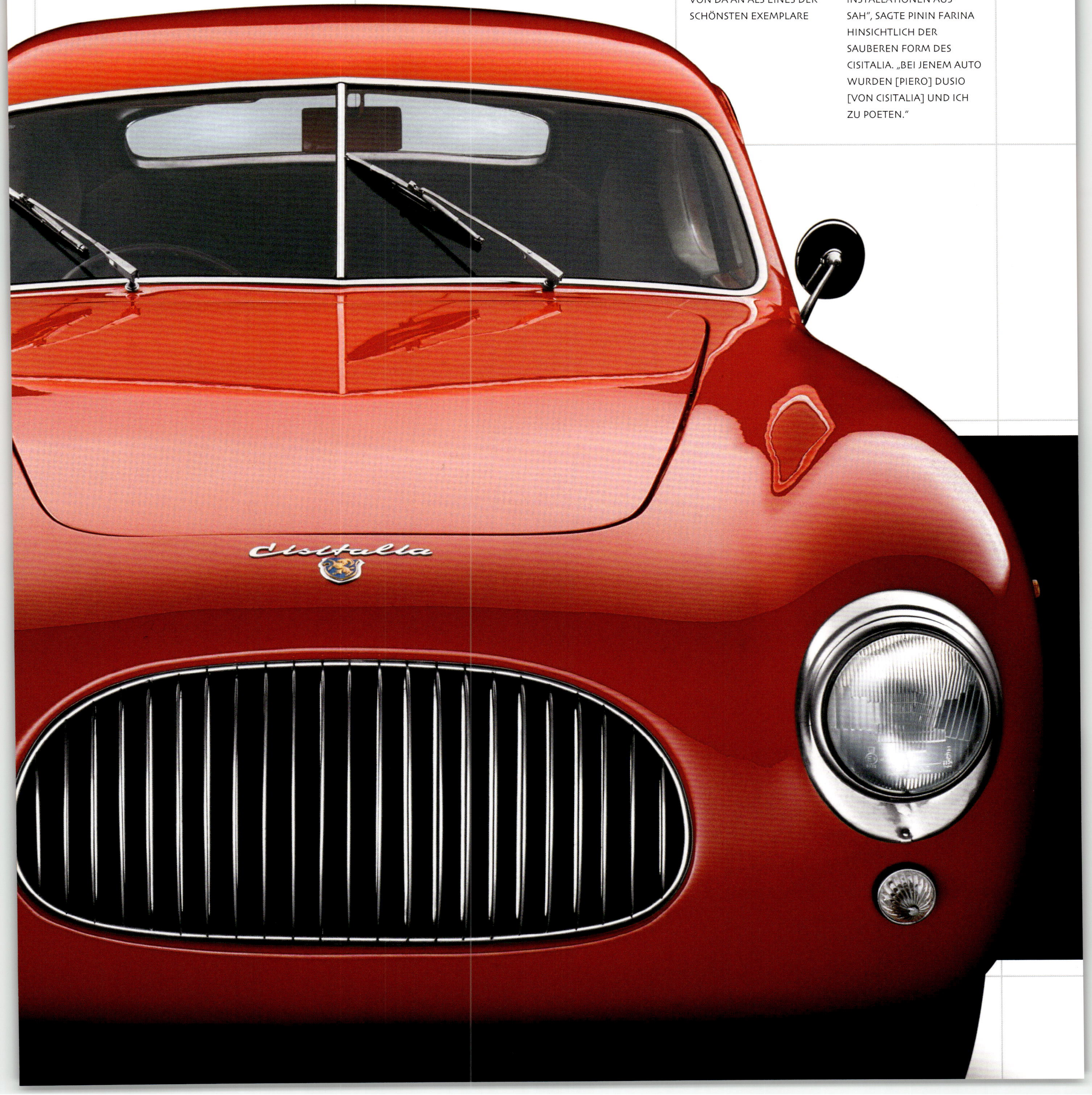

Cisitalia

Cisitalia

CITROËN 2CV

Auf den ersten Blick und mit modernen Augen mag der Citroën 2CV als das unscheinbarste Auto erscheinen, das jemals entworfen wurde (zumindest bis ein paar Jahrzehnte später General Motors den Pontiac Aztek präsentierte). Und doch geht von der Einfachheit dieses Autos, das entwickelt wurde, um den typischen französischen Bauern in die motorisierte Ära zu geleiten, eine zeitlose Schönheit aus – neben dem ansprechend vorteilhaften Preis. Genauso wie das Model T von Ford, die sogenannte „Tin Lizzie", Amerika auf Räder gesetzt hatte, war die „Ente" für viele Franzosen das erste Auto. Henry Ford sagte, dass die Leute sein Model T in allen Farben haben könnten, so lange diese Farbe Schwarz sei. Im ersten Jahrzehnt der Produktion war der 2CV nur in Grau erhältlich. Doch der 2CV machte den motorisierten Transport bei Kosten von 228 000 Francs oder weniger als 1 330 Euro für viele erreichbar und wirtschaftlich. Der schneckenförmige Citroën hatte eine der ungewöhnlichsten Missionen zu erfüllen, die jemals von einer Automobilgesellschaft erdacht worden war: Er sollte in der Lage sein, vier Personen zu befördern, oder zwei Personen und dazu über 50 Kilogramm landwirtschaftlicher Produkte, und eine Höchstgeschwindigkeit von 65 km/h bei einem durchschnittlichen Verbrauch von einem Liter pro 20 Kilometer erreichen. Der Wagen sollte auch in der Lage sein, einen Korb mit einem Dutzend Eier heil über ein gepflügtes Feld zu bringen, eine Aufgabe, die er tatsächlich erfüllte, auch wenn er nur zwei Tragfedern besaß: In einem verblüffenden, sich selbstausgleichenden System verband eine davon die vordere linke Achswelle mit der hinteren, die andere verband die vordere rechte Achswelle mit der hinteren.

Der Gründer der Gesellschaft André Citroën lebte nicht lange genug, um den 2CV in Produktion zu sehen, auch wenn die Arbeiten zur Verwirklichung des Autos vor seinem Tod 1936 aufgenommen wurden. Das Design wurde vom italienischen Bildhauer Flaminio Bertoni entworfen. Pierre Boulanger und André Lefèvre, organisierten und leiteten die Herstellung des leichten 2CV.

Das Thema war: Minimalismus. Die anfänglichen Prototypen waren aus Stahlwellblech gebaut und hatten nur einen Scheinwerfer. Auch in der Produktionsausstattung waren die Sitze aus Leinwand, die über Metallrahmen gespannt wurden, und konnten leicht abmontiert werden, um mehr Stauraum zu gewinnen. Und wenn die

LINKS CITROËN VERWENDETE BEIM BAU DES PROTOTYPS DES 2CV STAHLWELLBLECHE, UND DIESES MOTIV WIEDERHOLTE SICH AUF DER MOTORHAUBE DER SERIENVERSION. DER BREITE STREIFEN UNTER DER WINDSCHUTZSCHEIBE KONNTE GEÖFFNET WERDEN, UM LUFT HINEINZULASSEN. DAS STOFFDACH KONNTE NACH HINTEN GEROLLT WERDEN, SODASS MAN DEN EINDRUCK HATTE, SICH IN EINEM CABRIO ZU BEFINDEN.

IM ZENTRUM IN DEN ERSTEN ZEHN PRODUKTIONSJAHREN STELLTE CITROËN DEN 2CV NUR IN GRAU HER. SPÄTER WURDEN AUCH ANDERE FARBEN ANGEBOTEN. SELBSTIRONISCH WARB DIE FIRMA FÜR EIN SONDERMODELL, INDEM SIE DIE MANKOS DES AUTOS BETONTE.

Fracht zu sperrig war, um ins Wageninnere zu passen, konnte das Verdeck nach hinten gerollt werden.

Ebenso konnte auch die Gepäckklappe abgenommen werden, sodass der 2CV wie ein kleiner Lieferwagen genutzt werden konnte. Sogar die Türen, die in der B-Säule zwischen vorderem und hinterem Seitenfenster verankert waren, konnten leicht entfernt werden.

Der Motor mit zwei waagrecht gegeneinander angeordneten Zylindern war luftgekühlt, entwickelte 375 ccm und hielt nur 9 PS für die Vorderräder bereit. Die Leistung sollte im Laufe der Jahre langsam steigen. Die Produktion lief bis 1990, als die letzte der über fünf Millionen „Enten" hergestellt wurde.

OBEN LINKS MIT WITZIGER WERBUNG PRIES CITROËN DIE PRAKTISCHEN VORZÜGE UND DEN NIEDRIGEN PREIS SEINES 2CV. DANK DES AUFROLLBAREN VERDECKS UND DER ABNEHMBAREN TÜREN UND HECKKLAPPE KONNTE DAS FAHRZEUG EINE BEMERKENSWERTE LASTMENGE AUFNEHMEN.

UNTEN IN DER MITTE DIE TÜREN WAREN AUF BEIDEN SEITEN DER MITTELSÄULE DES 2CV VERANKERT. TROTZ SEINER KLEINEN SPURWEITE KONNTE DAS AUTO VIER PERSONEN TRANSPORTIEREN ODER ZWEI PERSONEN UND 50 KG LANDWIRTSCHAFTLICHER PRODUKTE, UND DAS AUF STRASSEN ODER ÜBER FELDER.

OBEN RECHTS EIN CITROËN 2CV WAR EINER DER PROTAGONISTEN DES POPULÄREN FRANZÖSISCHEN FILMS VON GÉRARD OURY: *LOUIS, DAS SCHLITZOHR* (1964) MIT LOUIS DE FUNÈS UND ANDRÉ BOURVIL.

JAGUAR XK120

UNTEN LINKS
ALS KLAR WURDE, DASS DIE LIMOUSINE, DIE DEN NEUEN SECHSZYLINDER-REIHENMOTOR VON JAGUAR AUFNEHMEN SOLLTE, NICHT RECHTZEITIG FERTIG WERDEN WÜRDE, SETZTE DAS UNTERNEHMEN DIE KAROSSERIE EINES ROADSTERS UM DEN ANTRIEB UND SCHUF SO EINEN KLASSIKER UNTER DEN SPORTWAGEN.

WÄHREND DER WARTEZEIT AUF DIE LIMOUSINE PLANTE JAGUAR, ZEHN DUTZEND SEINER MODELLE XK 120 ZU VERKAUFEN. TATSÄCHLICH BAUTE DAS UNTERNEHMEN 12 000 EXEMPLARE DIESES AUTOS, DAS DEN NAMEN VON DER XK-MOTOREN-FAMILIE UND VON DER HÖCHSTGESCHWINDIGKEIT IN MEILEN BEKAM, DIE MAN SICH VON DEM FAHRZEUG ERWARTETE.

Jaguar plante eigentlich, den Motor XK in seiner neuen viertürigen Limousine MK VII herauszubringen. Doch als klar wurde, dass das Auto nicht rechtzeitig zur Earls Court Motor Show von 1948 fertig würde, produzierte die Firma in Handarbeit einen zweisitzigen Roadster, um seinen neuen Sechszylinderantrieb zur Schau zu stellen.

Mitten im Trubel rund um die Herstellung des Fahrzeugs, das Jaguar dann als Prototyp des Super Sport vorstellte, wurde dem Unternehmen klar, dass es sich lohnen könne, weiterzumachen und davon zehn Dutzend zu verkaufen, da man glaubte, eine solche Menge bis zur endgültigen Verwirklichung des MK VII herstellen zu können. Doch Pläne unterliegen häufig Veränderungen und alles änderte sich, als von überallher Aufträge für den hinreißend schönen Roadster XK 120 eintrudelten. Die ersten zehn Dutzend wurden wirklich mit einer Aluminiumkarosserie gebaut, die folgenden Serien jedoch in Stahl gefertigt. Jaguar verkaufte nicht nur über 12 000 XK 120, aus diesem Modell gingen auch der XK 140 und der XK 150 hervor, ganz zu schweigen vom Rennwagen C-type, der zweimal in Le Mans gewinnen sollte. Es gab auch ein Cabrio XK 120 und ein Coupé mit tropfenförmigen Seitenfenstern.

Der XK 120 erhielt die Initialen seines Namens von Jaguars neuem Sechszylindermotor und die Zahl deshalb, weil das Unternehmen erwartete, dass das Fahrzeug eine Höchstgeschwindigkeit von 193 km/h (120 Meilen/h) erreichen würde, was es zum schnellsten Auto aus Serienproduk-

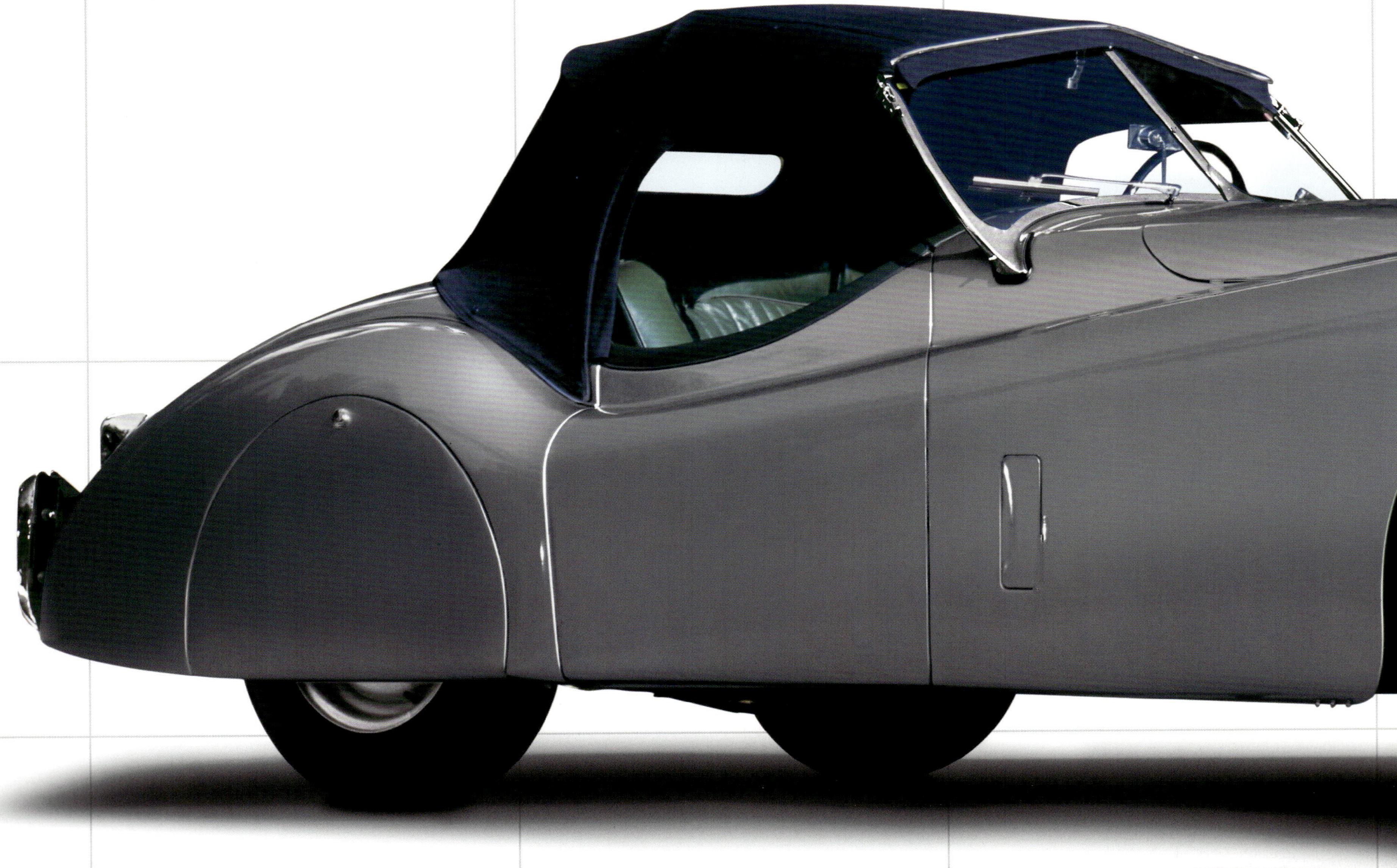

OBEN UND MITTE VOR, WÄHREND UND AUCH NOCH LANGE ZEIT NACH DER PRODUKTION DES XK 120 BAUTE JAGUAR SEINE AUTOS MIT HANDWERKLICHER SORGFALT, EGAL, OB ES SICH UM MECHANISCHE KOMPONENTEN, DIE FERTIGUNG DES HÖLZERNEN ARMATURENBRETTES ODER DES VERDECKS HANDELTE.

UNTEN RECHTS DAS EMBLEM VON JAGUAR WAR NATÜRLICH EIN BILDNIS DIESER DSCHUNGELRAUBKATZE. DER „GROWLER" – „KNURRENDES TIER" – ZIERT WEITERHIN DIE MITTE DES LENKRADES, WÄHREND DER „LEAPER" – „SPRINGENDES TIER" – DIE MOTORHAUBE VIELER VOM UNTERNEHMEN HERGESTELLTER AUTOS ZIERT.

tion auf der Straße machen würde. Das Auto übertraf sogar die Erwartungen, als es bei Tests über 218 km/h fuhr.

William Lyons und William Wamsley gründeten 1922 die Swallow Sidecar Company, um Beiwagen aus Aluminium herzustellen, und fünf Jahre später stellte man schon die eigene Swallow-Karrosse für den Austin Seven her. Unter Verwendung von Antriebsorganen und anderer Komponenten des Automobilunternehmens Britain's Standard begannen die beiden

JAGUAR CARS LTD COVENTRY

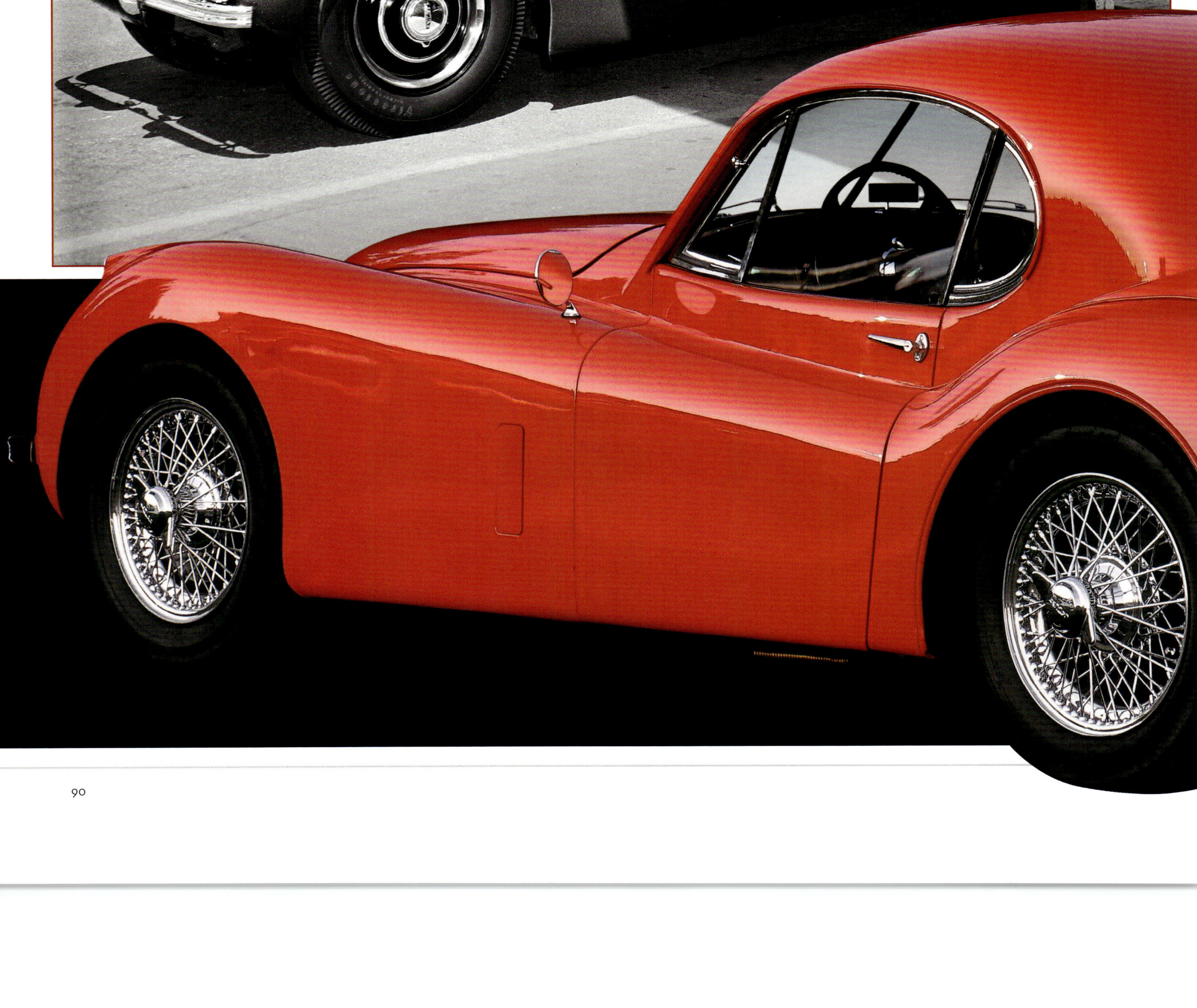

OBEN LINKS MEHR ALS 80 % DER XK 120 WURDEN EXPORTIERT. DAS AUTO WAR BEI DEN AMERIKANERN, AUCH BEI HOLLYWOODSTARS WIE CLARK GABLE, SEHR BELIEBT.

UNTEN IN DER MITTE DER XK 120 WURDE IN DER COUPÉ-VERSION MIT TROPFENFÖRMIGEN SEITENFENSTERN GEBAUT, DIE VIELE AN DIE DES BERÜHMTEN BUGATTI ATLANTIC ERINNERTEN.

OBEN RECHT MIT SEINER LANGGESTRECKTEN MOTORHAUBE UND DEN GESCHWUNGENEN, FLIESSENDEN KURVEN WAR DER JAGUAR XK 120 WUNDERSCHÖN, ABER ER WAR AUCH SCHNELL, DAS SCHNELLSTE STRASSENAUTO SEINER ZEIT.

Konstrukteure 1932 eigene Autos herzustellen, den SS I und den SS II. Nach dem Ausscheiden von Wamsley änderte Lyons den Namen der Gesellschaft um in SS Cars Ltd., die bei der Show in London 1936 ein viertüriges Modell vorstellte, den SS Jaguar. Dieser erste „Jaguar" wurde von einem Standardmotor angetrieben, der in großen Teilen von William Munger Heynes und Harry Weslake modifiziert worden war. Heynes leitete die Entwicklung eines eigenen Jaguarmotors, des XK (3,4 Liter, sechs Zylinder in Reihe mit doppelter obenliegender Nockenwelle, 160 PS, Drehmoment von 26,9 kg/m), der das Auto in nur zehn Sekunden von Null auf 95,5 km/h beschleunigen konnte. Der XK 120 mag einen winzigen Fahrgastraum, wenig Platz im Kofferraum, schwache Scheinwerfer und wenig wirksame Bremsen gehabt haben, doch er war schnell und wurde das Lieblingsauto für den Alltagsverkehr der Hollywoodstars und der internationalen Asse des Automotorsports. Das Auto war auf den Märkten in Übersee so sehr gefragt, dass man bis 1950 warten musste, ehe es auch für britische Käufer leicht erhältlich war.

1949 FORD

UNTEN DA FORDS AUFMERKSAMKEIT SICH AUF DIE HERSTELLUNG EINES NEUEN AUTOS FÜR 1949 KONZENTRIERTE, BEDEUTETE DIES, DASS 1948 KEIN MODELL HERAUSKAM; DAS UNTERNEHMEN FÜHRTE EINFACH DIE PRODUKTION DES MODELLS VON 1947 WEITER. DADURCH KONNTE FORD DAS '49ER-MODELL BEREITS IM APRIL 1948 HERAUSBRINGEN, WAS EINEN ENORMEN VORSPRUNG IM RENNEN UM KUNDSCHAFT LIEFERTE.

RECHTS DER TEST AUF DICHTIGKEIT WAR EINES VON VIELEN VERFAHREN, DENEN DER FORD '49 IN DER ENTWICKLUNGSPHASE UNTERZOGEN WURDE. DAS AUTO WURDE VOM UNTERNEHMEN MONTIERT, DOCH DIE PLANUNG WURDE VON EXTERNEN BERATERN DURCHGEFÜHRT. DIE INTERNE KONSTRUKTIONSABTEILUNG KAM BEI DER EXKLUSIVEREN FORDMARKE ZUM ZUGE: DEM MERCURY.

Gegen Ende des Zweiten Weltkriegs ging es dem Unternehmen von Henry Ford nicht gut. Der Gründungsvater starb 1947 und hatte dabei seinen einzigen Sohn Edsel um vier Jahre überlebt. Die Gesellschaft blutete allmählich aus, da sie 10 Millionen Dollar Verlust pro Monat machte, als Fords Frau Clara und ihre Schwiegertochter Eleanor einen „Firmenstaatsstreich" stoppten und Edsels 28-jährigen Sohn Henry Ford II. zum Präsidenten machten.

Henry „der Teufel", wie er später genannt werden sollte, erkannte das Ausmaß der Aufgabe, die vor ihm lag. Der junge Mann stellte den Automobilindustrie-Veteranen Ernest Breech ein, der seinerseits Harold Youngren mitbrachte, den zukünftigen Chefingenieur für Ford-Fahrzeuge. Um das Unternehmen am Leben zu erhalten, brauchte Ford allerdings ein äußerst erfolgreiches Auto, das für mehr Zustrom der Leute in die Autosalons und höhere Einnahmen sorgen sollte. Der Vater von Henry II., Edsel, hatte vor dem Krieg umwerfende Entwürfe für den Lincoln Zephyr und den Lincoln Continental vom ehemaligen Yachtdesigner E. T. „Bob" Gregorie erhalten. Doch als Youngren die jüngsten Entwürfe von Gregorie sah, erkannte er sofort, dass die Fahrzeuge für den Typ von Massenmarkt, den Ford nun benötigte, zu groß und zu teuer sein würden. Die Situation war so niederschmetternd, dass Ford die Projektplanung für ein neues Auto für 1948 abblies und stattdessen das Modell 1947 weiterbauen ließ, wobei er Gregorie und seine Abteilung mit einem externen Konstruktionsteam in Wettstreit treten ließ, das von Breechs Golfpartner George Walker, dem ehemaligen Designer von Nash, geleitet wurde.

Walker wusste, dass Dick Caleal, der Designer von Studebaker, gerade seinen Job verloren hatte

FORD

und bot ihm die Möglichkeit, einen Entwurf für Ford zu erarbeiten. Mit Hilfe einiger ehemaliger Kollegen fertigte Caleal in Handarbeit das Auto, das mit nur einigen Änderungen dann der Ford 1949 werden sollte (Gregories Vorschlag wurde der Mercury 1949, doch er verließ Ford, nachdem Caleals Auto für die Massenproduktion ausgewählt worden war). Der '49 wurde der erste moderne Ford, dessen abgerundete Kotflügel in den Karosseriekörper integriert waren. Der Antrieb kam von der letzten modernisierten Version des legendären V8-Motors „Flathead Ford", tiefer und kürzer als sein Vorgänger. Da Ford den Modelljahrgang 1948 ausgelassen hatte, konnte der '49 bereits im Juni 1948 im Waldorf Astoria von New York präsentiert werden. Auf diese Weise hatte die Gesellschaft einen enormen Verkaufsvorteil gegenüber Chevrolet und Plymouth.

Ford verkaufte über 800 000 Exemplare des Modells, als Limousine, Coupé, Cabrio und Kombi, was fast den gesamten Verkäufen der letzten beiden Jahre zusammen entsprach. Unter Hinzurechnung der Verkaufszahlen des Mercury 1949 und des Lincoln konnte sich die Ford Motor Company über ihr erstes Jahr seit 1930 freuen, in dem eine Million Fahrzeuge verkauft wurden, mit einem Gewinn von über 175 Millionen Dollar. Jahrzehnte später sollte der Designchef von Mercedes-Benz, Bruno Sacco, den umhüllenden Stil der Karosserie als einen „trendsetzenden" Schritt für das Automobildesign bezeichnen.

UNTEN DER MILLIONSTE FORD 1949 VERLÄSST DAS ROUGE-WERK DES UNTERNEHMENS MIT HENRY FORD AM STEUER. NEBEN IHM SITZEN SEINE BRÜDER BENTOS, GENERALDIREKTOR VON LINCOLN-MERCURY, UND WILLIAM CLAY, MITGLIED DES VERWALTUNGSRATES.

RECHTS DIE ANZEIGE AUS EINER AMERIKANISCHEN ZEITSCHRIFT BEWARB DEN FORD '49 ALS IDEALE WAHL FÜR AMERIKANISCHE FAMILIEN.

THAT'S WHAT THEY'RE SAYING...
"The '49 Ford's Out Front!"
"What! That car a Ford? It looks so big and luxurious!"
"That's right, Judge! It's the fine car of its field!"
"My mom loves the brakes"
"They're 'King-Size' with 'Magic-Action'"
"Look at the size of that windshield"
"And, Dad, you get up to 10% more miles per gallon"
"Look at that flight panel dash... 'Blacklighted' and all!"
"Look, Helen, the seats are wide as sofas!"
"Yes, and the finish is heavenly"
"It's got the new look"
"Long and low, that is"
"Why, George, it's the most comfortable car I ever rode in!"
"That's Ford's new 'Mid Ship' Ride... with the 'Hydra-Coil' Front Springs and 'Para-Flex' Rear Springs"
There's a NEW Ford in your future!
White side wall tires, optional at extra cost.

VOLKSWAGEN KÄFER

Die Entstehung des Volkswagen Käfer reicht in die dreißiger Jahre zurück, doch die Produktion wurde erst 1946 aufgenommen und erst ab dem Modell des Jahres 1949 wurden die ersten Käfer in einer für den Export in die USA geeigneten Sonderausführung gebaut. Und selbst in diesem Jahr sollten nur zwei Exemplare für die Hoffman Motor Car Company von New York City die Überreise über den Atlantik schaffen, doch viele, sehr viele andere sollten ihnen folgen. In den Vereinigten Staaten und auch in ganz Europa und dem Rest der Welt sollten so viele dieser Fahrzeuge verkauft werden, dass 1972 der Käfer das Ford Model T als das meistverkaufte Auto aller Zeiten überholen sollte, eine Tatsache, die nicht nur die Beliebtheit und die Langlebigkeit dieses Fahrzeugs zeigt, sondern auch, wie wichtig das Model T in den ersten Jahren des zwanzigsten Jahrhunderts für die Verbreitung der Mobilität auf der ganzen Welt war.

Volkswagen machte 1949 mehr, als nur zwei Käfer in die USA zu exportieren; man brachte auch eine Cabrio-Version des Autos heraus, neben einem größeren und rechteckigen Transportfahrzeug, das kurz als Transporter bekannt ist (und später als Minibus oder Kombi oder Vanagon oder schlicht und ergreifend „Van". Andere VW-Modelle sollten folgen, darunter eines, bei dem das Käferbasischassis mit einer eleganten italienischen Designkarosse verkleidet und viele Jahre lang als der legendäre Karmann-Ghia verkauft wurde). Apropos: Käfer war niemals der wahre Name des Autos gewesen. Dies war nur ein zärtlicher Kosename für ein Auto, das Volkswagen einfach als Typ 1 produzierte.

Der Käfer bedeutete grundlegenden Transport, und der Prototyp wurde 1932 von Ferdinand Porsche entworfen – wohlbekannt für seine Arbeit an teuren Straßen- und Rennwagen im Auftrag deutscher Autohersteller wie Mercedes-Benz und für sein eigenes, unabhängiges technisches Konstruktionsbüro. Auch wenn der Name seiner Familie mit einer Serie sensationeller Sportwagen verknüpft werden sollte, wollte Porsche ein Auto für alle bauen, ein „Volkswagen" eben.

Als Adolf Hitler in Deutschland an die Macht kam, sagte er den Autobauunternehmen, dass er ein Automobil wolle, das sich die Leute für tausend Mark kaufen könnten, das mit einer Geschwindigkeit von bis zu 100 km/h fahren und dabei durchschnittlich 13 km pro Liter schaffen solle, dessen Wartung einfach sei und das vier oder fünf Passagiere transportieren könne.

UNTEN FERDINAND PORSCHE UND ANDERE MITARBEITER AM „VOLKSWAGEN" STELLTEN ADOLF HITLER AN SEINEM 49. GEBURTSTAG 1938 EIN MASSSTABSGETREUES MODELL VOR.

OBEN IN DER MITTE FERDINAND PORSCHE (LINKS) ZEIGT DIE ENTWÜRFE VON DEM, WAS DANN ALS VOLKSWAGEN TYP 1 IN PRODUKTION GEHEN SOLLTE, EIN NAME, DEN DIE WENIGSTEN JEMALS BENUTZT HABEN. DAS AUTO SOLLTE AUF DER GANZEN WELT ALS „KÄFER" BEKANNT WERDEN UND DAS MODEL T ALS BELIEBTESTES AUTO DER WELT ERSETZEN.

UNTEN IN DER MITTE AUCH WENN ER OFFIZIELL VOLKSWAGEN TYP 1 HIESS, WAR DAS FAHRZEUG MIT DER KÄFERFORM NICHT NUR IN SEINEM GEBURTSLAND DEUTSCHLAND BELIEBT, SONDERN AUCH IN DER GANZEN WELT – MIT ÜBER 21,5 MILLIONEN EXEMPLAREN, DIE ZWISCHEN 1946 UND DEM ENDE DER PRODUKTION 2003 VERKAUFT WURDEN.

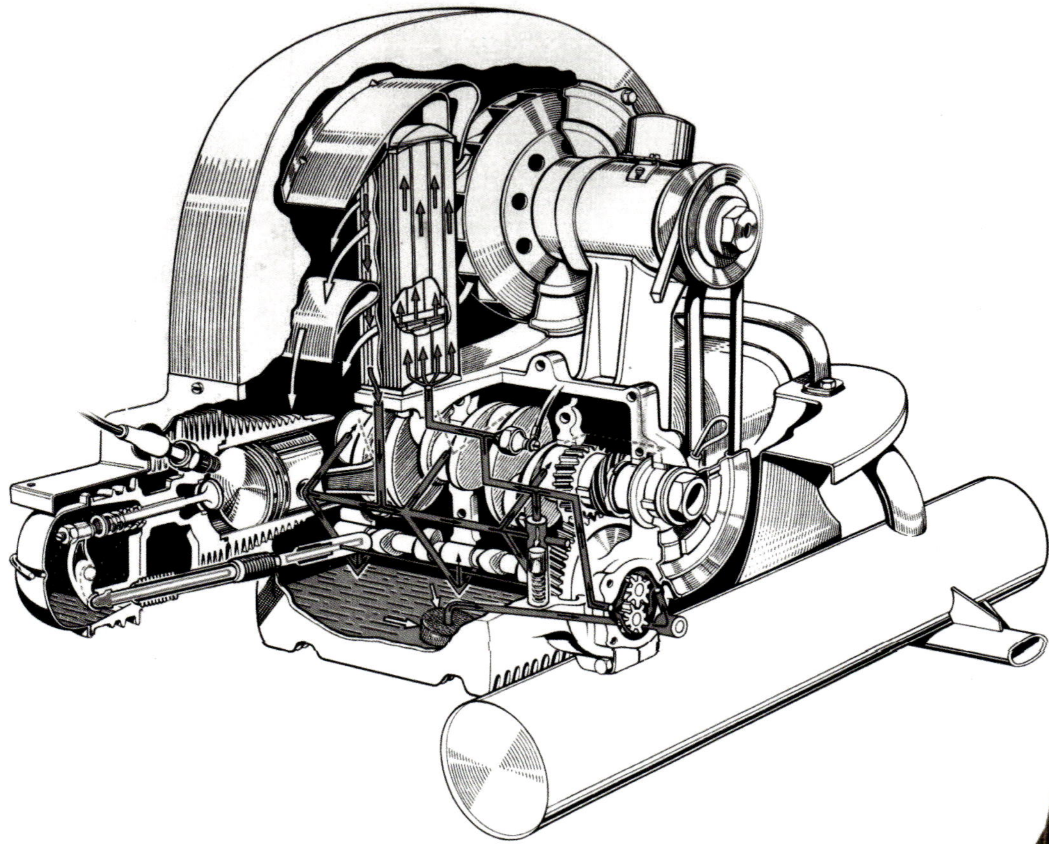

Er ging sogar so weit, vorzuschlagen, dass das Auto die Form eines Käfers wegen der aerodynamischen Form des Insektes haben solle. Ein luftgekühlter Antrieb wäre ideal, da er bei kalter Witterung leichter zu starten war (nur wenige Leute in Deutschland besaßen eine Garage). Das Project 12 von Porsches jungem Unternehmen, das zwar nicht so stromlinienförmig ausfiel wie Hitlers Entwürfe, war der Typ von Auto, der diesen Anforderungen entsprach, und sein luftgekühlter Heckmotor aus Aluminium und Magnesium trug dazu bei, Gewicht und Kosten zu reduzieren, da eine lange und schwere Antriebswelle gespart wurde.

Einige Prototypen wurden gebaut und getestet, doch die zivile Produktion wurde erst 1946 im Werk von Wolfsburg aufgenommen. Die Produktion wurde bis in den Sommer 2003 fortgeführt, als der letzte Käfer vom Fließband der VW-Fabrik in Mexiko rollte. Das Auto war dort so beliebt, dass Phil Patton, Autor von *Bug* – „Käfer", der inoffiziellen Biografie des Originals wie des New Beetle, bemerkte, dass die Mexikaner das Auto zärtlich „vocho" oder „vochito" (spanisch für „Nabel") nannten, da fast jeder einen zu haben schien. Na gut, vielleicht nicht wirklich jeder, aber zwischen 1946 und 2003 hat Volkswagen mehr als 21 529 000 Wagen davon gebaut.

OBEN LINKS DIE ZEICHNUNG ZEIGT DIE INNEREN MECHANISMEN DES LUFTGEKÜHLTEN VOLKSWAGENMOTORS MIT 1 131 CCM UND VIER GEGENLÄUFIG WAAGRECHT ANGEORDNETEN ZYLINDERN.

IM ZENTRUM DAS MODELL VON 1949 MARKIERT DAS ENDE DER „ZWEIGETEILTEN HECKSCHEIBE".

RECHTS DER MOTOR WAR AUS ALUMINIUM UND MAGNESIUM GEBAUT, UM GEWICHT ZU SPAREN. DA ER SICH IM HECK BEFAND, KONNTE MAN AUF EINE LANGE ANTRIEBSWELLE VERZICHTEN, WÄHREND DAS GEWICHT DIE ZUGKRAFT DER HINTERRÄDER IN DER KALTEN JAHRESZEIT VERBESSERTE. ANFÄNGLICH ENTWICKELTE DER ANTRIEB NUR 25 PS, DOCH DURCH DIE MONTAGE AUF EIN LEICHTES CHASSIS MIT EINER KÄFERFÖRMIGEN KAROSSE KONNTE DAS AUTO GESCHWINDIGKEITEN UM DIE 100 KM/H ERREICHEN UND DABEI DURCHSCHNITTLICH 12,5 KM PRO LITER FAHREN.

PORSCHE 356

OBEN LINKS KARL RABE (LINKS) UND ERWIN KOMENDA (MITTE) BERATEN MIT FERRY PORSCHE DAS DESIGN DES 356.

UNTEN IN DER MITTE PORSCHE BEGANN DIE PRODUKTION SEINES 356 MIT EINER COUPÉ-VERSION, ABER 1951 WURDEN DIE LINIEN ZUR EINFÜHRUNG EINES CABRIOS GESTRECKT.

OBEN RECHTS FERRY PORSCHE (RECHTS) UND SEIN TEAM INSPIZIEREN DEN PROTOTYP DER ALUMINIUMKAROSSERIE IHRES NEUEN SPORTWAGENS.

Wenn einen der Porsche 356 an den Volkswagen Typ 1 der vorangegangenen Seiten erinnert, dann liegt das daran, dass diese Autos so eng miteinander verwandt sind wie Vater und Sohn. Ferdinand Porsche war der Vater der VW Käfer, aber er war auch der Vater von Ferdinand „Ferry" Porsche, dem ersten, der einem Auto aus Serienproduktion den Familiennamen geben sollte: nämlich dem Porsche 356. Wie viele Porsche, die noch folgen sollten, wurde dem Auto dieser Name gegeben, da es die 356. Arbeit des technischen Konstruktionsunternehmens Porsche war. Ferry arbeitete seit 1931 im väterlichen Ingenieurbüro mit und leitete dann die Entwicklungstests für fast jedes Auto, von den Grand-Prix-Rennwagen der Auto Union zu den VW Typ 1. 1945 baute Ferry das Unternehmen im österreichischen Gmund auf und stellte zunächst Zubehör für landwirtschaftliche Maschinen her.

1947 beauftragte Piero Dusio von Cisitalia die Firma mit der Entwicklung eines neuen Rennwagens für die Grand-Prix-Rennen, und Anfang 1948 stellte Porsche den Prototyp fertig. Das Auto wurde bis in die Schweiz gefahren und den Journalisten gezeigt, die dort den Schweizer Grand Prix verfolgten. Diese waren so beeindruckt, dass sie Artikel voll des Lobes über das Auto schrieben, und so für zahlreiche Aufträge sorgten. Mit Hilfe des Vaters, der ins Berufsleben zurückgekehrt war, baute Ferry 52 Exemplare des 356 mit Aluminiumkarosserie, ehe

das Unternehmen nach Deutschland zurückkehrte, wo Porsche für den 356 zu Stahlaufbauten überging und im Laufe von fast 15 Jahren über 75 000 Wagen herstellte.

Während der Typ 1 des Vaters den „Volkswagen" darstellte, war Ferrys 356, der mit Hilfe des Technikers Kurt Rabe und des Karosseriedesigners Erwin Komenda perfektioniert wurde, für jene ganz wenigen Personen entworfen worden, die einen vielseitigen Sportwagen wollten, der aber gleichzeitig relativ günstig war und sowohl auf der Straße wie auf Rennstrecken gefahren werden konnte.

Der 356 übernahm viel vom Typ 1 und von seiner Architektur mit Heckmotor, auch wenn der 1 131-ccm-Antrieb mit vier waagrecht gegenläufig angeordneten Zylindern modifiziert wurde, sodass er nur noch 1 086 ccm aufwies, damit er an Wettbewerben für Fahrzeuge der 1 100-ccm-Klasse teilnehmen konnte.

Der VW-Motor lieferte nur 25 PS, aber Porsches Veränderungen, darunter zwei Vergaser, größere Ventile und eine höhere Kompression, erzeugten 40 PS, genug, um das Auto mit seiner Stromlinienform auf eine Geschwindigkeit von 135 km/h zu beschleunigen. Leicht und tiefliegend, wobei ein Großteil des Gewichts auf dem hinteren Teil des Autos lastete, konnte der 356 sehr schnell in die Kurven fahren, sobald der Fahrer gelernt hatte, mit der hinteren Schleuderneigung des Autos umzugehen.

Aufgrund seiner Wendigkeit und Widerstandsfähigkeit konnte der 356 tatsächlich Autos von größeren Ausmaßen und stärkerer Leistungskraft bei Langstreckenbelastungsrennen besiegen.

Der Porsche hatte seinen ersten Auftritt 1951 in Le Mans, wo er gleich den ersten von vielen Siegen in seiner Klasse davontrug. 1955 stellte das Unternehmen eine Sonderrennversion, den 550 Spyder, her, von dem drei Exemplare in Le Mans trotz ihrer kleinen 1,5 Liter-Motoren die Plätze vier, fünf und sechs belegten, überrundet nur von zwei Jaguar D-type und einem Aston Martin DB3 S/6. Später sollten stärkere Porschemodelle eine Rekordzahl von Gesamtsiegen in dem prestigeträchtigsten 24-Stunden-Rennen davontragen. Der 356 wurde als Coupé-, Cabrio- und Rennversion hergestellt und sollte zahlreichen Modernisierungen unterzogen werden. Die Entwicklung des 356 gipfelte dann im Carrera 2 (2,0 Liter, vier Zylinder, fast 140 PS). Der 356, ein Traum des Sohnes erbaut auf dem Erbe des Vaters, blieb bis Ende 1965 in Produktion, als Porsche sein neues Modell herausbrachte, den 911.

UNTEN IN DER MITTE DER PORSCHE 356 WURDE ALS COUPÉ, CABRIO UND ALS SPEEDSTER-VERSION MIT KLEINERER WINDSCHUTZSCHEIBE GEBAUT.

OBEN RECHTS DER 356 WAR DAS ERSTE AUTO, DAS DEN NAMEN VON FERDINAND PORSCHE (JUNIOR) TRUG, EINEM AUTOMOBILGENIE DES 20. JAHRHUNDERTS. DAS FAHRZEUG ENTSTAND UNTER VERWENDUNG VON KOMPONENTEN DES VOLKS-WAGENS VON FERDINAND PORSCHE SENIOR.

MG TD

Die Europäer halten den MG TD nicht für einen Meilenstein in der Entwicklung des modernen Automobils. Es war sicher nicht der beste und auch nicht der schönste aller britischen Roadster, doch das störte viele Amerikaner wenig, für die dieser kleine Zweisitzer die erste direkte Erfahrung mit einem wirklichen europäischen Sportwagen war. MG leitete seinen Namen von Morris Garages ab. Cecil Kimber, der die Autowerkstätten von Lord Nuffield führte, beschloss, mit Komponenten von Morris-Limousinen Sportwagen herzustellen. Zunächst, in den dreißiger Jahren, wurden die Midget der Serie M und J gebaut, 1936, kamen die Serien T und TA heraus. Der TB ging 1939 in Produktion, auch wenn davon weniger als 400 Exemplare gefertigt wurden, ehe die britischen Autobauunternehmen ihre Aufmerksamkeit der militärischen Produktion zuwandten. MG begann 1945 wieder damit, Automobile herzustellen. Obwohl MGs Roadster TC keine Heizungsanlage besaß, wenig flexible Aufhängungen auf starren Achsen hatte, der Fahrgastraum eng war und das Steuer rechts saß, obgleich Eschenholz verwendet wurde, um die Karosserieelemente miteinander zu verbinden, und der Antrieb von einem kleinen Vierzylindermotor kam, der nur 54 PS entwickelte, waren die in England stationierten amerikanischen Soldaten ganz verrückt nach dem kleinen Roadster von MG. Einige Tausend dieser Soldaten nahmen sich einen TC mit nach Hause. Eigentlich fanden zwei Drittel dieser fast 10 000 TC, die MG zwischen 1945 und 1949 baute, im Ausland ihr Zuhause.

Im Herbst 1949 nahm MG die Produktion des TD auf. Die Tatsache, dass etwa 90 % dieser fast 30 000 gebauten Autos Linkssteuerung hatten, zeigt, dass dieses Auto für die amerikanische

Kundschaft entworfen worden war. Während der TD die klassische Linie „square rigger" von MG beibehielt, mit senkrechtem Kühlergrill, auf die Karosserie aufgesetzte Scheinwerfer, langen geschwungenen Kotflügeln, hinten verankerten Türen, einem kurzen Heckgepäckraum, geneigter Windschutzscheibe und holzverstärkter Karosserie, war das Fahrzeug auf einer verkürzten Version des Chassis der Serie-Y-Limousine des Unternehmens gebaut. Allerdings gelangte der TD zu den amerikanischen Kunden mit einem weiteren Fahrgastraum, unabhängigen Vorderradaufhängungen und einem höheren Hub der hinteren Aufhängung (Eigenschaften, die zu einer weicheren Fahrweise verhalfen, daher für den amerikanischen Geschmack besser geeignet). Jedoch waren an die Stelle der hinreißenden 48-cm-Speichenräder des TC beim TD 38-cm-Räder vom Limousinentyp mit Stahlscheiben getreten. Doch zumindest bot MG Bausätze zur Steigerung der 54 PS des Motors an. 1951 fügte MG eine MK-II-Version hinzu, bekannt auch als TDC, bei der das C für Competition steht, mit 60 PS und einer Höchstgeschwindigkeit von 130 km/h. 1953 folgte dem TD der TF, und 1955 produzierte MG endlich seinen ersten modernen Sportwagen, den MGA. Doch es war der MG TD, der die amerikanischen Straßen für diesen und viele andere europäischen Sportwagen öffnete.

MIT EINER BREITEREN KAROSSERIE UND WEICHEREN AUFHÄNGUNGEN WURDE DER MG TD MIT BLICK AUF DIE AMERIKANISCHEN FAHRER ENTWORFEN. EIGENTLICH WURDEN 90 % DIESER AUTOS MIT DEM LENKRAD AUF DER LINKEN SEITE GEBAUT UND NICHT AUF DER RECHTEN SEITE, WIE IN GROSSBRITANNIEN ÜBLICH. DAS LETZTE DER MG TD-MODELLE WAR DER MK II, DESSEN PRODUKTION 1953 EINGESTELLT WURDE, ALS MG DEN MODERNEREN TF EINFÜHRTE.

LANCIA AURELIA B20GT

Lancia ist für seine Innovationen bekannt, die Tendenzen vorgeben können. Viele halten den Aurelia B20 coupé von 1951 für den ersten GT der modernen Zeit. Vincenzo Lancia hatte Buchhalter gelernt, doch 1899, als er noch ein Teenager war, entschloss er sich, als Testfahrer für Fiat zu arbeiten. Fast sofort begann er, im Rennteam des Unternehmens zu fahren, und gehörte bald zu den geschicktesten Piloten der Welt – oft als Teil des italienischen Teams in den Wettbewerben der Gordon Bennett Trophy. 1906, während er noch für Fiat antrat, gründete Lancia sein eigenes Unternehmen und baute im Laufe von zwei Jahren eine Reihe Autos, die nach den Buchstaben des griechischen Alphabets benannt wurden. In den zwanziger Jahren waren die Lambda-Limousinen von Lancia unter den ersten mit selbsttragendem Aufbau und Vorderantrieb mit unabhängigen Rädern.

1937, dem Jahr, in dem der Firmengründer im Alter von 56 Jahren starb, brachte das Unternehmen den Aprilia heraus, eine der ersten Limousinen mit schnittiger, stromlinienförmiger Karosserie und vollständig unabhängiger Aufhängung.

Gianni, Vincenzos Sohn, stellte Vittorio Jano ein, den Automobiltechniker, der zum Großteil für den Erfolg von Alfa Romeo im Automobilsport verantwortlich war. Die beiden arbeiteten vereint daran, die erste Lancia-Limousine der Nachkriegszeit zu entwickeln, den Aurelia B10, der 1950 seinen ersten Auftritt hatte. Diese ersten Serienautos mit V6-Antrieb boten gut ausgeglichene dynamische Fahreigenschaften dank eines einzigen Gang-Differentialblocks auf der Hinterachse mit einem Vierganggetriebe und Bremsen, die an den Ausgang des Differentials montiert waren. 1951 wurde Battista Pinin Farina

mit der Aufgabe betraut, eine Coupéversion des Fahrzeugs zu entwerfen, der Mitte der fünfziger Jahre ein Spider und ein Cabrio folgen sollten. Pinin Farinas Entwurf knüpfte an sein vorheriges Projekt, den Cisitalia an, unterschied sich aber durch die schildförmige Kühlerverkleidung mit senkrechten Gitterstäben. Vignale war einer von mehreren Karosseriebauern, der eigene Karossen für das Auto produzierte, doch die Anmut des Originalentwurfs wurde nie mehr erreicht. Der Aurelia GT teilte sich seinen Flachboden zum Großteil mit der Limousine, auch wenn die Gesamtlänge und der Achsstand ungefähr zwanzig Zentimeter kürzer waren. Im zweiten Jahr wuchs das Fahrzeug um fast zehn Zentimeter.

Der Aurelia GT wurde mit einem größeren V6-Motor herausgebracht, der fast zwei Liter (1 991 ccm) fasste und 75 PS entwickelte, aber im Verlauf der Produktion des Wagens, die für 1958 bei 4 600 Modellen lag, wurde der Motor auf 2,45 Liter und 112 PS erweitert, die genügten, um dieses elegante Coupé auf Geschwindigkeiten um die 185 km/h zu bringen.

Das Auto war so handlich, dass verschiedene Grand-Prix-Fahrer eines erwarben und einige Teams, darunter das Lancia-Werksteam, damit an Rennen teilnahmen. Aurelia GT landeten auf dem zweiten und fünften Platz der Mille Miglia von 1951, dem Jahr, in dem eines dieser Fahrzeuge Zwölfter in der Gesamtwertung und Erster in der Klasse 1501–2000 des 24-Stunden-Rennens von Le Mans wurde. Die Aurelia wurden Erster, Zweiter und Dritter bei der Targa Florio von 1952, wo sie 1953 mit dem D20 gewannen, einer Sonderversion des Wagens, und im folgenden Jahr mit einem D24 Spider.

OBEN LINKS ES IST NICHT SCHWER ZU ERKENNEN, WIE PININ FARINA BEIM ENTWURF DER AURELIA B20GT DIE STILISTISCHEN KENNZEICHEN VERTIEFTE, DIE ER BEI SEINEM VORLÄUFER CISITALIA EINGEFÜHRT HATTE.

UNTEN IN DER MITTE DIE VERKÜRZUNG DES CHASSIS UND DES ACHSSTANDS DER AURELIA-LIMOUSINE TRUGEN DAZU BEI, DER ZWEITÜRERVERSION EIN VIEL SPORTLICHERES AUSSEHEN ZU GEBEN.

VON DEN 4 500 PRODUZIERTEN GT WURDEN MEHR ALS 3 800 ALS COUPÉ GEBAUT.

OBEN RECHTS DER BERÜHMTE GRAND-PRIX-PILOT LOUIS CHIRON WARTET AUF DAS STARTSIGNAL FÜR DIE RALLYE MONTE CARLO 1953. BEI DIESEM RENNEN FUHR CHIRON EINEN LANCIA AURELIA.

FOLGENDE SEITEN PININ FARINA VERWIRKLICHTE DURCH ERWEITERUNG DER STILISTISCHEN DETAILS, DIE ER MIT SEINEM VORLÄUFER CISITALIA EINGEFÜHRT HATTE, AUCH EINE SPIDERVERSION DER AURELIA.

OIL
FUEL
Lancia

BENTLEY R-TYPE

Die von W. O. Bentley gegründete Automobilgesellschaft hatte sich dank ihrer schnellen Fahrzeuge einen Namen gemacht – Fahrzeuge, die so schnell und zuverlässig waren, dass die berühmten „Bentley Boys" fünfmal das 24-Stunden-Rennen von Le Mans gewinnen konnten, zum ersten Mal 1924 und dann vier Jahre in Folge von 1927 bis 1930. 1927 gewann ein 4,5-Liter-Bentley das Brooklands-Rennen in England mit einer Durchschnittsgeschwindigkeit von 170 km/h. Die Zeit der großen Depression war verheerend für Bentley, das 1931 von Rolls-Royce aufgekauft wurde. Und folglich waren Bentleys viele Jahre lang im Grunde nichts anderes als Rolls mit einer anderen Kühlerverkleidung und dem Emblem mit dem „geflügelten B".

Direkt nach dem Zweiten Weltkrieg begann Ivan Evernden, Direktor des Experimental Department von Bentley, mit der Arbeit an einem besonderen Auto, das den Codenamen „Corniche II" hatte und den anfänglichen Ruhm von Bentley wiedergewinnen sollte. Während das „Herz" des Autos ein überarbeiteter Bentley MK VI mit Codenamen „Olga" war, verdiente ein so besonderes Auto eine großartige Karosserie; daher setzte Evernden den Windkanal von Rolls Royce und dessen Chefdesigner John Blatchley ein, um eine Linie zu formen, die dem Windwiderstand ausweichen sollte, wobei die Neigung der Heckscheibe bis zu der Stoßstange fortgeführt wurde und geschwungene Heckflossen helfen sollten, das Auto bei hohen Geschwindigkeiten zu stabilisieren. Bei seiner

CONTINENTAL

ALS 1954 DER BENTLEY R-TYPE CONTINENTAL VORGESTELLT WURDE, WAR ER EIN MASSIVES UND WUNDERSCHÖNES COUPÉ MIT FLIESSHECK UND DER SCHNELLSTE VIERSITZER DER WELT.

Vorstellung war der Bentley R-Type Continental nicht nur das schnellste viersitzige Auto und das teuerste Personenfahrzeug aus Produktion im Umlauf, es gehörte auch zu den schönsten Autos der Welt.

Es war ein Luxusauto, entworfen für Leute, die das Fahren liebten, und nicht für solche, die sich lieber passiv befördern ließen. Um Gewicht zu reduzieren, waren die Karosserieteile aus Aluminium hergestellt, und während das Innere luxuriös blieb, wurden die üblichen üppig gepolsterten Sitze durch anatomische Sitzchen auf legierten Rahmen ersetzt, und das vollständig hölzerne Armaturenbrett wurde mit einem kompletten Instrumentensatz versehen.

Die Fahrer behielten den Tachometer im Auge und bedienten die manuelle Viergangschaltung, um den Sechszylinderreihenmotor mit einem Hubraum von 4 566 ccm im Rahmen der idealen Leistung zu halten. Der Antrieb war von einem R-Type Standard mit hängenden Ansaugventilen und seitlichen Abgasventilen, arbeitete jedoch mit einem höheren Kompressionsverhältnis und einem größeren Abgasdurchmesser, wodurch er fast 170 PS Leistung entwickeln konnte, die ausreichte, um das Auto in 13,5 Sekunden von Null auf 100 km/h zu beschleunigen und schließlich eine Höchstgeschwindigkeit von 193 km/h zu erreichen. Der Bentley

R-Type Continental war nicht nur schnell, sondern auch teuer, er wurde in den USA für 17 330 Dollar verkauft, fast das Vierfache des teuersten Cadillac Coupé. Vom Bentley R-Type Continental wurden nur 208 Modelle hergestellt. Von diesen wiederum trugen 193 Karosserien von H. J. Mulliner, 100 wurden ins Ausland verkauft und nur 43 hatten Linkssteuerung. Bentley bot 1955 einen neuen R-Type Continental an, doch dieses Modell wurde mit Automatikgetriebe ausgestattet. 1991 belebte Bentley den Geist des Originalmodells in seinem Continental R wieder, ein V8-Fahrzeug mit Turbokompressor und der erste Bentley, der seine Karosserie nicht mit einem Rolls-Royce-Modell teilte. 2005 brachte das Unternehmen den Continental GT heraus, ein Zwölfzylindercoupé, das den Titel des schnellsten Viersitzers der Welt zu den „Bentley Boys" zurückbrachte.

DER NEUE R-TYPE VON BENTLEY WAR ALS SERIENLIMOUSINE AUS DER FABRIK VON CREWE, ALS COUPÉ ODER LIMOUSINE MIT VON VERSCHIEDENEN KAROSSERIEBAUERN MASSGEFERTIGTEN KAROSSERIEN (DIESE VERSION AUS DEM JAHR 1954 STAMMT VON FREESTONE & WEBB) ODER IN DER VERSION CONTINENTAL COUPÉ ERHÄLTLICH – UND NICHT DAFÜR ENTWORFEN WORDEN, DASS MAN SICH AUF DEM RÜCKSITZ DURCH DIE GEGEND BEFÖRDERN LIESS, SONDERN ZUM VERGNÜGEN DES FAHRERS.

CHEVROLET CORVETTE

Der Direktor der Planungsabteilung von General Motors, Harley Earls, entschied 1949 dass Amerika einen eigenen Sportwagen bräuchte. Bislang nutzten die amerikanischen Fahrer die MG TC, Jaguar XK120, Porsche 356 und andere sich ausbreitende Roadster, die von der anderen Küste des Atlantiks kamen. Earl erkannte, dass er besser als die Importautos sein könne. Sein Ziel: einen amerikanischen Sportwagen zu bauen, der günstig war und einen großen Hubraum besaß. Als im Januar 1953 General Motors seine erste Motorama im Ballsaal des berühmten Waldorf Astoria Hotels in New York abhielt, richtete sich das ganze Interesse der Massen auf Earls Traumsportwagen. Earls Corvette hatte den klassischen vorderen Motor, Hinterradantrieb, die Architektur eines zweisitzigen Roadsters. Eine glänzende Kühlerverkleidung mit dreizehn senkrechten Chromstäben ging durch die Frontpartie des Autos zwischen zwei Pontonkotflügeln mit eingegliederten Scheinwerfern, die im Stile von Rennautos mit Gittern abgeschirmt waren. Eine Panoramawindschutzscheibe schützte den Fahrer und die Fahrgäste. Hinter der steifen Abdeckung, die das Klappverdeck enthielt, fiel der rückseitige Kofferraum zwischen den abgerundeten Seitenflossen ab, über denen sich die charakteristischen zylindrischen Verlängerungen erhoben. GM dachte, dass es nicht weniger als 10 000 Corvette pro Jahr verkaufen könne und beauftragte Earl, mit der Produktion so bald wie möglich zu beginnen. Earls ursprüngliche Planung sah vor, dass das Auto einen 150-PS-Motor haben und dass der Preis unter 2 000 Dollar liegen sollte. Die Zielsetzung hinsichtlich der Leistung war hart, aber erreichbar. Das Kostenziel hingegen war nicht realisierbar. Bei dem Versuch, es doch noch einzuhalten, musste GM sparen und Motor, Getriebe, Aufhängungs- und Bremskomponenten aus den Überresten der Chevrolet-Limousine nehmen und den Fahrzeugkörper aus Glasfaser statt Stahl herstellen. Der Motor war ein Sechszylinderreihenmotor von 3,8 Litern, der zur Hälfte in den fernen dreißiger Jahren entworfen worden war. Das Team von Cole „frisierte" das Auto kräftig mit neuer Nockenwelle und neuem Steuerungsgetriebe, leichteren Kolben, höherer Kompression und Dreifachvergasern und konnte es so schließlich auf 150 PS bringen; eine beachtliche Leistung, wenn man bedenkt, dass der Serienmotor mit 115 PS eingestuft war.

Doch das Team musste mit dem zweigängigen Powerglide-Automatikgetriebe vorliebnehmen anstelle einer manuellen Gangschaltung,

UNTEN IN DER MITTE DIE PRODUKTION DER CHEVROLET CORVETTE BEGANN MIT DEM MODELL VON 1953 (DAS MODELL VON 1954, DAS HIER ABGEBILDET IST, WAR TATSÄCHLICH IDENTISCH).

OBEN RECHTS DIE CORVETTE WURDE 1956 NEU ENTWORFEN, EIN JAHR SPÄTER (IM BILD IST EINE CORVETTE VON 1957 ZU SEHEN) WAR DAS AUTO MIT EINEM V8-MOTOR MIT DIREKTEINSPRITZUNG UND 250 PS BEREIT, RENNEN ZU FAHREN.

nach der die Liebhaber von Sportwagen verlangten.

Die Produktion wurde am 30. Juni 1953 aufgenommen. Die Amerikaner waren jedoch von einem Auto mit Seitenvorhängen anstelle von Kurbelfenstern nicht besonders begeistert; außerdem kam die Corvette nicht an die Leistung eines Jaguars oder die Kosten eines MG heran. Ganz im Gegenteil war ihr Preis mit 3 250 Dollar das Doppelte einer normalen Chevrolet-Limousine. GM baute 1953 nur 300 Corvette. Es sollten noch vier Jahre vergehen und noch einen Wechsel in die Karosserielinie der zweiten Generation geben, ehe das Unternehmen die 10 000 Roaster bauen konnte, die es jedes Jahr hatte verkaufen wollen.

Und wahrscheinlich wäre das Auto still und vorzeitig verschieden, wenn es drei Dinge nicht gegeben hätte: die Anstellung eines jungen Ingenieurs namens Zora Arkus-Duntov, dann die Ankündigung, dass Ford, GMs Rivale, ein eigenes Rennauto, den Thunderbird, als Modell des Jahres 1955 bauen würde, und schließlich kam dazu, dass GM einen neuen V8-Motor mit manuellem Dreiganggetriebe entwickelte. All dies machte aus der Corvette nicht nur das Auto, das Earl und Arkus-Duntov von Anfang im Sinn hatten, sondern schließlich und endlich den Sportwagen Amerikas.

LINKS COLETTE DUVAL, FRANZÖSISCHE SCHAUSPIELERIN, MODEL UND 1958 INHABERIN DES WELTREKORDS IM FALLSCHIRMSPRINGEN MIT EINEM SPRUNG AUS 12 410 M, POSIERT VOR DER KATHEDRALE VON NOTRE-DAME IN PARIS AUF EINEM MERCEDES-BENZ 300SL-FLÜGELTÜRER.

MERCEDES-BENZ 300 SL

Im Spätfrühling 2004 setzte die britische Zeitschrift *CARS* auf ihr Titelblatt einen Ferrari Enzo, den Original-Mustang aus dem Film *Bullitt* und den Aston Martin von James Bond höchstpersönlich, um „Die 100 coolsten Autos" aller Zeiten zu präsentieren. Doch im Inneren, wenn man schließlich zur Liste kam, wurde dem Ford von Steve McQueen nur der zehnte Platz zugewiesen, der DB65 von Sean Connery kam über den sechsten Platz nicht hinaus, und Ferrari war nicht besser als Platz zwei. Und wer war nun für die Redakteure das coolste Auto aller Zeiten? Natürlich der Mercedes-Benz 300SL, der berühmte „Gullwing" oder „Möwenflügel". Dieses Auto, so schrieben die Autoren, war „nicht so sehr seiner Zeit voraus, es stand in vollständigem und glorreichem Gegensatz zum gesamten Universum. Wenn man die drei Hauptkomponenten von ‚cool' isoliert, bekommt man: Authentizität, Innovation, einzigartiger Stil. Neben diesen Dingen hat der von Rennwagen abstammende Mercedes-Benz 300SL fast keine anderen Elemente, die Emotionen hervorrufen ..."

Authentizität: Diese Auto wurde für Rennstrecken geschaffen, lange bevor jemand auf die Idee kam, es auf die Straße zu entlassen. Als es dann auf normalen Straßen zu fahren kam, war es das schnellste Auto der Welt, mit einem Motor, der sogar noch schneller war als der, mit dem es das 24-Stunden-Rennen von Le Mans oder das

UNTEN RECHTS AUCH WENN DAS MODELL OFFIZIELL 300SL COUPÉ HIESS (ES WAR AUCH ALS CABRIOVERSION MIT VERDECK ERHÄLTLICH), WIRD MAN DIESES AUTO IMMER ALS „MÖWENFLÜGEL" IN ERINNERUNG BEHALTEN WEGEN DER ART, WIE SICH DIE AM DACH VERANKERTEN TÜREN ÖFFNEN.

LINKS DER FAHRGASTRAUM WAR SO ENG, DASS DAS STEUER NACH UNTEN GEKLAPPT WERDEN MUSSTE, UM EIN- UND AUSSTEIGEN ZU KÖNNEN.

OBEN RECHTS UNTER DER LANGEN MOTORHAUBE SASS DER ERSTE SERIENMOTOR MIT EINSPRITZUNG ANSTELLE VON VERGASERN. DAS SECHSZYLINDERREIHENAGGREGAT WAR LEICHT SEITLICH VERSETZT, DAMIT MAN EINE FLACHERE MOTORHAUBE UND STROMLINIENFÖRMIGERE LINIEN ERZIELEN KONNTE.

Carrera-Panamericana-Rennen in Mexiko gewonnen hatte. Innovation: Ein Spaceframe-Chassis, Direkteinspritzung (die erste in einem Serienwagen) anstelle von Vergasern, Trockengehäuseschmierung, ein leicht geneigter Sechszylinderreihenantrieb, damit die Motorhaube zur Reduzierung des Luftwiderstands niedriger sein konnte. Einzigartiger Stil: die Türen des 300SL waren oben verankert und enthielten Teile des Daches, die Seitenfenster und die Tür selbst in einer einzigen gestuften Einheit, die Form und Funktionalität erfüllten.

Mercedes-Benz entwickelte den 300SL als ein Fahrzeug, mit dem man die Rückkehr zu internationalen Automobilwettbewerben kennzeichnen wollte und errang in seiner ersten Saison den ersten und zweiten Platz sowohl in Le Mans wie in Mexiko. Diese hätten neben wenigen anderen Siegen die einzigen Erfolge dieses außergewöhnlichen Fahrzeugs sein können, wenn der New Yorker Autoimporteur Max Hoffman nicht einen Auftrag für die „Straßen"-Version des 300SL erteilt hätte. SL stand für „sport light" – „sportlich-leicht" – und das Auto besaß beide Eigenschaften.

Der Motor, auf Basis des 3,0-Liter-Sechszylinderaggregats mit 115 PS der Limousine der 300er-Serie von Mercedes, hatte 240 PS (gemäß der amerikanischen Einstufung von Leistung) in seiner Direkteinspritzerversion und beschleunigte das 1 180 Kilogramm schwere Coupé in nur 8,8 Sekunden von Null auf 100 km/h. Die Höchstgeschwindigkeit lag bei ungefähr 240 km/h.

Allerdings war es nicht ganz einfach, dieses Auto zu fahren, da die Schwinge der Hinterachse zum Übersteuern neigte. Aber wenn man es schaffte, dann fühlte man sich, so eine britische Zeitschrift, „wie mit einer Rakete ins All geschossen", wenn das Fahrzeug sich der Höchstgeschwindigkeit näherte.

Mercedes-Benz produzierte zwischen 1954 und 1957 1 400 Exemplare des Flügeltürers und danach von 1957 bis 1963 1 858 Roadster.

ALFA ROMEO GIULIETTA SPRINT UND SPIDER

PININ FARINA ENTWARF DEN GIULIETTA SPIDER, DER EINEN UM 17,7 CM KÜRZEREN ACHSSTAND IM VERGLEICH ZUM SPRINT COUPÉ HATTE, WAS DIE FORMEN DES OFFENEN WAGENS BETONTE. DER KLEINE ROADSTER WAR LEICHT, MIT KURBELFENSTERN AUSGESTATTET UND EINEM LEICHT ZU ÖFFNENDEN UND ZU SCHLIESSENDEN VERDECK, WAR ABER TEURER ALS DER JAGUAR XK 150 ODER DER AC ACE, DIE ZUR SELBEN ZEIT PRODUZIERT WURDEN.

Als Alfa Romeo die Automobilproduktion 1946 wiederaufnahm, wurde gleichzeitig eine Modernisierung des Designs der Vorkriegssportwagen durchgeführt. 1951 begann das Unternehmen mit Hilfe der großen Schar von italienischen Karosseriebauern die Produktion der Limousinenlinie 1900, die eine Architektur aus selbsttragendem Aufbau und kleine, lebhafte Motoren mit Doppelnockenwelle aufwiesen. 1952 entschied das Istituto per la Ricostruzione Industriale, das italienische Institut für industriellen Wiederaufbau, dass Alfa Romeo eine Linie noch kleinerer Limousinen auflegen sollte; eine Lotterie wurde organisiert, um Geldmittel zur Absicherung der Entwicklung des Autos zu sammeln, und einige dieser Fahrzeuge sollten als Prämien ausgesetzt werden. Doch ziemlich bald wurde klar, dass das Auto nicht rechtzeitig fertig werden würde. Alfa Romeo wandte sich erneut an die Karosseriebauer Bertone und Pinin Farina. Ersterer setzte Franco Scaglione an die Arbeit für eine Coupéversion, während der zweite die eigenen Anstrengungen auf ein Cabrio konzentrierte. Als Ergebnis gingen Alfa Romeo Giulietta Sprint und Spider hervor, die fast ein Jahr vor Produktionsbeginn der Limousine vorgestellt wurden. Scaglione hatte das jetförmige Konzeptauto Abarth Coupé entworfen und arbeitete gerade an seiner außergewöhnlichen Concept-Car-Linie Berlina Aerodinamica Tecnica (B.A.T.) mit Fledermausflügeln; allerdings konnte er sich, wie die Designprofessorin Penny Sparks in A Century of Car Design bemerkte, „auch ohne solche Extravaganzen auskommen und sehr einfache, nüchterne Formen schaffen, die in ihrer Wirkung von einigen ins Auge stechenden Details abhingen. Nirgendwo war dies vielleicht offensichtlicher als in seinem Entwurf für den Giulietta Sprint von 1954". Die Sprintproduktion wurde beschleunigt, sodass das Fahrzeug als Preis für die Alfa-Lotterie dienen konnte – einen so wunderbaren Preis, dass jeder, der keinen gewonnen hatte, ihn trotzdem haben wollte und Bertone eine neue Fabrik bauen musste, um der Nachfrage nachkommen zu können.

Der Giulietta, dessen Name vom italienischen Dichter Leonardo Sinisgalli in Anlehnung an Shakespeare gewählt worden war, wurde von einer kleineren Version des Vierzylindermotors des 1900 angetrieben, allerdings mit einem Aluminiumblock und obenliegender Doppelnockenwelle. Während die 1 290 ccm-Motoren des Giulietta nur 53 PS erreichten, konnten die vom Sprint benutzten Aggregate 80 PS entwickeln; außerdem konnten die Fahrer dank der guten Chassisplanung und der Aufhängung des Autos diese Leistung voll nutzen. 1956 brachten Alfa und Bertone die Version Veloce – „schnell" – heraus mit doppeltem Vergaser und 90 PS. Später kam noch eine 100 PS-Version der Originalkarosserie hinzu, der Sprint Speciale, und der Karosseriebauer Zagato verwendete denselben Motor in einer kleineren und leichteren SZ-Version.

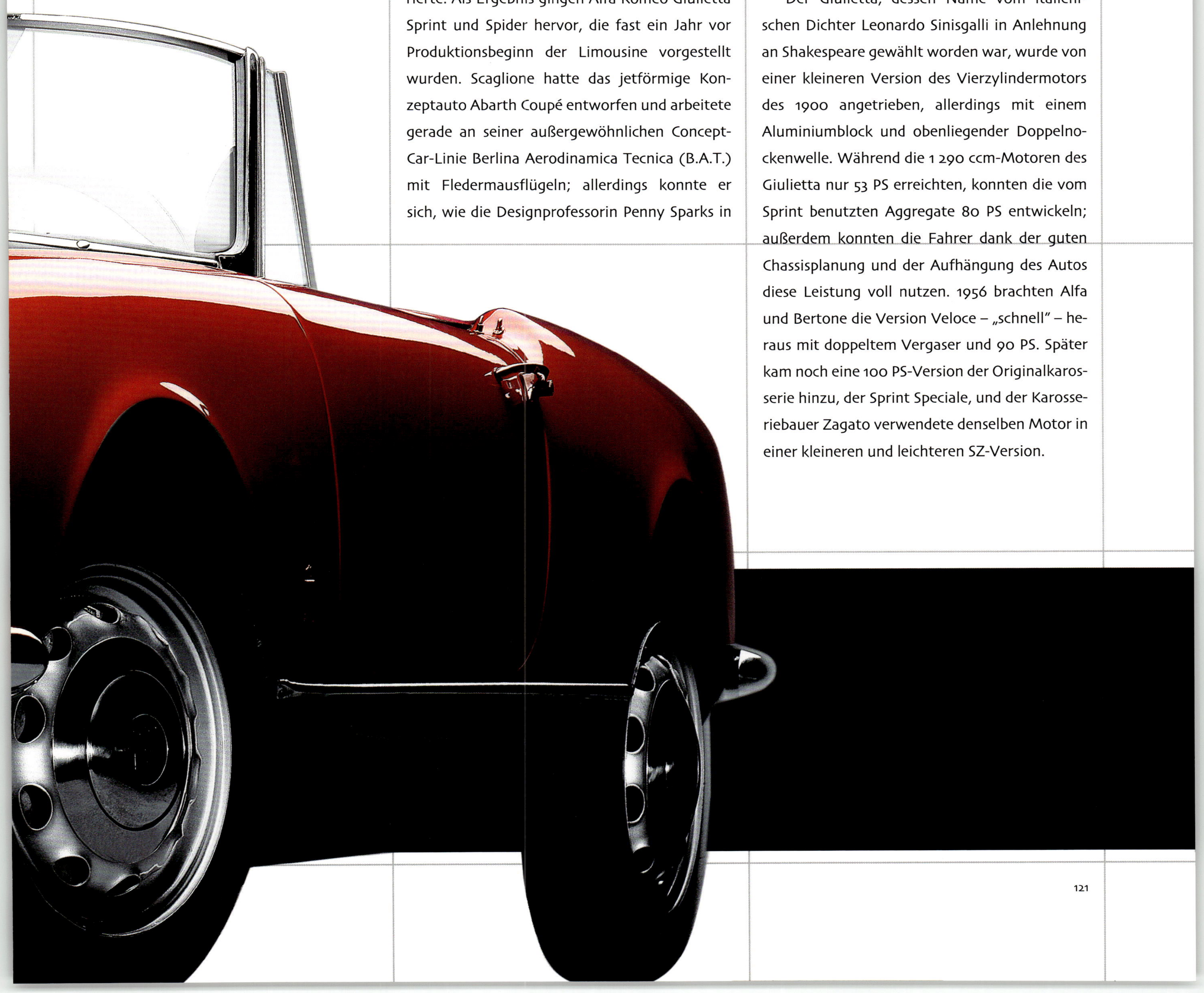

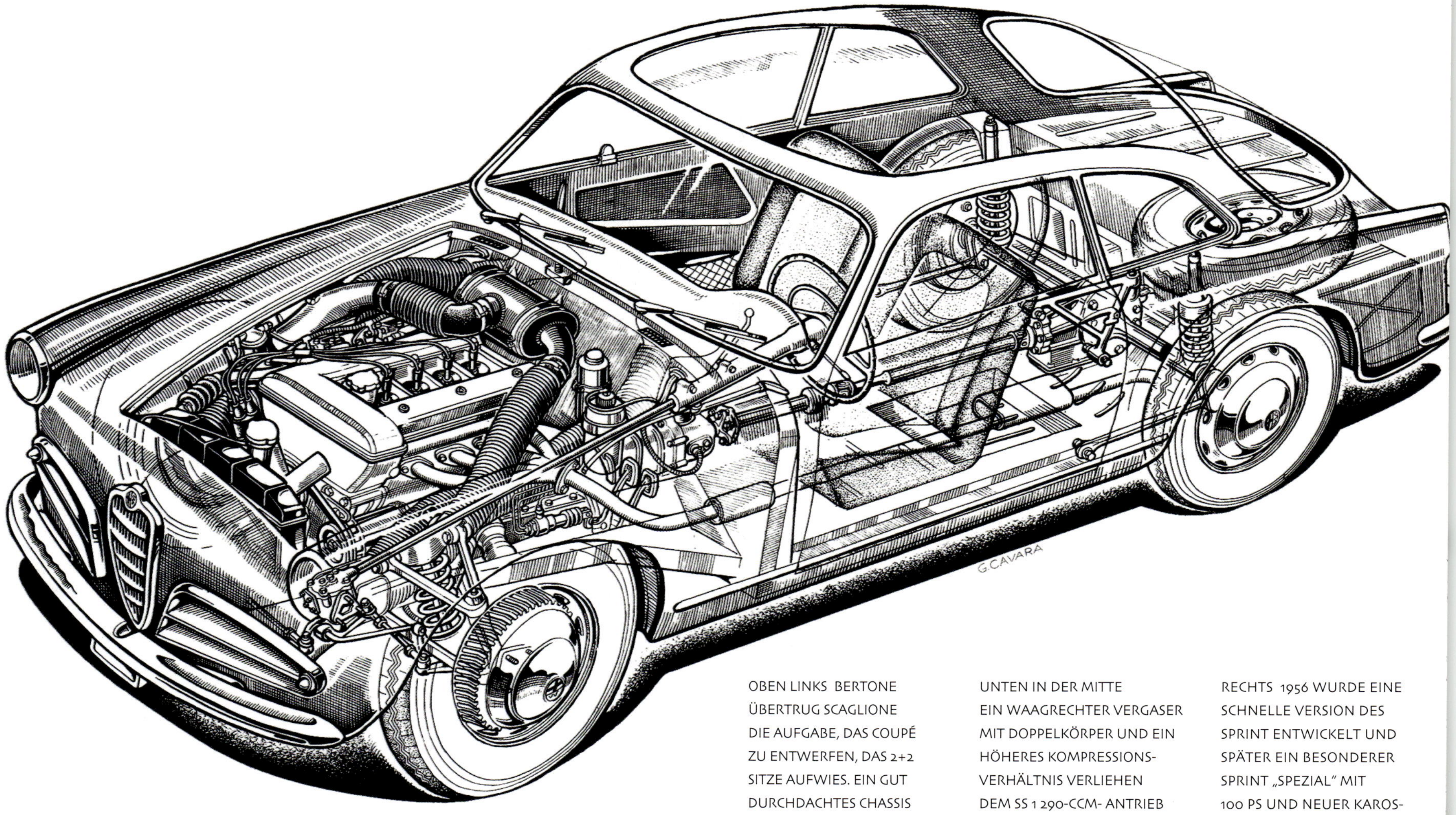

OBEN LINKS BERTONE ÜBERTRUG SCAGLIONE DIE AUFGABE, DAS COUPÉ ZU ENTWERFEN, DAS 2+2 SITZE AUFWIES. EIN GUT DURCHDACHTES CHASSIS ERLAUBTE ES DEM FAHRER, DIE 80 PS DES MOTORS VOLL AUSZUKOSTEN.

UNTEN IN DER MITTE EIN WAAGRECHTER VERGASER MIT DOPPELKÖRPER UND EIN HÖHERES KOMPRESSIONS-VERHÄLTNIS VERLIEHEN DEM SS 1 290-CCM- ANTRIEB DES SPRINT EINE LEISTUNG VON 80 PS.

RECHTS 1956 WURDE EINE SCHNELLE VERSION DES SPRINT ENTWICKELT UND SPÄTER EIN BESONDERER SPRINT „SPEZIAL" MIT 100 PS UND NEUER KAROSSERIE FÜR RENNEN UND RALLYES.

Die Sprint waren als Renn- und Rallywagen sehr gefragt, doch der Spider wurde zum Spazierenfahren in den Straßen der Städte bevorzugt.

Pinin Farina verkürzte den Achsstand von Giulietta und Sprint um ungefähr achtzehn Zentimeter, wodurch auch die Gesamtlänge um zehn Zentimeter kürzer wurde, um die für ein Cabrio geeigneten Maße zu erhalten. Die Fahrzeuge verfügten über Kurbelfenster, ein bequem zu öffnendes Verdeck und überraschend viel Platz für die Passagiere und waren trotz allem viel leichter als das Coupé. Wie beim Coupé gab es eine Version Veloce, die an der Motorhaube einen diskret breiten Luftfang bekam. Er lag über dem wappenförmigen Kühlergrill des Alfa, der wiederum die verchromten vorderen Stoßstangen teilte, um die Schnauze des Cabrios von dem des Coupés mit ganzer Stoßstange zu unterscheiden.

BERTONE
Giulietta sprint speciale
Carrozzeria
BERTONE

Stil und Geschwindigkeit: Die Gangart steigert sich

1955/1963

Stil und Geschwindigkeit: Die Gangart steigert sich

Alles in allem änderte sich die ganze Welt, auf den Straßen wie im Himmel. Am 4. Oktober 1957 schoss die Union der Sozialistischen Sowjetrepubliken den Sputnik, einen künstlichen Satelliten von den Ausmaßen eines Basketballes und 83 Kilogramm Gewicht in eine Umlaufbahn um die Erde. Der Wettlauf im Weltall hatte begonnen.

Als Ergebnis entstanden zahlreiche neue Technologien, die fast jeden Aspekt des Lebens auf unserem Planeten betrafen, von neuen Nahrungsmitteln über innovative Materialien bis hin zu Mikroprozessoren.

Lange Zeit, ehe irgendeines dieser Dinge den Weg vom Himmel in die Lebenswelt der Menschen fand, sollte diese Epoche eine breitgefächerte Reihe von Fahrzeugen herausbringen, die vom kleinen Fiat 500 und dem passend benannten englischen Mini über die eleganten Jaguar E-type und Chevrolet Corvette Stingray zum schnellen Ferrari 250 GT und dem großartigen AC Shelby Cobra reichte.

Es handelte sich auch um eine Epoche, in der ein japanischer Motorradhersteller namens Soichiro Honda, der aus dem Nichts aufgetaucht war, rebellierte, als ihm gesagt wurde, dass es in seinem Land schon genügend Autounternehmen gebe und einfach seinen Weg weiterverfolgte mit der Produktion des S500, seinem ersten, aber sicher nicht letzten Auto.

In ihrer Gier nach irgendeinem fahrbaren Untersatz auf vier Rädern entschieden sich einige Europäer für die neuen „bubble cars", die wenig mehr als geschlossene, von Motorradmotoren angetriebene Kapseln waren. Andere wurden gerade mit einer wieder neuen Karosserieform konfrontiert, und zwar durch den Austin A40 von 1958, eines der seltenen englischen Fahrzeuge, die von einem italienischen Designer entworfen wurden: Battista „Pinin" Farina schuf eine neue „Doppelgehäuse"-Linie, Vorläufer des Schräg- oder Fließheck-Stils der dann in den folgenden Jahrzehnten so beliebt wurde.

In der Zwischenzeit zeigte sich in den USA das optimistische Selbstvertrauen, das durch den Nachkriegsboom entstanden war, auch auf den Straßen , und zwar in Form der chromverzierten Autos, deren Aussehen jedes Jahr komplett verändert wurde. Größer hieß besser. Und das betraf nicht nur die Autos, sondern vor allem die flügelartigen Fortsätze – die Flossen –, die sich über den Heckflanken erhoben. In der Sputnik-Ära sahen die Fahrzeuge eher wie Raumschiffe als wie Automobile aus.

Die Welt kannte Amerika als das Land der weiten, offenen Räume. Die Route 66 mag die „Mother Road" gewesen sein, die die Migration nach Los Angeles und dem „gelobten Land" Südkalifornien vorantrieb, doch es war das neue Autobahnsystem des Landes, die Interstates, die den Weg ebneten für Amerikas große Leidenschaft: Geschwindigkeit und Design. Als Präsident der Vereinigten Staaten sollte Eisenhower den Bau eines weiten Autobahnnetzes vorantreiben, aber die USA waren nicht allein in ihrer Autobahnmanie. Egal, ob sie nun autoroutes oder motorways, autostrade oder Autobahn, expressways oder interstates hießen – die neuen Schnellstraßen wurden geplant, um den Transportstrom zu steigern. Ganz gleich, ob Engländer, die stolz auf ihre Fähigkeiten waren, schnelle und wendige Autos für die engen Kurven der Stadt zu bauen, und über die engen Landstraßen düsten, oder Italiener, die sich endlich von ihren Zweirädern zu Gunsten von vierrädrigen Fahrzeugen trennten, oder Franzosen, die stolz auf die technologischen Fortschritte ihres Landes waren, oder Deutsche, die ungehemmt über ihre Autobahnen bretterten, oder Amerikaner, die ihren Erfolg in Chromverkleidungen und Heckflossen ausdrückten, alle wollten sie schnell fahren. Ganz klar konnten in allen Nationen die Automobilisten viele Kilometer lang auf diesen Autobahnen fahren, und das so schnell es ihre Autos zuließen. In vielen Gebieten wurde die Geschwindigkeit mehr von der Leistungskraft der Fahrzeuge als von gesetzlichen Richtlinien bestimmt, die von Behörden vorgegeben waren.

Doch die Leute wollten auch stilvoll reisen, in Fahrzeugen, die ihre eigene Persönlichkeit wie die Eigenheiten ihres Landes widerspiegelten. Manchmal wurde diese Kombination aus Geschwindigkeit und Stil bis zum Exzess betrieben. Aber Stil und Geschwindigkeit wurden zum Kennzeichen dieser Epoche der Automobilgeschichte.

VORHERIGE SEITEN WENIGEN AUTOMOBILEN GELANG ES, DIE GRUNDESSENZ AUS STIL UND GESCHWINDIGKEIT EINZUFANGEN WIE DER JAGUAR XK-E – GEFORMT VOM AERODYNAMIK-EXPERTEN MALCOLM SAYER WIE AUCH VOM WIND AUF DER MULSANNE-GERADEN VON LE MANS.

RECHTS DIESER CADILLAC STELLT EINEN ANDEREN ASPEKT DER GLEICHUNG GESCHWINDIGKEIT – STIL DAR. DER MASSIVE EINSATZ VON VERCHROMUNGEN WURDE NICHT FÜR DIE EUROPÄISCHEN STRASSEN UND VORLIEBEN ENTWORFEN.

1955/1963

OBEN LINKS CHARLES DE GAULLE FUHR IM SOMMER 1959 AN BORD SEINER PRÄSIDENTENLIMOUSINE CITROËN DS DURCH TAMATAVE IN MADAGASKAR. DREI JAHRE SPÄTER SOLLTE IHM DIESES AUTO DAS LEBEN RETTEN, DA ER NACH EINEM ATTENTAT TROTZ ZWEIER DURCHLÖCHERTER REIFEN MIT DEM WAGEN FLIEHEN KONNTE.

UNTEN IN DER MITTE DER CITROËN DS ZEIGTE INNOVATIVE TECHNOLOGIE WIE HÖHENVERSTELLBARE HYDROPNEUMATISCHE AUFHÄNGUNGEN UND MICHELINS JÜNGST KONSTRUIERTE RADIALREIFEN. AB 1965 WURDEN DIE SCHEINWERFER SO MONTIERT, DASS SICH DIESE ZUSAMMEN MIT DEM LENKRAD DREHTEN, UM DUNKLE ECKEN AUSZULEUCHTEN.

C*ars 1930–2000: The Birth of the Modern Cars* ist ein technisch ausgerichtetes Buch, das von drei Experten geschrieben wurde, die auf über 700 Seiten voller Texte und Bilder die Evolution dessen nachzeichnen, was wir als zeitgenössisches Auto kennen. Die Autoren meinen, dass die Autos einige Jahrzehnte lang, von Mitte der dreißiger bis Anfang der fünfziger Jahre, im Grunde ziemlich gleich blieben. Die „folgende Innovationsphase", so schreiben sie, fällt mit der Vorstellung des Citroën DS19 im Herbst 1955 zusammen.

La „Dérivation Spéciale" von Citroën fuhr nicht auf traditionellen Aufhängungen mit Metallfedern, sondern auf höhenverstellbaren hydropneumatischen Aufhängungen und neuen Radialreifen. Bei einer Reifenpanne konnte man das Aufhängungssystem des Autos so anheben, dass das beschädigte Rad ohne Wagenheber gewechselt werden konnte. Das Fahrzeug hatte Servolenkung, eine kupplungslose Gangschaltung, ein Chassis, bei dem Teile der vorderen und hinteren

CITROËN DS

Karosserie dazu bestimmt waren, sich zu verformen, um einen eventuellen Aufprall abzufangen, und die Karosserieteile konnten im Falle eines Unfalls leicht abgeschraubt und ausgetauscht werden. Dank des Vorderantriebs erhob sich im Fahrgastraum kein Tunnel für die Getriebewelle, daher war in den üppigen Sitzen genügend Platz für fünf Personen. Die gebogene Heckscheibe blieb auch bei Regen trocken. In der Mitte der zwanzigjährigen Produktionszeit dieses großartigen Autos kamen bewegliche Scheinwerfer hinzu, die dem Weg des einspeichigen Lenkrades folgten, um die Straße in Kurven auszuleuchten.

Die Franzosen nannten das Fahrzeug Déesse – „Göttin", und der französische Philosoph Roland Barthes meinte, dass die Karosserie „vom Himmel gefallen" zu sein schien. Eigentlich hatte die haiförmige Karosse mit nur einem Schlitz als Kühlerverkleidung der italienische Bildhauer Flaminio Bertoni entworfen, der auch schon den Citroën 2CV entwickelt hatte. Bertoni arbeitete mit Pierre Franchiset zusammen und zog es vor, mit Ton anstatt an einem Zeichentisch zu arbeiten, um eine stromlinienförmige Karosserie rund um ein Chassis zu modellieren, dessen Heckspurbreite ungefähr 20 Zentimeter enger war als die der Vorderräder. Zusätzlich zu Citroëns Limousine und den Kombiversionen Safari Estate bauten französische Karosseriebauer Stretchlimousinen

des DS, während Henri Chapron ein elegantes Croisette Cabriolet schuf, das Kunstmuseen in Mailand, London und New York ausstellen sollten; diese Göttin hatte nicht nur eine himmlische Karosserie, sie schien über die Straßen wie auf einem fliegenden Teppich zu schweben. Citroëns hydropneumatisches System verwendete eine nicht komprimierbare Flüssigkeit (Mineralöl) und ein komprimierbares Gas (Stickstoff), um eine weiche Lenkung aufrechtzuerhalten und es dem Fahrer durch Betätigung eines Kugelgriffs zu ermöglichen, die Fahrzeughöhe von 16,5 Zentimeter bis auf 30 Zentimeter zu erhöhen. Obwohl die stromlinienförmige Karosserie dem Auto dabei half, eine Höchstgeschwindigkeit von 145 km/h zu erreichen, war der DS untermotorisiert, zum Teil, weil sein veraltetes Antriebsaggregat (1,9 Liter Hubraum, 75 PS) nicht nur auf die Vorderräder wirkte, sondern auch auf die komplexen Hydrauliksysteme.

Die folgenden Versionen DS20, DS21 und DS23 (mit Direkteinspritzung und über 140 PS) wurden nach ihren etwas größeren und stärkeren Motoren benannt. In vielerlei Hinsicht war der Citroën DS seiner Zeit voraus, als er 1955 herauskam, und er blieb innovativ, bis seine Produktion zwanzig Jahre später eingestellt wurde. 2004, als die britische Zeitschrift *CAR* die 50 „coolsten" Autos aller Zeiten auswählte, landete der DS auf Platz vier – noch vor allen Porsche, AC Cobra und sogar vor dem Jaguar XK-E.

OBEN LINKS UND UNTEN LINKS NICHT AM ZEICHENTISCH, SONDERN MIT EINEM TONMODELL SCHUFEN DER ITALIENISCHE BILDHAUER FLAMINIO BERTONI UND CITROËNS KAROSSERIEKONSTRUKTEUR UND -BAUER PIERRE FRANCHISET DAS DESIGN DES DS. DER PHILOSOPH ROLAND BARTHES MEINTE, DASS DIE KAROSSERIE DES AUTOS VOM HIMMEL GEFALLEN ZU SEIN SCHIEN. ANDERE NANNTEN DIESEN CITROËN LA DÉESSE – DIE „GÖTTIN".

OBEN RECHTS APROPOS GÖTTIN, DIE ITALIENISCHE SCHAUSPIELERIN GINA LOLLOBRIGIDA ZEIGT, WIE VIELE GEPÄCKSTÜCKE DER KOFFERRAUM DER DS AUFNEHMEN KANN. NEBEN EINEM GROSSZÜGIGEN INNENRAUM HATTE DAS AUTO EINEN SCHMALEN SCHLITZ ANSTELLE EINER HOHEN KÜHLERVERKLEIDUNG UND EINE GEBOGENE HECKSCHEIBE, DIE AUCH BEI REGEN TROCKEN BLEIBEN SOLLTE.

ROLLS-ROYCE SILVER CLOUD

UNTEN DER SILVER CLOUD WAR DER ERSTE ROLLS-ROYCE, DER DEN KUNDEN MIT EINER „STANDARD"-KAROSSERIE AUSGELIEFERT WURDE ANSTELLE DER TRADITIONELLEN AUSFÜHRUNG AUF BESTELLUNG. DAS AUTO WURDE ALS ANREIZ FÜR LEUTE ENTWORFEN, DIE LIEBER SELBST FUHREN, ALS AUF DEM RÜCKSITZ PLATZ ZU NEHMEN, WÄHREND EIN CHAUFFEUR AM STEUER SASS.

RECHTS ALLGEMEIN BEKANNT ALS „THE FLYING LADY", WAR DAS SYMBOL VON ROLLS-ROYCE 1911 VOM KÜNSTLER CHARLES SYKES ENTWORFEN WORDEN. ALS MODELL DIENTE DIE SEKRETÄRIN ELEANOR THORNTON. URSPRÜNGLICH WURDE DIE KÜHLERFIGUR „THE SPIRIT OF SPEED" – „DER GEIST DER GESCHWINDIGKEIT" – UND SPÄTER DANN OFFIZIELL „THE SPIRIT OF ECSTACY" – „DER GEIST DER EKSTASE" – GENANNT.

Charles Steward Rolls und Frederick Henry Royce schienen nichts gemein zu haben außer ihrem Interesse an der Verwirklichung eines neuen Autos. Rolls war Sohn aus reichem Hause. Sein Peugeot wurde als das erste Auto bezeichnet, das den Campus der Cambridge University beehrt habe, und bald wurde er zu den besten Rennfahrern Englands gezählt. 1903 hatte Rolls den Bodengeschwindigkeitsrekord mit 149,5 km/h auf einem in Frankreich gebauten Mors mit 80 PS aufgestellt. Anstatt seinen Ingenieursabschluss zu nutzen, eröffnete er ein Autoverkaufshaus, allerdings ohne mit den Autos, die er importierte, zufrieden zu sein. Er wollte etwas Besseres und so traf er seinen „ungleichen" Partner. Royce kam aus einer Arbeiterfamilie und hatte bereits mit zehn Jahren angefangen zu arbeiten. Tagsüber verkaufte er Zeitungen, später wurde er Lehrling in einer Reparaturwerkstätte für Lokomotiven und dann in Werkzeugmaschinen- und Stromgesellschaften. Nachts besuchte er die Abendschule und eröffnete mit Anfang Zwanzig eine eigene Gesellschaft zur Herstellung von Elektrokränen. Als Rolls seine Geschwindigkeitsrekorde aufstellte, kaufte sich Royce sein erstes Auto aus zweiter Hand. Er war es bald Leid, ständig etwas reparieren zu müssen und beschloss, ein eigenes Auto zu bauen, und hatte bald ein paar fertig, die er auf dem Pariser Autosalon von 1904 ausstellen konnte. Ziemlich bald wurde Rolls-Royce gegründet, eine Firma, die anfänglich keine ganzen Fahrzeuge baute, sondern sich auf die Entwicklung von leistungsstarken und leisen Motoren konzentrierte, mit einem entsprechenden „nackten" Rahmen, zu dem Karosseriebauer auf Bestellung in Handarbeit die Aufbauten herstellten. Die Situation änderte sich 1955 mit Einführung des Silver Cloud, der so ent-

ROLLS
ROYCE

worfen worden war, dass er den Kunden komplett mit einer integrierten „Standardstahl"-Karosse anstelle eines handgefertigten Aufbaus geliefert werden sollte. Zum ersten Mal war Rolls-Royce überwiegend damit beschäftigt, Automobile zu bauen, die die Kunden selbst fahren sollten, anstatt sich chauffieren zu lassen. Rolls-Royce benutzte den Namen „Silver" zum ersten Mal für den Silver Cloud von 1907–25, weil dieser zunächst als Prototyp mit einer polierten Aluminiumkarosserie erschien, die ihm ein geisterhaftes Aussehen verlieh. 1947 baute das Unternehmen den Silver Wraith, 1949 den Silver Dawn, und danach wurde 1955 der Silver Cloud von John Blatchley entworfen, der zuvor für den Karosseriebauer Gurney Nutting gearbeitet hatte. Blatchley versuchte, ein „fliegendes Wohnzimmer" zu verwirklichen, auch wenn viele die luxuriöse Innenausstattung in Walnuss, Leder und dicken Teppichen des Silver Cloud für Elemente eines „Thronsaales" auf Rädern hielten, der so ruhig war, dass das lauteste Geräusch, das im Fahrgastraum zu hören war, das Ticken der Autouhr war. Es mag die Käufer moderner Luxuswagen verwundern, aber bis 1958 konnte man einen Silver Cloud mit manuellem Vierganggetriebe kaufen, auch wenn nur wenige Einheiten davon bestellt wurden. Bis 1959 wurden die Silver Cloud von einem Sechszylinderreihenmotor von 4,9 Litern angetrieben. Es entsprach nicht dem Stil von Rolls-Royce, etwas so Gewöhnliches wie die Angabe von PS zu liefern: „Ausreichend" war der Begriff, mit dem das Unternehmen die Leistungskraft seiner Motoren beschrieb. Dennoch stellte Rolls-Royce schließlich 1959 seinen ersten V8-Antrieb vor, um das Auto in den Augen der wohlhabenderen Kunden attraktiver zu machen: eine 6,2 Liter-Einheit, die die mehr als zwei Tonnen Holz, Leder, Wolle und Metall auf Geschwindigkeiten von über 190 km/h bringen konnte.

LINKS UND UNTEN RECHTS DIE DRITTE UND LETZTE GENERATION DES SILVER CLOUD WURDE 1962 VORGESTELLT, AUSGERÜSTET MIT EINEM ZWEI-PLUS-VIER-SCHEINWERFERSATZ, DER ENTWORFEN WORDEN WAR, UM DIE WOHLHABENDE AMERIKANISCHE KUNDSCHAFT ANZULOCKEN.

OBEN RECHTS AUDREY HEPBURN SPIELTE DIE TOCHTER DES CHAUFFEURS IN BILLY WILDERS FILM *SABRINA*, IN DEM AUCH HUMPHREY BOGART, WILLIAM HOLDEN UND EIN KLASSISCHER ROLLS-ROYCE MITSPIELTEN.

8A87·69
NY·THE EMPIRE STATE 52

MGA

Der MGA war der Sportwagen, der die Marke in die Moderne bringen sollte. Es war auch der erste MG, von dem mehr als 100 000 Einheiten verkauft wurden, daher könnte man sich schon fragen, warum der Eigentümer des Unternehmens, die British Motor Company, so lange wartete, ehe man den beliebten Roadster in Produktion nahm. Jahrzehntelang hatte MG kleine, kantige Spider der T-Serie produziert, darunter den TC und den TD, die Tausende von Amerikanern mit dem Phänomen eines europäischen Sportwagens vertraut gemacht hatten, und 1954 wurde sogar noch eine weitere Version vorgestellt, der TF. Allerdings hatte Syd Enever von MG bereits 1951 in Handarbeit eine elegante, integrierte und aerodynamische Karosserie gebaut, um das Chassis des MG TD zu verkleiden,

OBEN LINKS EIN JAHR, NACHDEM DER MGA ROADSTER HERAUSGEKOMMEN WAR, WURDE EINE COUPÉ-VERSION MIT FESTEM HARDTOP, AUSSENTÜRGRIFFEN UND KURBELFENSTERN ANSTELLE DER ABNEHMBAREN SEITENVORHÄNGE ANGEBOTEN.

OBEN IN DER MITTE NACH EINER LANGEN REIHE VON KANTIGEN MG-ROADSTERN ENTWARF SYD ENEVER EINE INTEGRIERTE AERODYNAMISCHE KAROSSERIE, DIE ZUERST ALS SONDERRENNVERSION FÜR LE MANS VORGESTELLT WURDE. 1955 ENTSTAND AUS EINER MODERNISIERTEN VERSION DER ERSTE MODERNE SPORTWAGEN VON MG. IM BILD WIRD DAS AUTO EINEM TEST AUF AERODYNAMISCHE EFFIZIENZ UNTERZOGEN.

UNTEN IN DER MITTE DER MGA, DER IM HERBST 1955 HERAUSKAM UND HIER ALS MODELL VON 1958 GEZEIGT WIRD, WAR NEBEN EINER STROMLINIENFÖRMIGEREN KAROSSERIE MIT KOMPLETT NEUEM CHASSIS, MOTOR UND GETRIEBE AUSGESTATTET.

den George Philipps und Alan Rippons in Le Mans fahren sollten. Als MG TD „Mark II" fuhr dieses Auto dann acht Stunden lang, ehe der Motor sein Leben aushauchte. Enevers Entwurf war nur wenig verändert worden, als er 1952 einer offensichtlich ungerührten BMC-Führungsriege als Prototyp EX175 vorgestellt wurde. Die Idee tauchte 1955 in Form des EX182 auf, als ein Trio von Rennwagen als MGs Werksteam in Le Mans antrat: Eines dieser Fahrzeuge zerschellte nach sechs Stunden, aber die beiden anderen fuhren weiter und belegten den zwölften und siebzehnten Platz. Schließlich enthüllte MG Jahre nach Enevers Entwurf seinen ersten modernen Sportwagen, den MGA, im Herbst 1955 auf der London Motor Show und führte eine kurze Werbekampagne zur Unterstützung dieses Fahrzeugs durch, als es ein spektakuläres Rennen auf der ovalen Hochleistungsrennstrecke von Montléry in Frankreich fuhr.

Das Fahrzeug wurde von einem Motor angetrieben, der von der BMC-Limousine Austin A50 geliehen war, und sogar in seiner Standardausgabe konnte der 72-PS-Motor von 1 489 ccm der B-Serie den MGA auf die Geschwindigkeit von 155 km/h beschleunigen. Was den MGA für Kunden noch attraktiver machte, war der Preis, der unter dem seines Konkurrenten Triumph TR3 oder des Austin-Healey 100 von BMC lag. MG verkaufte in den ersten zwölf Produktionsmonaten dieses Wagens 13 000 Exemplare des MGA. Von den 101 081 Einheiten, die zwischen 1955 und 1962 gebaut wurden, wurden mehr als 80 000 in die USA exportiert. Ein Jahr nach dem Herauskommen des Spiders fügte MG eine Coupéversion mit „festem Verdeck" mit Paravent-Windschutzscheibe und Kurbelfenstern hinzu. Der Spider hatte außen keine Türgriffe; zum Öffnen

musste man den Arm ins Innere strecken und ein Kabel ziehen. Allerdings konnte das Fahrzeug mit optionaler Heizung ausgerüstet werden. 1959 stellte MG eine Doppelwellenversion vor, die von Henry Weslakes Änderungen am Motor, den Vierscheibenbremsen und den stählernen Centre-lock-Rädern von Dunlop profitierte. Von diesem Modell wurden nur 2 000 Einheiten hergestellt, die Höchstgeschwindigkeiten von 185 km/h erreichen konnten. Ein Jahr später ersetzte MG den 1,5-Liter-Motor des MGA durch einen 1,6-Liter-Motor, der im Wesentlichen eine 80-PS-Version des Doppelnockenwellenmotors war.

IN DER ROADSTER-VERSION VON 1958, DIE HIER ABGEBILDET IST, BLIEB DER MGA BIS 1962 IN PRODUKTION. ER WAR DAS ERSTE MODELL VON MG, VON DEM MEHR ALS 100 000 AUTOS VERKAUFT WURDEN (DAVON MEHR ALS 80 000 IN DIE USA).

AUSTIN HEALEY 100

Das britische Automobilunternehmen Austin entwarf seinen A90 Atlantic mit Blick auf die amerikanischen Kunden. Die Gesellschaft nutzte sogar die Hochgeschwindigkeitsstrecke von Indianapolis, um eine Serie von „Stock-Car"-(„Serienauto")-Geschwindigkeitsrekorden aufzustellen; trotz des unfreundlichen Wetters fuhr der Atlantic in sieben Tagen und sieben Nächten rund um den berühmten Brickyard mehr als 19 000 Kilometer mit einer Durchschnittsgeschwindigkeit von ungefähr 112 km/h.

Der Austin Atlantic wurde 1949 in den Verkauf gebracht, zunächst als Cabrio, dann als Limousine. Die Amerikaner kauften beides, wenn auch nicht in den Mengen, die Austin vorgesehen hatte. Daher bat das Automobilunternehmen verschiedene britische Spezialfirmen, die notwendigen Änderungen an den mechanischen Komponenten des A90 vorzunehmen, um ein für den amerikanischen Geschmack besser geeignetes Produkt zu schaffen.

Donald Healey war über Jahre einer der besten europäischen Rallyefahrer gewesen und danach technischer Direktor von Triumph geworden. Nach dem Zweiten Weltkrieg, zwischen den späten vierziger und den frühen fünfziger Jahren, gründete der ehemalige Rennfahrer sein eigenes Automobilunternehmen, in dem er über 600 Einheiten des Spider Healey und Silverstone-Sportwagen baute.

Healeys Designer Gerry Coker schuf einen zweisitzigen Sportwagen, den Healey rund um Komponenten des Atlantic baute. Der Entwurf erregte ziemliches Aufsehen, als Healey das Fahrzeug nach Belgien brachte, dort über 188 km/h schnell fahren ließ und es sofort danach auf seinem Messestand der London Motor Show von 1952 zeigte, wo das Auto als Healey 100 präsentiert wurde. Austin fusionierte 1952 mit Morris zur British Motor Company, und Sir Leonard Lord von BMC war von Healeys Auto so beeindruckt, dass er es als Austin Healey 100 in die Produktion nahm.

Healey hatte im stetig wachsenden amerikanischen Markt für Sportwagen eine Lücke zwischen den Roadstern der T-Serie von MG und dem XK 120 von Jaguar sowohl hinsichtlich des Preises wie der Leistung erkannt. Der Austin Healey 100 wurde für wenig mehr als 3 000 Dollar angeboten, ungefähr 1 000 Dollar mehr als ein MG und 1 000 Dollar weniger als ein Jaguar. Um das Potenzial des Fahrzeugs zu unterstreichen, fuhr Healey persönlich im Oktober 1953 in den Bonneville Salt Flats, Utah, einen modifizierten Austin Healey 100 und beschleunigte ihn auf Geschwindigkeiten von über 230 km/h. Sogar in der Standardversion konnte das Auto mehr als 160 km/h schnell fahren und in wenig mehr als 10 Sekunden von Null auf 100 km/h beschleunigen. Die Standardversion des Austin Healey hatte einen Antrieb von 90 PS, 2,6 Litern und vier Zylindern des Austin A90. Der Schwerpunkt des Autos lag fast zu niedrig, und durch die Abgasrohre wurde der Fahrgastraum sehr aufgeheizt, doch die Karosserie war wunderschön, die Windschutzscheibe ließ sich versenken, und das Fahrzeug setzte Maßstäbe für Roadster mit relativ günstigem Preis.

Im ersten Produktionsjahr wurde die Hälfte der Gesamtzahl aller Austin Healey in die Vereinigten Staaten verkauft. Im Laufe von sechs Produktionsjahren sollten weitere Tausende den Weg über den Atlantik finden.

Austin Healey stellte den 100M 1956 vor; dieses Auto wurde von einem 110-PS-Motor angetrieben und mit zweifarbiger Lackierung angeboten. Die Gesellschaft produzierte nur wenig mehr als 50 Modelle der Version 100S, die für Automobilwettbewerbe entworfen worden war, mit Aluminiumkarosserie und 132 PS. 1957 wurde das Auto schwerer und länger, ausgestattet mit einem Sechszylindermotor von 2,6 Litern, einem Rücksitz und der Möglichkeit eines abnehmbaren Hardtops.

Austin Healey führte 1958 sein Roadstermodell Sprite mit einem „Back-to-basics"-Stil ein. Ein Jahr später, als die Gesellschaft den Austin Healey 3000 präsentierte, wurde die Produktion der 100er-Serie eingestellt.

OBEN LINKS AUCH WENN DER AUSTIN HEALEY 100 ALS ROADSTER ENTWORFEN WORDEN WAR, WAR ER MIT EINEM HARDTOP ERHÄLTLICH.

UNTEN IN DER MITTE DONALD HEALEY ENTWARF DEN 100 SO, DASS ER AUSDAUERND UND SCHNELL WAR UND AUCH IN DER SERIENVERSION ÜBER 160 KM/H FAHREN KONNTE.

FORD THUNDERBIRD

Als die leitenden Angestellten von Ford 1951 den Pariser Autosalon besuchten, wurde ihnen bewusst, dass auch sie sich an einen sportlichen Zweisitzer machen sollten, wie ihn die Europäer bauten.

Sie schickten eine Nachricht nach Dearborn, wo die ersten technischen und konstruktiven Arbeiten aufgenommen wurden. Bis zum folgenden Sommer waren einige Entwürfe gefertigt worden und ein Tonmodell wurde gerade gebaut, doch erst 1954 wurde auf der Autoshow von Detroit ein Vorführmodell des neuen Fahrzeugs dem amerikanischen Publikum gezeigt, das sich in der Zwischenzeit für die Chevrolet Corvette begeistert hatte, die 1953 auf der spektakulären Motorama von GM vorgestellt worden war. Frank Hershey und W. P. „Bill" Boyer entwarfen Fords Zweisitzer, für dessen Konstruktion der Chefingenieur Bill Burnett und sein Team etliche Teile aus der „Restetonne" des Unternehmens verwendeten.

Auch wenn dieser neue Ford wie ein europäischer Roadster aussah, teilte er sich die Aufhängungen mit einem großen Ford Kombi, und der Antrieb kam nicht von einem kleinen Vierzylinder oder gar einem Sechszylinderreihenmotor wie bei der Corvette, sondern von einem V8 mit 4,8 Litern und 193 PS. Auch wenn das neue Auto schnell war, war es doch mehr ein Boulevard-Cruiser als ein Sportwagen und mehr für die Firmenleitung als die Fans entworfen.

Mit seinem großen Motor und der Stahlkarosserie wog der neue Ford gut hundert Kilo mehr als die Corvette, bot als Option elektrische Fensterheber und einen bequemeren Fahrersitz und konnte entweder mit Fiberglashardtop oder einem Klappverdeck aus Stoff geliefert werden. Für das Auto überlegte sich Ford Namen wie Beverly, Debonnaire, Playboy Tropicale und sogar Hep Cat, doch schließlich wählte man den Vorschlag eines Angestellten der Designabteilung, Alder Gilbertson, der das türkise Emblem entwarf und dafür den Namen Thunderbird – „Donnervogel" – vorschlug, der bei den Indianern im Südwesten der USA, wo Gilbertson aufgewachsen war, als einer der heiligen Geister galt.

Der Ford Thunderbird erhob sich sofort in die Lüfte. Die Gesellschaft erhielt gleich am ersten Tag, an dem das Auto verfügbar war, 4 000 Aufträge. Die Verkäufe des ersten Modells von 1955 beliefen sich schließlich auf über 16 000 Stück, dem nur 700 Fahrzeuge der teureren, aber bei Weitem nicht so luxuriösen Corvette gegenüberstanden. 1956 wurde das Reserverad des Thunderbird durch das sogenannte Continental Kit hinten ans Fahrzeug verschoben, wodurch mehr Platz im Kofferraum entstand. Die hintere Stoßstange wurde verändert, und das Auto wurde an den Seiten der Panoramawindschutzscheibe mit Ausstellfenstern ausgerüstet. 1957 bekam das Auto erneut ein neues Design mit dem Reserverad wieder im Inneren eines geräumigeren Kofferraumes und ausgeprägteren Schwanzflossen, behielt jedoch den Kontinentalstil bei. 1958 führte ein Wechsel an der Führungsspitze von Ford dazu, dass aus dem Thunderbird ein anderes Auto wurde: größer, schwerer, mit Rücksitzen – auch wenn es noch als Cabrio zu haben war – und mit einer kantigeren Linie.

Auch wenn die Sportwagenliebhaber nicht zufrieden waren, wurde dieser neue „Squarebird" vom autokaufenden Publikum gut angenommen, und die Verkäufe verdoppelten sich sofort und erreichten bis 1960 mehr als 90 000 Autos. 1964 führte Ford den sportlichen Mustang ein, und ziemlich bald erfuhr der Thunderbird eine erneute Weiterentwicklung mit dem Erscheinen einer viertürigen Version 1967 und mit einer weiteren Veränderung zu Beginn des nächsten Jahrzehnts, bei der er noch größer und schwerer wurde. Auch wenn dieser größere Thunderbird Fords Banner in den amerikanischen Stock-Car-Rennen tragen sollte, sanken doch die Verkäufe, bis 1977 die Produktion eingestellt wurde.

Doch der Thunderbird wurde mit einem Retro-Roadster 2001 wiedergeboren, der sich durch stilistische Akzente auszeichnete, die an das Originalmodell von 1955 erinnerten. Der neue „Donnervogel" war allerdings teuer und nach anfänglichen hektischen Verkäufen wurde geplant, seine Produktion zum Ende der Saison 2006 einzustellen.

FORD BRACHTE DEN THUNDERBIRD 1955 HERAUS. AUCH WENN ER MEHR EINEM FAHRZEUG GLICH, DAS MAN AUF DEN STRASSEN DER CITY ZUR SCHAU STELLEN SOLLTE ALS EINEM WIRKLICHEN SPORTWAGEN, WURDE DER THUNDERBIRD, VON EINEM V8-MOTOR ANGETRIEBEN. WÄHREND DES ERSTEN VERKAUFSJAHRES ÜBERTRAF ES DIE VERKÄUFE DER CHEVROLET CORVETTE IN EINEM VERHÄLTNIS VON MEHR ALS 20:1.

FERRARI 250 GT

Enzo Ferrari schuf seine Marke eigentlich für den Automobilsport, doch Geld, um seine blutroten Rennwagen zu bezahlen, verdiente er, indem er Autos verkaufte, die sowohl für die Straße wie für die Rennpiste geeignet waren.

Fast widerwillig baute Ferrari Autos für den Straßenverkehr, doch in jenen Zeiten, als es noch keine Firmensponsoren gab, die die Kosten für die Wettbewerbe übernahmen, hatte er gar keine andere Wahl, als sein Emblem mit dem tänzelnden Pferdchen nicht nur auf Rennwagen, sondern auch auf Autos für den Normalgebrauch anzubringen. Gemäß offizieller Geschichte des Unternehmens *Ferrari: il disegno di una leggenda* war das erste echte „Serienfahrzeug" von Ferrari der 250 GT aus dem Jahr 1958, der von Pininfarina in den neuen Werken in Grugliasco, einem westlichem Vorort von Turin, entworfen und produziert wurde.

Seit 1953 hatte Ferrari in Zusammenarbeit mit verschiedenen Karosseriebauern das Modell 250 „Europa" gebaut, das eher für die Straße statt für die Rennstrecke bestimmt war. Doch von diesem Fahrzeug wurden nur ungefähr zwanzig Stück gebaut, ehe Ferrari sich an Pininfarina wandte, der im Laufe der frühen Sechziger etwas 2 400 Modelle dieses 250 in seinen verschiedenen Formen herstellen sollte. Der 250 wurde in verschiedenen Versionen produziert – GT, GT SWB, GT Spider, GT California, GT Berlinetta, GT 2+2, GTO –, die allerdings nicht alle in Pininfarinas Büro entworfen wurden. Dagegen wurden alle um ein Chassis mit Rohrrahmen gebaut, und alle teilten sich eine gemeinsame Schlüsselkomponente, auch wenn es so gut wie

OBEN IN DER MITTE UND UNTEN IN DER MITTE PININ FARINA ENTWARF UND BAUTE DEN 250 GT UM EIN CHASSIS MIT ROHRRAHMEN UND UM DEN „COLOMBO"-MOTOR V12 VON FERRARI. EIN GROSSTEIL DER SERIE 250 GT, DARUNTER AUCH DAS MODELL VON 1959, WURDE VON 250 PS ANGETRIEBEN, AUCH WENN DER 250 TESTAROSSA UND DER 250 GTO AUF 300-PS-AGGREGATE ZÄHLTEN.

OBEN RECHTS EINEN NAMEN IM AUTOMOBILSPORT ERWARB SICH ENZO FERRARI – HIER IN EINER AUFNAHME VON 1956 AUS MODENA, ITALIEN – ZUNÄCHST ALS PILOT, DANN ALS TEAMMANAGER UND AUTOBAUER. UM SEINE RENNAUTOS ZU FINANZIEREN, BEGANN FERRARI SCHLIESSLICH MIT DER „SERIENPRODUKTION" VON SPORTWAGEN FÜR DEN STRASSENVERKEHR.

nichts „Gemein-gewöhnliches" im „Colombo"-Motor gab, der von Gioacchino Colombo geschaffen und zum ersten Mal in dem Ferrari 166 MM (Mille Miglia) racer von 1952 benutzt worden war. Anfangs entwickelte der Motor fast 220 PS, doch ehe die Produktion der 250er-Serie zu Ende ging, war diese Zahl auf 300 PS für den 250 Testarossa angewachsen, ein von Pininfarina entworfener Rennwagen mit offenem Fahrgastraum, dessen Name zum einen von den roten Ventilkappen des Motors kam, zum anderen vom 250 GTO, dem berühmten Gran Turismo Omologato Berlinetta (Coupé) Rennwagen, der vom Ferrari-Ingenieur Giotto Bizzarrini entworfen und von Franco Scaglietti gestaltet worden war, der auch die berühmten B.A.T. Concept Cars geschaffen hatte. Die TRs und GTOs dominierten im Automobilsport und waren zum Großteil für die sieben Gesamtsiege in acht Jahren bei dem 24-Stunden-Rennen von Le Mans verantwortlich, während die 250 dazu beitrugen, zehn Weltmeisterschaften in zwölf Jahren zu gewinnen.

Doch unsere Aufmerksamkeit gilt vorwiegend den Ferraris, die hauptsächlich für die Straße und nicht die Rennstrecke gebaut worden waren. Die Armaturenbretter einiger dieser Autos waren tatsächlich so ausgelegt, dass die Händler ein Radio einbauen konnten – für jene seltenen Gelegenheiten, in denen der wunderbare Sound, der aus dem Zwölfzylindermotor kam, für die Ohren nicht Musik genug waren. Der Bestseller der 250er-Serie mit über 900 produzierten Einheiten, während die Produktionszahlen der meisten anderen Versionen aus der Serie im Dutzenderbereich lag, war der 250 GTE 2+2, ein viersitziger Ferrari mit nur zwei Türen. Zweiter in Produktionszahlen, doch vielleicht erster in den Herzen der Fer-

rari-Anhänger, war der von 1959 bis 1962 gebaute 250 GT SWB. Das Fahrzeug war auch der erste Ferrari, der an allen vier Rädern mit Scheibenbremsen ausgestattet wurde, um die Geschwindigkeit der Borrani-Speichenräder zu drosseln. Trotz einer Stahlkarosse (Ferrari bot auch Modelle „Competizione specials" mit Aluminiumkarosserie an) konnte das Fahrzeug von Null auf 100 km/h in etwa 6,5 Sekunden beschleunigen und eine Höchstgeschwindigkeit von 240 km/h erreichen.

Der 250 GT SWB war großartig. Die Verkürzung des Achsstands um ungefähr zwanzig Zentimeter ließ nicht genug Platz für ein zweites Seitenfenster und erlaubte es Pininfarina, eine Form mit Heckscheibe zu schaffen, die gleichmäßig zu den Stossdämpfern abfiel und deren Ecken stärker abgerundet waren. Die Karosserien wurden in Scagliettis Werkstatt in Handarbeit hergestellt, und das Ergebnis war ein Sportwagen von hinreißenden Proportionen. Dieses Modell, das die Besitzer an Werktagen auf der Straße und am Wochenende in Ferraris bevorzugter Umgebung – auf der Rennpiste – benutzen konnten, schien sogar Enzo Ferrari zu gefallen.

LINKS FRANCO SCAGLIETTI, DER BEI BERTONE DAS BERÜHMTE TRIO VON KONZEPTAUTOS MIT FLEDERMAUSFLÜGELN UNTER DEM LABEL BERLINA AERODINAMICA TECNICA ENTWORFEN HATTE, SCHUF DAS DESIGN DES FERRARI 250 GT CALIFORNIA SPIDER, DER 1958 HERAUSKAM.

RECHTS DIE SPORTWAGENSERIE 250 VON FERRARI BLIEB BIS 1964 IN PRODUKTION, WOBEI MEHR ALS 2500 EXEMPLARE IN EINER VIELZAHL VON KAROSSERIESTILEN GEBAUT WURDEN. DAS MEISTVERKAUFTE MODELL WAR DER 250 GT 2+2, DER ERSTE FERRARI MIT SITZEN FÜR VIER PERSONEN.

TRIUMPH TR3A

Die Ursprünge von Triumph reichen bis ins Jahr 1884 zurück, als Siegfried Bettmann, ein Deutscher, der für die White Sewing Machine Company gearbeitet hatte, anfing, Fahrräder nach England zu importieren. Ab 1886 begann er unter der Marke „Triumph" selbst Fahrrädern und dann Motorräder herzustellen, aber sein Wunsch war es, zu den Gesellschaften zu gehören, die die neuen Automobile herstellten. Nach dem Ersten Weltkrieg, im Jahr 1923, startete er die Produktion des ersten Triumph-Autos. Doch das Unternehmen lief schlecht und wurde schließlich von John Blacks Standard Motor Company aus der Konkursverwaltung übernommen. Er sah die Möglichkeit, die Marke Triumph als Konkurrent der Jaguar-Sportwagen zu nutzen. 1946 präsentierte Triumph seine Roadster 2000 mit Standard Vanguard-Motoren und dann 1952 auf der Londoner Motor Show den Triumph Sports oder TR1. Dieser wurde bald von den Testfahrern als „Todesfalle" bezeichnet. Anlässlich des Genfer Autosalons war das Auto vollständig neu konstruiert worden, mit einem neuen verstärkten Rahmen und mit einer längeren Karosserie, die vom Designer Walter Belgrove entworfen worden war. Mit zwei Vergasern an seinem 2,0-Liter-Motor konnte dieser TR2 in weniger als 12 Sekunden auf 100 km/h beschleunigen und eine Höchstgeschwindigkeit von etwas über 160 km/h erreichen. Das Auto und sein Antrieb waren beide stark und langlebig. Sie gewannen Rennen und Rallyes und wurden bei den Amerikanern beliebt, denen die Vorstellung eines britischen Sportwagens behagte, der 160 km/h schnell war und doch nur 2 500 Dollar kostete. 1953 bekam der

UNTEN IN DER MITTE NACHDEM TRIUMPH UNGEFÄHR 8 000 TR2 UND 13 000 MODELLE DES TR3 PRODUZIERT HATTE, FAND DAS UNTERNEHMEN EINEN WESENTLICH GRÖSSEREN ABSATZMARKT FÜR SEINEN TR3A, VON DEM IN EINEM ZEITRAHMEN VON VIER JAHREN 58 000 WAGEN GEBAUT WURDEN.

RECHTS DER TR3A WAR GEKENNZEICHNET DURCH SEINEN KÜHLERGRILL, DER ÜBER DIE GESAMTE FRONT GING, UND DIE AUFGESETZTEN HANDGRIFFE AN DEN NIEDRIG GESCHNITTENEN TÜREN, EIN MERKMAL, DAS BEI DEN FOLGENDEN SPORTFAHRZEUGEN VON TRIUMPH MODIFIZIERT WERDEN SOLLTE, DIE NICHT IN GROSSBRITANNIEN, SONDERN IN ITALIEN ENTWORFEN WURDEN.

Triumph als Konkurrenz zum neuen MGA eine neue Kühlerverkleidung und ein wenig mehr Leistung verpasst und wurde in TR3 umbenannt. 1955 wurde der TR3 das erste Auto aus „Massenproduktion" mit serienmäßigen vorderen Scheibenbremsen. Triumph plante, bis 1957 mit einem neuen Modell herauszukommen, schaffte dies allerdings nicht, weshalb die Gesellschaft jenes Fahrzeug vorstellte, das als Zwischenmodell gedacht war, den TR3A. Das Zwischenmodell erwies sich als außergewöhnlich, und die Verkaufszahlen schnellten in die Höhe. Dem Publikum gefiel vor allem die Frontpartie des Wagens mit seinem „Breitmaul"-Kühlergrill über die gesamte Vorderseite. Auch die Innenausstattung wurde überarbeitet, der Kofferraum leicht erweitert, und außen wurden Handgriffe an Türen angebracht, den letzten, die nach Triumph-Tradition tief ausgeschnitten waren. Der TR3 blieb bis 1961 in Produktion mit mehr als 58 000 hergestellten Autos. Schließlich wurde das Fahrzeug vom größeren TR4 ersetzt, doch dessen Karosserie aus italienischen Designerwerkstätten wurde von den Kunden nicht allzu sehr geschätzt, zumindest nicht in den USA, weshalb Triumph für den amerikanischen Markt die Produktion des vorherigen Modells, nunmehr TR3B genannt, verlängern musste. Der TR4, der von Giovanni Michelotti entworfen worden war, war größer und höher und besaß ein rechteckigeres Profil. Das Auto wurde mit traditionell gestalteten Türen ausgestattet und war der erste Roadster von Triumph mit Kurbelfenstern. Auch wenn der TR4 nicht auf allen Märkten erfolgreich war, machte das Triumph nichts aus, denn 1962 stellte das Unternehmen ein anderes Modell im Michelotti-Design vor. Es war ein neuer Roadster, der Spitfire, der die Verkäufe des Midget von MG und des Sprite von Austin-Healey zusammen übertraf.

MINI

Vielleicht haben Sie ja noch niemals etwas von einem Austin Se7en gehört, doch dieses in der Krise entstandene Auto wurde eine internationale kulturelle Ikone. Austin Se7en war der offizielle Name des (außen) winzigen, aber (innen) geräumigen Fahrzeugs, das als Antwort auf die Suezkanalkrise und -blockade von 1956 geschaffen wurde, ein Ereignis, das die Verletzlichkeit der westlichen Welt gegenüber Unterbrechungen des Ölstroms aus dem Mittleren Osten aufzeigte. Auch wenn sich die Krise bald beruhigte, forderte die British Motor Company ein neues Auto mit niedrigem Kraftstoffverbrauch, das nur 1,2 Meter breit, 1,2 Meter hoch

OBEN LINKS UND OBEN RECHTS DER SCHAUSPIELER PETER SELLERS (LINKS) BESASS EINEN MINI UND FUHR DIESEN AUCH IN SEINEN FILMEN – EINE DER ERSTEN REKLAMEN FÜR DEN MORRIS MINI MINOR.

UNTEN IN DER MITTE DIE BRITISH MOTOR CORPORATION STELLTE IHRE INGENIEURE VOR DIE HERAUSFORDERUNG, EIN AUTO ZU SCHAFFEN, DAS 1,2 M BREIT UND 1,2 M HOCH SEIN SOLLTE, DAZU 3 M LANG UND IN DER LAGE, VIER PERSONEN MIT GEPÄCK AUFZUNEHMEN.

und 3 Meter lang sein sollte und dennoch geräumig genug, vier Personen mit ihrem Gepäck aufzunehmen. Sofort nach dem Zweiten Weltkrieg hatte Morris Motors den Morris Minor entwickelt: die Antwort auf den Volkswagen Käfer und den Fiat Topolino. Der Architekt des Minor war Alec Issigonis, der Ingenieurwesen studiert hatte, doch einen Großteil seiner Karriere als Autodesigner arbeitete. Issigonis hatte Morris 1952 verlassen, nachdem die Fusion der Gesellschaft mit Austin die BMC hervorgebracht hatte, doch der in der Türkei geborene Sohn eines griechischen Vaters und einer bayerischen Mutter wurde zur Rückkehr überredet, um ein neues Auto zu schaffen, das noch kleiner als der Minor

OBEN LINKS DER GENIALE INGENIEUR ALEC ISSIGONIS, DER DEN MINI SCHUF, WURDE SPÄTER VON KÖNIGIN ELISABETH II. ZUM RITTER GESCHLAGEN.

UNTEN LINKS DAS KLEINE AUTO, DAS ALS MODELL DES JAHRES 1959 HERAUSKAM UND OFFIZIELL AUSTIN SE7EN HIESS UND SPÄTER UNTER DEN MARKEN MORRIS, WOLSELEY UND RILEY VERKAUFT WURDE, WURDE SOFORT „MINI" GETAUFT.

UNTEN RECHTS EIN 848-CCM-VIERZYLINDERMOTOR LIEFERTE 34 PS AUF DIE VORDERRÄDER. DER MINI FUHR AUF WINZIGEN 25,4-CM-RÄDERN, DIE AN DIE ECKEN DES FAHRZEUGS VERLEGT WAREN, UM IM FAHRGASTRAUM SO VIEL PLATZ WIE MÖGLICH ZU LASSEN.

sein sollte. Auch wenn das Fahrzeug offiziell als Austin Se7en eingeführt wurde, sollte es schlicht als „Mini" bekannt werden.

Das Auto war eine ebenso nüchterne wie geniale Lösung; aus dem Original-Coupé gingen Lieferwagen, Kombis, Kleintransporter, Cabrios bis hin zu Luxuseditionen hervor. Der Mini sollte über vierzig Jahre lang in Produktion bleiben mit über 5,3 Millionen produzierten Autos. Danach sollte dem Fahrzeug nach einer kurzen Pause von der bayerischen Mutter BMW – die die britische Rover-Gruppe 1997 erworben hatte – neues Leben geschenkt werden. Der Mini hatte einen vorne montierten und quer positionierten Motor mit vier Zylindern und Vorderachsantrieb. Doch zur Optimierung der Innenraumnutzung setzte Issigonis das Fahrzeug auf winzige 25-cm-Räder, die er nach außen an die äußersten Ecken des Chassis schob. Das führte zu einem außergewöhnlich geräumigen Passagierraum und als Bonus zu einem tieferen Schwerpunkt mit unglaublichen dynamischen Eigenschaften. Die Handlichkeit des Minis war so enorm, dass der berühmte Konstrukteur von Grand-Prix-Rennwagen John Cooper mit ein paar Änderungen dieses „minimalistische" Auto – das mit einem 34-PS-Motor herauskam – zu einem erfolgreichen Champion machte. Die kleinen Mini Cooper gewannen 1964 die Rallye Monte Carlo, und dominierten 1965, 1966 (auch wenn der überwältigende Dreifacherfolg auf Platz eins, zwei und drei dieses Jahres wegen eines technischen Fehlers nicht anerkannt wurde) und 1967. Das winzige Fahrzeug war auch bei den Stars ein voller Erfolg. Die Beatles und Twiggy zählten zu den zahlreichen Berühmtheiten, die einen besaßen. In vielerlei Hinsicht stellten die kleinen Autos auch Schauspieler wie Michael Caine und Noël Coward in den Schatten durch die Rolle, die sie in dem Film *Charlie staubt Millionen ab* von 1969 spielten. Sogar der Minirock, der von Mary Quant geschaffen worden war, die ebenfalls einen Mini besaß, wurde nach diesem Fahrzeug benannt.

PATENTED

JAGUAR MK II

Teils Luxuslimousine, teils Sportwagen war der Jaguar MK II eines der ersten Fahrzeuge einer neuen Rasse: der Sportlimousinen. Obwohl das Unternehmen, das später zu Jaguar werden sollte, ursprünglich gegründet worden war, um Beiwagen für Motorräder herzustellen, machte es sich einen Namen durch die Herstellung von geräumigen Luxuswagen und kleineren und rasanteren Modellen mit der Bezeichnung SS und später XK. 1951 bezog Jaguar eine alte Militäranlage in der Browns Lane in Coventry, deren neue Gegebenheiten die Möglichkeit boten, die Fahrzeugbandbreite des Unternehmens zu erweitern. 1954 stellte Jaguar sein erstes Auto mit tragendem Aufbau vor, den MK I 2,4. Das Fahrzeug wurde von einer 2,4-Liter-Version des Jaguar XK-Sechszylinderreihenmotors von 3,4 Litern angetrieben. Im Unterschied zu den größeren Jaguars hatte diese Limousine integrierte Kotflügel. Ein Jahr später war der 3,4-Liter-Motor erhältlich mit all seinen 190 PS Leistung, die es dem Auto erlaubten, Geschwindigkeiten um die 190 km/h zu erreichen. 1959 war Jaguar bereit, ein neues Modell herauszubringen, das auf dem Mark I basierte, aber mit einer viertürigen Karosserie mit wunderbaren Formen und Proportionen ausgestattet wurde. Das Fahrzeug verfügte auch über eine bessere Bodenhaftung: Diese Eigenschaft hatte das Auto auch sehr nötig wegen der Leistungskraft seines XK-Motors der neuen Generation von 3,8 Litern, der 220 PS entwickelte. Das Auto hatte an allen Rädern Scheibenbremsen, um die Geschwindigkeit unter Kontrolle zu halten, die 200 km/h erreichen konnte, Höchstgeschwindigkeit auf den neuen Autobahnen Englands. Zur Unterstützung der Abkühlung dieser Bremsen lagen die Hinterräder frei. Jaguar hatte viel über die Architektur von selbsttragenden Aufbauten gelernt, daher konnte es für den MK II eine elegante, aber zugleich athletische Struktur entwerfen. Das Ergebnis war ein offenkundig zeitloses Automobildesign. Innen war das Auto ein purer Jaguar mit Ledersitzen, hölzernem Armaturenbrett mit Bedienelementen wie in Flugzeugen, tiefflorigen Teppichen und Picknicktabletten aus Holz für die Fahrgäste auf den Rücksitzen. Der Kilometerzähler und der Tachometer wurden direkt vor den Fahrer versetzt und somit in eine besseren Position für die Art von aggressivem, dynamischem Fahrstil, den dieses Auto vollständig bieten konnte, auf der Straße wie auf der Rennpiste. Obwohl der MK II eine Luxuslimousine war, wog er weniger als 1 420 Kilogramm und konnte in weniger als 8,5 Sekunden von Null auf 100 km/h beschleunigen. In den Händen von geschickten Piloten wie Stirling Moss, Graham Hill, John Surtees und vielen anderen gewann der Jaguar MK II auf Rennstrecken überall in Großbritannien und auf dem Kontinent viele Touringcar- und „Limousinen"-Rennen. Der Jaguar MK II war das Lieblingsauto nicht nur der Rennfahrer, sondern auch der britischen Verbrecher, die dessen Geschwindigkeit und Wendigkeit so oft nutzten, um von den Tatorten zu verschwinden, dass sich die Polizei die gleichen Fahrzeuge zulegen musste, damit sie bei der Verfolgung eine Chance hatte. Jaguar hielt die Produktion bis 1968 aufrecht, als das Mutterhaus, die British Motor Holdings, mit Leyland Motors zu British Leyland fusionierte. Nachdem Jaguar ungefähr 84 000 Modelle seiner Sportlimousine produziert hatte, ging Jaguar mit den neuen Serien XJ zur Fertigung größerer und „ruhigerer" Limousinen über.

LINKS UND RECHTS DANK SEINES XK-MOTORS VON 3,8 LITERN, DER 220 PS ENTWICKELTE, KONNTE DER JAGUAR MK II AUF DEN BRITISCHEN AUTOBAHNEN GESCHWINDIGKEITEN VON 200 KM/H ERREICHEN. DIE RÄDER LAGEN FREI, UM DIE KÜHLUNG DER GROSSEN SCHEIBENBREMSEN ZU UNTERSTÜTZEN.

FOLGENDE SEITEN DER MK II VON JAGUAR WAR ELEGANT UND ATHLETISCH ZUGLEICH. OBWOHL EINE LUXUSLIMOUSINE, GEWANN ER VIELE TOURING-CAR-RENNEN UND WURDE ZUM LIEBLINGSFLUCHTAUTO DER BRITISCHEN KRIMINELLEN.

CADILLAC ELDORADO BIARRITZ

Harley Earl trat mit Sicherheit stilvoll ab. 1926 stellte ihn General Motors im Alter von 34 Jahren ein, nachdem er Sondermodelle für Hollywoodstars entworfen hatte, und ernannte ihn zum Chef der neuen Art and Color Section, der anfänglichen Bezeichnung der Design-Abteilung des Automobilunternehmens. Der LaSalle von Earl aus dem Jahr 1927 wird als das erste Serienauto angesehen, das ganz bewusst entworfen und nicht einfach nur gebaut wurde. 1938 stellte Earl das erste wahre Konzeptauto oder „dream car" in Form des neuen Buick Y-Job vor. Earl schuf auch die Chevrolet Corvette, überwachte das futuristische Concept Car Firebird und überzeugte General Motors, die Motorama auf die Bühne zu bringen, eine spektakuläre Wanderausstellung, die für das Debüt der neuen Konzept- und Serienautos des Unternehmens ein glanzvolles Umfeld im Broadway-Stil boten.

Earls Herrschaft über die Designbüros von GM sollte bis zu seiner Pensionierung 1959 andauern. Diese historische Amtszeit fand im Cadillac Eldorado Biarritz von 1959 ihren Höhepunkt, dem grässlichsten Beispiel für die amerikanische Ära der Chromverzierungen und Heckflossen. „Je nach Geschmack ist es das verrückteste oder das größte unter allen Autos mit Heckflossen", schreiben die Herausgeber von *The Complete Book of Collectible Cars*. „Kein Automobilentwurf charakterisiert die Extravaganz der [amerikanischen] Industrie der späten Fünfziger besser als der Cadillac von 1959," ergänzt das enzyklopädische Nachschlagewerk *Standard Catalog of American Cars*. Der Biarritz ist ein Cabrio mit vier großen Gruppen von Doppelscheinwerfern, die einen fast 1,8 Meter langen Kühlergrill umschließen. Hinten an diesem riesigen Auto, das fast 5,7 Meter lang ist und 2 295 Kilogramm wiegt, befinden sich die Zwillingsschwanzflossen, jede davon erhebt sich fast 107 Zentimeter über die Straße und wird von einem Paar raketenförmiger Rücklichter akzentuiert. Wie in der Frontpartie erstreckt sich ein breites verchromtes Metallgitter zwischen den Rücklichtern. Das Innere war mit ledernen Sitzen von normaler Größe ausgestattet (erhältlich in mehr als einem Dutzend Farben), die luxuriösen Komfort für sechs Personen boten, und einem Armaturenbrett, das genauso gut vom Bedienpult einer Jukebox stammen könnte. Die Standardausführungen umfassten einen elektrisch in sechs verschiedene Positionen verstellbaren Vordersitz, elektrische Seiten- und Ausstellfenster, elektrisches Verdeck, Türen mit Zentralverriegelung, Heizung und vieles mehr.

UNTEN LINKS IN DEN FÜNFZIGERN GEHÖRTEN ZUM TEAM VON GM-CHEF-DESIGNER HARLEY EARL AUCH DIE SOGENANNTEN „DAMSELS OF DESIGN" (VON LINKS): SUE VANDERBILT, RUTH GLENNIE, MARGORY FORD POHLMAN, SANDRA LONGYEAR, JEANETTE LINDER UND PEGGY SAUER.

RECHTS DER CADILLAC ELDORADO BIARRITZ VON 1959 WAR DAS EXTREMSTE BEISPIEL FÜR AMERIKAS LIEBE IN DEN FÜNFZIGERN FÜR RIESIGE FAHRZEUGE MIT HECKFLOSSEN UND RÜCKLICHTERN, DIE VON DEN RAKETEN- UND JET-NACHBRENNERN INSPIRIERT WAREN.

Die Zubehörliste beinhaltete u. a. Klimaanlage, Cruise-Geschwindigkeitskontrolle und Twilight-Sentinel-Scheinwerfer, die im Dunklen automatisch angingen. Der Biarritz war ein zweitüriges Cabrio und Teil einer Sonderausgabe von 6 400 Exemplaren der berühmten Modellserie 62 von Cadillac. Die zweitürige Coupé-Version wurde Eldorado Seville getauft, während Cadillac Pininfarina mit der Handfertigung der viertürigen Limousine Eldorado Brougham beauftragte. Von allen '59er Eldorados ist der Biarritz der berühmteste mit 1 320 produzierten Autos. Der Eldorado wurde von einem neuen V8-Motor von 6,3 Litern angetrieben, der 345 PS entwickelte, dabei allerdings die Unannehmlichkeit hatte, Kraftstoff in einem Verbrauchstempo von einem Liter pro 3,4 Kilometer zu schlürfen. Nach Earls Pensionierung reduzierte General Motors unverzüglich die Größe der Heckflossen. Nur ein Jahr später erreichten die Flossen des neuen Cadillacs nur noch eine Höhe von knapp 91 Zentimeter über dem Straßenniveau und 1965 waren sie zu einfachen Graten an der Oberkante der hinteren Kotflügel reduziert worden.

OBEN LINKS CADILLAC ERREICHTE DEN HÖHEPUNKT SEINER EXTRAVAGANZ IN DEN SPÄTEN FÜNFZIGER JAHREN, ALS ES DIE HECKFLOSSEN UND VERCHROMUNGEN BEI FAHRZEUGEN WIE DEM ELDORADO BIARRITZ CABRIO, DEM ZWEISITZIGEN SEVILLE MIT HARDTOP UND DEM VIERTÜRER BROUGHAM MIT PININFARINA-KAROSSERIE ZUM ÄUSSERSTEN TRIEB.

UNTEN IN DER MITTE DAS CADILLAC ELDORADO CABRIO VON 1959 PRUNKTE MIT EIN BISSCHEN WENIGER SCHMUCK ALS DIE SONDERVERSION DES ELDORADO BIARRITZ.

OBEN RECHTS SOGAR DIE HECKFLOSSEN DES ELDORADO BIARRITZ WURDEN SCHON 1960 REDUZIERT UND GINGEN AUCH IHRES AUFFÄLLIGEN SCHMUCKS DURCH DIE RAKETENFÖRMIGEN ZWILLINGSRÜCKLICHTER VERLUSTIG.

JAGUAR XK-E (E-TYPE)

Vom Luftwiderstand auf der Mulsanne-Geraden ebenso geformt wie von seinem Designer Malcolm Sayer, bleibt der Jaguar E-type bzw. XK-E, wie er in den USA heißt, eine der sinnlichsten Formen, die jemals die Asphaltoberfläche beehrt haben. „Dank der Schönheit und plastischen Qualität des E-type, seiner Funktionalität und seines maßgeblichen Einflusses auf das Automobildesign erfüllt das Fahrzeug perfekt die Kriterien für einen Meilenstein des Designs", erklärte der Chefkonservator des Museum of Modern Art in New York City im Frühjahr 1996 – fast vier Jahrzehnte nach dem Start des Autos –, als ein dunkelblauer Roadster E-type aus dem Jahr 1963 das erst dritte Motorfahrzeug der ständigen Sammlung des Museums wurde.

„Selten hat ein Auto dieselbe Art von Leidenschaft sowohl bei den Autoliebhabern wie beim allgemeinen Publikum entfacht", fügte sein Assistent an, der das Auto „eine Ikone" nannte. Jaguar präsentierte seinen neuen sensationellen Sportwagen Anfang 1961 auf der Motorshow von Genf, doch aufmerksamere Autofreunde hatten das Fahrzeug bereits ein Jahr zuvor gesichtet, als es über die öffentlichen Straßen Frankreichs fuhr und die Farben des Rennteams des Amerikaners Briggs Cunningham trug.

Jaguars Rennauto C-type gewann 1951 und 1953 das 24-Stunden-Rennen von Le Mans und

wurde durch den D-type ersetzt, der 1955 und 1956 Siege einfuhr und 1957 einen überwältigenden Vierfacherfolg mit den Plätzen eins, zwei, drei und vier verbuchen konnte, demselben Jahr, in dem Jaguar mit der Entwicklung eines Serienfahrzeugs auf der Basis von historischen Rennautos begann. Der erste Prototyp, der E1A, benutzte das selbsttragende Aufbauchassis des D-type, eine Aluminiumkarosserie, den Jaguar XK-Motor und eine unabhängige Ausstattung der hinteren

UNTEN IN DER MITTE
DER JAGUAR E-TYPE WURDE 1961 AUF DEM GENFER AUTOSALON VORGESTELLT. DIE ARBEITEN AN DIESEM AUTO BEGANNEN 1957, UND ES BASIERTE AUF DEN D-TYPE-RENNWAGEN.

OBEN IN DER MITTE
DER E-TYPE ODER XK-E, WIE ER AUF EINIGEN MÄRKTEN HIESS, WURDE IN ZWEI VERSIONEN VORGESTELLT: COUPÉ UND CABRIO.

OBEN RECHTS
DER XK-MOTOR (3,8 LITER UND SECHS ZYLINDER IN REIHE) DES JAGUAR TRIEB DAS LEICHTE FAHRZEUG AUF GESCHWINDIGKEITEN VON ÜBER 230 KM/H.

Aufhängung. Ein zweiter modernisierter Prototyp, der E2A, wurde mit Blick auf Rennen gebaut, auch dieses Mal mit einer leichten Aluminiumkarosse und Einspritzmotor. Das Auto wurde Cunningham übergeben, damit er damit in Le Mans antreten konnte, wo er schnelle Runden drehte, ehe nach zehn Stunden der Motor eine Zylinderkopfdichtung verbrannte. Das Produktionsauto, das als Cabrio und Coupé herauskam, wurde vom selben Motor – 265 PS, 3,8 Liter, sechs Zylinder in Reihe – angetrieben, der schon im Jaguar XK-150S steckte, den der E-type ersetzt hatte. Aber der neue, elegante Sportwagen war um fast 180 Kilogramm leichter, viel stromlinienförmiger und trotz eines langen, nicht synchronisierten ersten Ganges in seinem manuellen Vierganggetriebe konnte er innerhalb von sieben Sekunden von Null auf 100 km/h beschleunigen und eine Spitzengeschwindigkeit von über 230 km/h erreichen. Das Auto verfügte auch über Scheibenbremsen an jedem der Räder und unabhängige hintere Aufhängung.

Der E-type wurde 1965 modernisiert mit einer verbesserten Schaltbox, Verbesserungen an den Bremsen und einem 4,2-Liter-Motor, der ein höheres Drehmoment produzierte. Ein Jahr später wurde der Achsstand um 22,8 Zentimeter verlängert, um ein neues Coupé 2+2 herzustellen. 1968 begann man, an der Schönheit des Autos zu kratzen. Die Sicherheitsvorschriften der USA verlangten den Einbau von neuen Stoßstangen und Scheinwerfern. Dann reagierte Jaguar 1971 auf die neuen amerikanischen Abgasemissionsvorschriften und rüstete den E-type mit einem V12-Motor von 5,3 Litern aus, auch wenn das erhöhte Gewicht die Leistungssteigerung durch den stärkeren Motor wieder aufhob. Jaguar baute ungefähr 72 000 E-type, zwei Drittel davon wurden exportiert. Die Produktion endete mit dem Modell von 1975; allerdings ließ Jaguar den XK-E nicht durch ein neues attraktives Auto wie den F-type ersetzen, sondern stellte „eine neue Katzenrasse" vor, auch wenn das Limousinen-Modell XJ-S sich als ein Touringauto entpuppte, das eher einem schnurrenden Kätzchen als einer springenden Wildkatze glich.

OBEN LINKS TROTZ SEINER HOHEN GESCHWINDIGKEIT UND DER GROSSARTIGEN LINIE KOSTETE DER JAGUAR E-TYPE WENIGER ALS DIE HÄLFTE EINES ENTSPRECHENDEN MODELLS VON FERRARI ODER ASTON MARTIN. 1966 WURDE EIN JAGUAR E-TYPE DAS DRITTE FAHRZEUG, DAS DER STÄNDIGEN SAMMLUNG DES MUSEUM OF MODERN ART IN NEW YORK CITY HINZUGEFÜGT WURDE.

DIABOLIK, DER SICH IN ITALIENISCHEN COMICS DER SECHZIGER JAHRE VON EINEM VERBRECHER IN EINEN NATIONALEN SUPERHELDEN VERWANDELTE, FUHR BEI SEINEN ZAHLREICHEN ABENTEUERN EINEN JAGUAR E-TYPE.

SHELBY AC COBRA

Carroll Shelby mag ein herausgeputzter texanischer Hühnerzüchter gewesen sein, aber er war immerhin auch ein so guter Rennpilot, dass er es sich leisten konnte, das Angebot auszuschlagen, Mitglied von Enzo Ferraris Werksteam zu werden.

Shelby schlug das Angebot aus, weil er nur dann hätte fahren dürfen, wenn „il Commendatore" schlechter Laune gewesen wäre: Mit einer derartigen Vereinbarung hätte der hochgeschossene Texaner niemals leben können. Shelby erinnert sich, dass er zu Ferrari gesagt habe, dass er noch seine Revanche bekommen würde. Die bekam er zwei Jahre später, als er und Roy Salvadori die besten Ferraris übertrafen und das 24-Stunden-Rennen von Le Mans für Aston Martin gewannen. Ein Herzleiden beendete Shelbys Rennkarriere, daher beschloss er, Eigentümer eines Rennteams zu werden. Aber um Rennen fahren zu können, braucht man ein Auto, und er befand, der beste und billigste Weg dahin bestünde darin, die Fahrzeuge von AC Cars, einer britischen Fabrik in Schwierigkeiten, zu nehmen und mit enormen amerikanischen V8-Motoren anzutreiben. Auto-Carries, 1908 in England gegründet, war seit 1930 im Besitz der Gebrüder Hurlock. Das Unternehmen hatte Sportwagen in geringen Mengen hergestellt, zuletzt den Ace, bei dem eine Karosserie, die der des Ferrari 166 ziemlich ähnlich sah, mit einem Chassis vereint worden war, das dem vom britischen Rennwagenkonstrukteur John Tojeiro entwickelten Gestell glich. Der Ace von AC mit einem Sechszylinderreihenantrieb von Bristol schnitt bei Sportwagenwettbewerben ganz ordentlich ab und landete 1959 in Le Mans sogar auf Platz sieben der Gesamtwertung und Platz eins der GT-Klasse. Im selben Jahr gewannen Shelby und Salvadori mit dem Aston Martin. Als Shelby den

NACHDEM CARROLL SHELBY DEN COBRA GESCHAFFEN HATTE, INDEM ER EINEN 4,2-LITER-MOTOR UND SPÄTER SOGAR EINEN 4,7-LITER-MOTOR VON FORD IN DAS CHASSIS EINES BRITISCHEN SPORTWAGENS ZWÄNGTE, BRACHTE ER DEN 427 COBRA 1965 MIT EINEM GRÖSSEREN V8-MONOBLOCK HERAUS.

Ace sah, erahnte er die potenziellen Möglichkeiten und begriff, dass er hier, wenn er noch ein wenig amerikanischen Erfindungsgeist in Form eines großen V8-Antriebs einbrachte und ein eigenes echtes, professionelles Rennteam dazutat, den Weg gefunden hatte, Rennen zu gewinnen ... und zwar viele Rennen. Ein Vorrat von 4,2-Liter-Ford-Motoren brachte Shelby auf den Weg. 1963 beschleunigten sich die Ereignisse mit Fords neuem V8-Motor von 4,7 Litern, der 271 PS in der Version für den Straßenverkehr und noch mehr in der Renneinstellung lieferte. Wie Ferrari benötigte Shelby Geld zur Finanzierung seines Rennprogramms, und die Lösung lag im Verkauf von Sportwagen. Die Shelby Cobra, wie die Fahrzeuge genannt wurden, waren schnell, aber brutal. Eine solche Power in einer so kleinen Hülle konnte schwer zu kontrollieren sein. Die Cobras des Shelby American Team gewannen 1963 die US-Straßenmeisterschaft (ebenso 1964 und 1965). 1964 brachte Shelby sein Team nach Europa, um Ferraris Platz in der GT-Klasse der Konstruktionsweltmeisterschaft zu übernehmen. In diesem Jahr wurde die neue Version Daytona Coupé des Shelby Cobra Vierter in der Gesamtwertung und Sieger in der GT-Klasse von Le Mans, und dann gewannen 1965 Shelbys Cobras neun Wettbewerbe der Konstruktionsmeisterschaften, wodurch Ford die erste amerikanische Marke wurde, die die GT-Weltmeisterschaft gewann. Ford stellte Shelby ein, um am Rennprototyp GT40 des Unternehmens mitzuarbeiten, und seine Fahrzeuge wurden Erster und Zweiter, während 1966 die GT40 MK II die ersten drei Plätze von Le Mans belegten. 1967 baute Ford einen neuen GT40, den MK IV, und ein Auto aus Shelbys Team gewann noch einmal Le Mans, wobei es erneut die jüngsten Prototypen von Ferrari schlug. Shelby baute fast 1 000 seiner Cobra, ehe er sich anderen Projekten zuwandte, darunter eine Herztransplantation. AC produzierte auch Versionen von seinen Ace, die von einem V8 angetrieben wurden, und diverse Gesellschaften bieten immer noch Cobra-Bausätze und -repliken an.

ASTON MARTIN DB5

Der „Silver Birch"-farbene („Weißbirken") Aston Martin DB5, den James Bond, zunächst in *Goldfinger* und dann in *Feuerball* fuhr, wurde als das berühmteste Auto der Welt bezeichnet. Von Q mit Sonderzubehör wie Schleudersitz, einziehbaren Maschinengewehren, kugelsicherem Heckschutzschild, Ölspurensprayer oder Vorrichtungen, mit denen man die Reifen der Gegner aufschlitzen konnte, ausgestattet, wurde das Fahrzeug selbst zum Star, so berühmt, dass es sechzehn Jahre, nachdem es den Schauspieler Sean Connery durch seine diversen Abenteuer kutschiert hatte, aus seinem Ruhestand für einen kurzen, aber wichtigen Gastauftritt in einem anderen Film, *Auf dem Highway ist die Hölle los*, auf die Leinwand zurückkehrte. Aston Martin brachte den DB5 1963 als leicht modernisierten Nachfolger des DB4 heraus, der das erste komplett neue Modell war, das die Gesellschaft produzierte, nachdem sie von David Brown gekauft worden war. Brown verlieh den Autos seine Initialen, nachdem er Aston Martin den industriellen Holdings angegliedert hatte, die neben dem Automobilwerk Lagonda auch Traktoren- und Getriebefabriken umfassten.

Robert Bamford und Lionel Martin waren unter den ersten Autoenthusiasten, die 1913

UNTEN IN DER MITTE DAS DESIGN UND DER BAU DER KAROSSERIE DES DB4 WURDEN IN ITALIEN VON TOURING ÜBERNOMMEN. DAS FAHRZEUG WAR SOWOHL ALS COUPÉ MIT FESTEM VERDECK WIE AUCH ALS CABRIO MIT EINEM ABNEHMBAREN STAHLHARDTOP ERHÄLTLICH.

OBEN RECHTS FÜR EINIGE WAR SEAN CONNERY DER STAR DES JAMES-BOND-FILMS *GOLDFINGER*, DOCH VIELE MEINEN, DASS DER WAHRE HELD DER ASTON MARTIN DB5 MIT SEINER „SONDERAUSSTATTUNG" SEI.

BMT 216 A
JAMES BOND IST WIEDER IN AKTION
"GOLDFINGER"
TECHNICOLOR

einen Coventry Simplex-Motor in einen Isotta Fraschini-Rohrrahmen einbauten, der von Bugatti entworfen worden war. Die beiden gewannen bei ihrer ersten Ausfahrt mit dem Fahrzeug das Steigungsrennen Aston Clinton. Der Name dieses Ereignisses wurde mit dem eigenen Namen verknüpft, und bald begannen sie, Autos unter dem Markennamen Aston Martin herzustellen.

Doch die Gesellschaft baute nur sehr wenige Fahrzeuge, da diese trotz des Erfolgs bei den Wettbewerben nicht genügend Profit für den Unterhalt einbrachten. Aston Martin ging durch einige Hände, ehe das Unternehmen von Brown aufgekauft wurde, der bis 1972 der Eigentümer blieb. Danach wurde es wieder von verschiedenen Gesellschaften erworben, ehe es 1987 der Ford Motor Company angegliedert wurde.

Browns erster Aston Martin war der DB1, ein Modell von 1948, das auf einem Vorkriegsrohrrahmen basierte, obwohl es mit einer neuen Karosserie von Frank Feeley glänzte. 1950 wurde das Auto zum DB2 modernisiert, wobei der Antrieb von einem neuen Sechszylindermotor kam, den W. O. Bentley für Lagonda entworfen hatte.

Der Erfolg im Automobilsport ging weiter. 1951 landete ein Aston beim 24-Stunden-Rennen von Le Mans auf dem dritten Platz der Gesamtwertung, zwei weitere Teamkollegen auf Platz fünf und sieben, und gewann in seiner Klasse.

Bis 1958 hatte die Gesellschaft ihr erstes komplett neues Fahrzeug entwickelt, seit Brown die Firma besaß. Der DB4 fuhr auf einer neuen Plattform und wurde von einem Sechszylinderreihenmotor angetrieben, der von Rennmodellen inspiriert und von Tadek Marek entworfen worden war. Der Motor entwickelte 224 PS und konnte die neue,

von Touring entworfene Aluminiumkarosserie auf Geschwindigkeiten von über 225 km/h treiben. Die Gesellschaft produzierte auch den leichteren, aber noch leistungsstärkeren DB4 GT, und der italienische Karosseriebauer Zagato fügte seine eigene Interpretation mit seinem großartigen DB4 Zagato hinzu. Nachdem die Aston Martin dreimal in den vier vorangegangenen Jahren auf Platz zwei gefahren waren, konnten sie 1959 beim 24-Stunden-Rennen von Le Mans Platz eins und zwei belegen, mit Carroll Shelby und Roy Salvadori am Steuer des Siegerautos und Paul Frère und Maurice Trintignant dahinter.

1964 hatte sich der DB4 so stark weiterentwickelt, dass er ein neues Modell verdiente: den DB5, der Luxusmerkmale wie außergewöhnlich feines Leder und elektrische Fensterheber aufwies. Auch der Motor hatte sich weiterentwickelt: 4,0 Liter und 282 PS.

Der DB5 war als 2+2-Coupé oder als Cabrio-Version Volante erhältlich. Brown hatte sogar ein Dutzend spezieller „Shooting-brake"-Kombis für wohlhabende Freunde bauen lassen. Und natürlich baute Q einen ganz besonders speziellen DB5 für den Geheimagenten 007.

ALS DER DB5 1963 HERAUSKAM, KONNTEN DIE KUNDEN UNTER VIER GETRIEBETYPEN WÄHLEN: VIER-GANG MANUELL, VIER-GANG MIT OVERDRIVE, FÜNF-GANG MANUELL ODER AUTOMATIK

CHEVROLET CORVETTE STING RAY

Im Jahr 1963 standen Chevrolet 360 PS für die Corvette zur Verfügung, und der neue Sting Ray war bereit, diese neue Kraft zu nutzen. Bis 1963 waren alle Corvette Cabrios, doch im selben Jahr war der Sting Ray auch als Coupé erhältlich. Ein wichtiges Ziel unter den Aufgaben, die Bill Mitchell, der neue Designdirektor von General Motors, Larry Shinoda übertrug, bestand darin, die Corvette schnell erscheinen zu lassen, auch dann, wenn sie stand. Die Aufgabe wurde durch versenkbare Scheinwerfer gelöst, die den Bau einer scharfkantigen Schnauze erlaubten, die die Luft durchschnitt, und durch den Fließheck-Dachstil mit der charakteristischen Zweiteilung der Rückfensters. Shinoda und sein Team hatten eigentlich schon Jahre, bevor das Fahrzeug in Produktion ging, mit der Arbeit an dem Wagen begonnen, und zwar als Rennauto Corvette SS, das Mitchell gehörte, der es später, nachdem das Fahrzeug aus dem aktiven Renndienst genommen worden war, als Alltagsauto benutzte. Unter Mitchells haiförmigen Karosse baute Zora Arkus-Duntov ein neues Chassis mit einem Radstand, der zehn Zentimeter kürzer war als der von 1962, aber mit unabhängiger Vorder- und Hinterradaufhängung. Die Optionen für das Modell von 1963 umfassten Modernisierungen mit 300-, 340- und 360-PS-Motoren, neben einem sehr besonderen Paket, das den Codenamen Z06 trug und u. a. Aluminiumräder mit abnehmbaren Abdeckkappen, eine „Positraction"-Hinterachse, einen manuellen Viergangschaltkasten, einen 360-PS-Motor und sogar einen größeren Benzintank enthielt, der für Langstreckenausdauerrennen besser geeignet war.

„In der passenden Ausstattung und Einstellung verspricht die neue Corvette ein Potenzial, das auch mit den teuersten Autos der Welt schwer einzuholen oder gar zu übertreffen ist", stellte Arkus-Duntov fest, eine Bemerkung, die damals richtig war und auch heute noch ein Kennzeichen der Corvette ist. Die Umsätze stiegen, und Chevrolet verkaufte nicht nur 10 000 Cabrios, womit die ursprünglichen Ziele erreicht wurden, sondern auch mehr als 10 000 Coupés.

UNTEN IN DER MITTE CHEVROLET SETZTE ZUM ERSTEN MAL 1963 EIN FESTES DACH AUF SEINE CORVETTE, ALS MAN DEM NEU GESTALTETEN AUTO DEN BEINAMEN STING RAY GAB.

OBEN RECHTS EINE WERBEANZEIGE AUS DEM JAHR 1963 ZEIGT EINE ROTE CHEVROLET CORVETTE STING RAY ALS ROADSTER.

CORVETTE
4-4-63
CHEVROLET

FUEL INJECTION

Muskelspiele:
die PS-Herrschaft

1964/1974

Muskelspiele: die PS-Herrschaft

In den späten dreißiger Jahren erklärte Delmar Roos, Chefingenieur der Automobilgesellschaft Willys-Overland, dass „der Zweck eines Automobils darin liegt, eine bestimmte Anzahl Personen zu befördern, und das bei angemessenem Komfort, mit dem geringsten Verbrauch an Kraftstoff, Öl und Gummi und mit den geringsten Unterhaltskosten und zum kleinsten Grundpreis". Damals schien das sicherlich ein vernünftiger Vorschlag. Auch heute noch erfüllt diese These von Roos die Bedürfnisse der breiten Mehrheit der durchschnittlichen Autokäufer. Zum Großteil wollen die Menschen das, was man als automobiles Gerät bezeichnen könnte, von ähnlicher Zuverlässigkeit wie ein Kühlschrank, ein Ofen oder eine Waschmaschine. „Dreh den Schlüssel um, leg den Gang ein, und fahr los Richtung Ziel ohne Aufregung oder Sorgen." Doch zwischen den ausgehenden Sechzigern und den frühen Siebzigern wurden die Worte von Roos überlagert von dem dröhnenden und lärmenden Aufheulen, das von kraftstoffverbrennenden Motoren erzeugt wurde, den größten und stärksten Aggregaten, die man unter die Haube eines Autos zwängen konnte. Erst vor ein paar Seiten wurde über einen kleinen britischen Sportwagen berichtet, in den ein Amerikaner, selbstverständlich aus Texas, einen V8-Motor mit 280 PS eingebaut hatte. In Italien setzte Maserati seine Rennmotoren in eine viertürige Limousine und schuf so den Quattroporte, der auf Geschwindigkeiten bis zu 230 km/h getrieben werden konnte.

Und dies waren erst die Anfänge. Ziemlich bald sollten die amerikanischen Familienautos in energische „Muskel"-Maschinen verwandelt werden. Das Phänomen der amerikanischen „muscle cars" begann bei Pontiac, wo einige leitende Angestellte einen Weg fanden, die Firmenvorschriften zu umgehen und die dicksten V8-Motoren, die sie finden konnten, in Familienlimousinen packten, die für viel kleinere Motorgruppen ausgelegt waren. Als ob ihr Benehmen nicht schon frech genug war, nannten sie ihr neues Fahrzeug nach dem berühmtesten Ferrari, dem legendären GTO. Bald trugen alle Autohersteller in Detroit mit der Kraft ihrer „Muskeln" zum Schwung bei. Oldsmobile produzierte schnell seinen 4-4-2, Chevrolet stellte seinen Chevelle SS aus, Dodge stellte sich mit seinem Charger der Herausforderung. Das Rennen hatte begonnen. Auch Porsche ersetzte seinen ehrwürdigen 356 durch ein neues Modell, den 911, der schnell von 140 über 180 auf 200 PS anwachsen sollte. Doch das war noch nicht genug. Nun wurde der Motor turbogeladen, um die produzierte Energie bis zu einem Punkt zu steigern, an dem das Auto einen breiten Entenbürzel-Spoiler zur Stabilisierung bei hohen Geschwindigkeiten benötigte. 1966 erhöhte Lamborghini den Einsatz noch einmal und baute das, was nicht einfach nur als Sportwagen, sondern schließlich als „super car" bejubelt wurde. Angetrieben von einem V12-Motor von 350 PS war der Miura das schnellste Auto, das bis zu diesem Zeitpunkt je legal auf die öffentlichen Straßen losgelassen wurde.

Sportwagen. Muscle car. Superauto. Wir sind noch nicht fertig. Ehe dieser Hunger nach Geschwindigkeit wieder zu einem Anschein von Realität zurückgebracht wurde, sollten uns Lamborghini als erstes und später dann andere Unternehmen das „exotische Auto" schenken. Lamborghinis Countach wurde nach einem Dialektausdruck benannt, den Männer ausriefen, wenn sie eine ganz besonders schöne Frau sahen. Der Countach war ganz besonders schön, exotisch in der Art und Weise, wie er gestaltet worden war, mit Türen, die sich wie Käferflügel öffneten (oder vielleicht eher wie die Fächer einer exotischen Tänzerin), und auch in der Art und Weise, in der er fuhr, mit Geschwindigkeiten, die sich den 300 km/h näherten und schon bald darüber lagen. Doch Unwetterwolken türmten sich am Horizont auf. Während auf der Straße die Geschwindigkeit regierte, wuchsen die Sorgen darüber, welche Auswirkung diese schnellen Fahrzeuge – und überhaupt alle Autos – in Bezug auf Sicherheit bzw. fehlende Sicherheit haben sowie hinsichtlich der Abgase, die aus den doppelten Auspuffrohren strömten. Ganz plötzlich wurden die Erdölvorräte, die nötig waren, um Benzin zu produzieren, zu einem internationalen Problem. Stark reduzierte Tempolimits sollten das Pferdestärkenwettrennen abrupt ausbremsen. Nichtsdestotrotz war das Jahrzehnt von der Mitte der Sechziger bis Mitte der Siebziger ein wilder Ritt.

VORHERIGE SEITE DER V6-MOTOR IN FERRARIS DINO 206 GT ERZEUGTE NUR 180 PS, ABER DAS AUTO, DAS NACH ENZO FERRARIS VERSTORBENEM SOHN BENANNT WURDE, MACHTE DURCH SEIN DESIGN FAST ALLE MÄNGEL WETT.

RECHTS WIE DER DINO BEZOG DER PORSCHE 911 SEINE LEISTUNG AUS NUR SECHS ZYLINDERN, DOCH DER NACHFOLGER DES PORSCHE 356 SETZTE NEUE MASSSTÄBE IN BEZUG AUF MANÖVRIERBARKEIT UND LANGLEBIGKEIT.

1964/1974

FORD MUSTANG

OBWOHL DER
FORD MUSTANG MIT
KOMPONENTEN GÜNSTIGER
AUTOS GEBAUT WURDE,
BOT ER DEN STIL EINES
SPORTWAGENS, DER
EIN RIESIGES SEGMENT
VON AUTOKUNDEN INTE-
RESSIERTE.

Als Hauptgeschäftsführer der Ford Division erwartete Lee Iacocca, dass die von ihm verkauften Autos jugendlich und aufregend wirken sollten. Als er Henry Ford II aufforderte, die Angebote ihrer Gesellschaft mit denen ihres Konkurrenten Chevrolet zu vergleichen, gab es eine offensichtliche Lücke in der Ford-Linie. Ford bot nichts an, was mit dem Corvair von Chevrolet mithalten konnte, einem kompakten Fahrzeug im europäischen Stil mit Heckmotor, das als Coupé oder als Cabrio erhältlich war. Ford drängte es eigentlich nicht, so bald nach dem Edsel-Debakel ein neues Fahrzeug herauszubringen, doch widerwillig gab er Iacocca seine Billigung, ein Auto zu entwickeln, das die jungen Käufer ansprechen sollte. Um die Kosten niedrig zu halten und um die Entwicklung zu beschleunigen, sollte sich Iacoccas Produktionsteam allerdings so sehr bei den Komponenten des Falcon, der kompakten Ford-Limousine, bedienen, dass das neue Auto intern den wenig schmeichelhaften Spitznamen Falcon Special verpasst bekam.

Das Entwicklungsteam wurde von Don Frey und Hal Sperlich geleitet. Zur Verschleierung der Tatsache, dass das Gestell des Mustang von dem bescheidenen Falcon übernommen worden war, wurde eine elegante Karosserie mit verlängerter Motorhaube, kurzer Heckklappe und Raum für vier Personen geschaffen. Ins Design

UNTEN DER MUSTANG GEHÖRTE ZU EINER NEUEN FAHRZEUGGATTUNG, UND DAS GALOPPIERENDE WILDPFERD IM EMBLEM FUNGIERTE ALS NAMENSGEBER FÜR DIESE NEUE KATEGORIE – „PONY CAR".

RECHTS DER RENNFAHRER CARROLL SHELBY, DER MIT FORD AM SHELBY COBRA UND AN DEN GT40-RENNWAGEN ZUSAMMENGEARBEITET HATTE, BAUTE MODIFIZIERTE HOCHLEISTUNGS-MUSTANGS, DARUNTER DIESEN GT350 AUS DEM JAHR 1969.

wurde ein Team miteinbezogen, das von Joe Oros, Gail Halderman und David Ash gebildet und von Gene Bordinat geleitet wurde, dem Schöpfer des Mustang-Konzeptautos von 1963 mit Heckmotor, das zum Rennwagen Ford GT40 inspirierte. Ihre Arbeit gewann den Tiffany Award of Excellence in American Design: Es war das erste Mal, dass diese Ehre einem Auto zuteil wurde. Der neue Mustang war tatsächlich besonders. Auch wenn er eigentlich als Auto vorgesehen war, das dem Corvair Konkurrenz machen sollte, schuf der Mustang ein komplett neues Marktsegment, das sogenannte „pony car", ein Name, der von dem Wildpferd kam, das über das Emblem auf dem Kühlergrill des Mustang galoppierte. Der Chevrolet Camaro, Pontiac Firebird, Mercury Cougar, Plymouth Barracuda, Dodge Challenger, American Motors Javelin und sogar der Toyota Celica sollten den Spuren des Mustang folgen. Doch keiner sollte zur Markteinführung Titelfotos und entsprechende Artikel in landesweiten Zeitschriften erhalten, oder eine Berichterstattung in den drei wichtigsten Sendern über die Präsentation bei der Weltausstellung in New York. Und jeder, der die Markteinführung im April verpasst hatte, sah wahrscheinlich den als Modell zur Saisonmitte 1964 präsentierten Mustang, als dieser ein paar Wochen danach beim Indianapolis 500 antrat; oder 1966, als das Fahrzeug eine der Hauptrollen im oskarprämierten Film *Ein Mann und eine Frau* spielen sollte (außerdem in *Bullitt* oder *Nur noch 60 Sekunden*).

Der Mustang kam als Coupé- und als Cabrio-Modell heraus, doch 1965 erschien eine dritte Version mit Fließheck. Die Käufer der ersten Mustang konnten unter einen V6-Reihenmotor und zwei V8-Motoren wählen, die mehr als 270 PS boten. Es folgten die leistungsstärkeren Modelle „Mach 1" und „Boss", und der Rennfahrer Carrol Shelby half, mit seinen GT350 und GT500 das Auto zum Äußersten zu treiben. Der Mustang überlebte das Abspecken Mitte der Siebziger und kehrte zu seinem vollen Glanz als „pony car" zurück, überlebte die finanzielle Krise, als Ford überlegte, zu einer Plattform mit Frontantrieb überzugehen, und überlebte alle seine Konkurrenten. Mit über acht Millionen Wagen feierte der Mustang 2004 seinen vierzigsten Geburtstag mit einer völlig neuen Pony-car-Generation, die als Modell des Jahres 2005 Fords Fabrik verlassen haben.

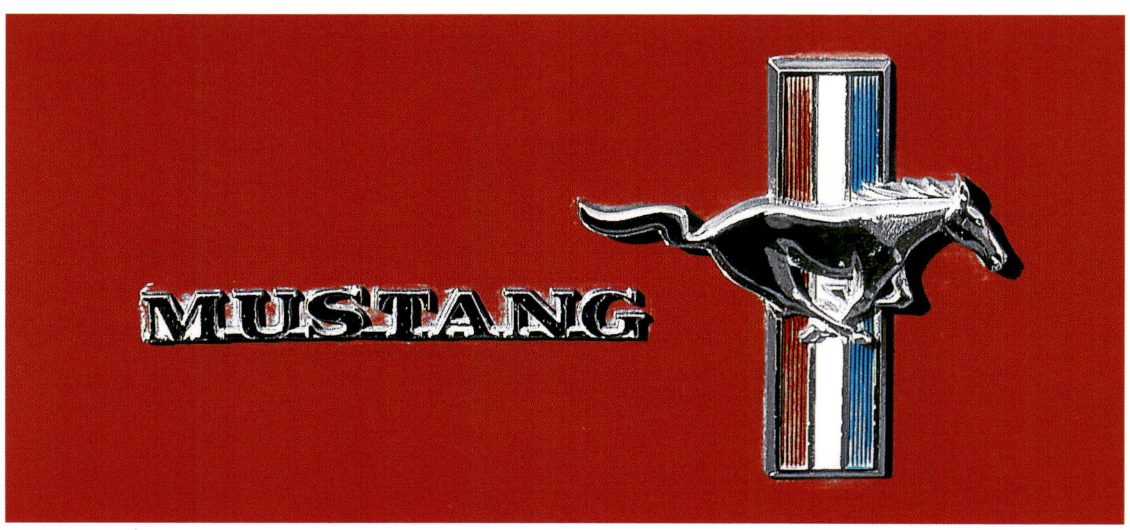

SHELBY

PORSCHE 911

UNTEN IN DER MITTE BEIM PORSCHE 911 FOLGTE DIE FORM DER FUNKTIONALITÄT UND NICHT DER MODE. DIE GRUNDLINIE DES SPORTWAGENS MIT HECKMOTOR WURDE IM LAUF VON ÜBER VIERZIG PRODUKTIONSJAHREN NUR LEICHT VERÄNDERT.

OBEN RECHTS FERDINAND ALEXANDER „BUTZI" PORSCHE MODELLIERT EIN TONMODELL DES 911. NACHDEM ER RENNWAGEN UND DEN SPORTWAGEN 911 ENTWORFEN HATTE, GRÜNDETE BUTZI 1972 SEIN EIGENES UNTERNEHMEN – PORSCHE DESIGN.

Nach knapp anderthalb Jahrzehnten auf den Straßen und Rennpisten war für Porsche die Zeit gekommen, den 356 zu ersetzen, seinen ehrwürdigen zweisitzigen Sportwagen mit vier Zylindern, ebenso natürlich auch die auf derselben Grundarchitektur entwickelten Rennwagen. F. A. „Butzi" Porsche, Enkel von Ferdinand Porsche, dem Konstrukteur des VW Käfer, und Sohn von Ferry Porsche, dem Schöpfer des Porsche 356, studierte Design, trat dann ins Familienunternehmen ein und schuf in Handarbeit den tiefliegenden Rennwagen 304 mit Fiberglaskarosserie und Mittelmotor, der 1964 die Targa Florio gewann, als Zweiter in der verschneiten Rallye Monte Carlo ins Ziel kam und in Le Mans immerhin schnell genug war, um dem immensen Leistungsvorsprung der Zwölfzylinder-Ferraris und Shelbys Daytona Coupé mit V8-Ford-Motoren Paroli bieten zu können. „Butzi" schuf auch Porsches neuen Sportwagen in Handarbeit, der 1963 auf der Frankfurter Automobilausstellung als 901 vorgestellt wurde.

Als das Fahrzeug als Modell des Jahres 1965 in Produktion ging, wurde es in 911 umbenannt (Peugeot hatte sich die Verwendung von dreistelligen Zahlenkombinationen mit einer Null in der Mitte für Autos schützen lassen). Das Auto wurde vom neuen „Boxer"-Motor von Porsche angetrieben, ein waagrecht gegenüberliegender Sechszylinder mit Luftkühlung. Mit seinen 1 991 ccm entwickelte der Sechszylinder etwas weniger Leistung als der 1 996-ccm-Vierzylinder, der Porsches Rennwagen 356 Carrera 2 antrieb, doch der neue Sechserantrieb erzeugte fast 140 PS, die auf 180 in der Version 911S von 1967 gesteigert wurden und dann 200 PS erreichten, als der Motor 1970 auf 2,2 Liter erweitert wurde. Das Auto verfügte über eine manuelle Fünfgangschaltung, neue MacPherson-Frontaufhängung, eine präzise ZF-Steuerung und Scheibenbremsen an allen

vier Rädern. Im Vergleich zum 356 hatte das Auto einen über elf Zentimeter längeren Achsstand und über zwanzig Zentimeter mehr Gesamtlänge. Große Scheinwerfer waren in die Frontpartie der aufragenden Vorderkotflügel untergebracht. Die Motorhaube fiel jäh vom Ansatz der Windschutzscheibe zu einer dünnen Vorderstoßstange ab. Das Profil des Fließhecks bedeckte den Fahrgastraum neben dem immer noch im Heck montierten Motor.

Um ein Open-air-Fahrerlebnis zu bieten, führte Porsche den Targa ein, Spitzenmodell des Jahres 1967. Erst 1983 sollte das Unternehmen eine echte Cabrio-Version einführen. Stattdessen konnte das breite vordere Teil des Daches abgenommen werden. Der Mittelteil des Daches diente als eingebauter Überrollbügel, und um den hinteren Teil des Innenraums bog sich eine breite Heckscheibe. Unter Beibehaltung derselben Basisarchitektur fügte Porsche weitere Versionen hinzu. 1972 plante das Unternehmen, 500 Carrera-2,7-RS-Modelle zu bauen, um die Zulassung für internationale Rennen zu erhalten, doch die Nachfrage war derartig groß, dass Porsche dreimal so viele Fahrzeuge bauen musste. 1974 präsentierte Porsche den 911 Turbo, einen Turbolader mit nunmehr 3,0 Liter, 260 PS, sechs waagrecht gegenüberliegenden Zylindern und dem sogenannten „Entenbürzel"-Spoiler, der die aerodynamischen Eigenschaften bei hohen Geschwindigkeiten verbessern sollte. 1980 baute Porsche, basierend auf dem 911, ein „super car", den 956, mit einem Motor mit doppeltem Turbokompressor, der 450 PS entwickelte, und mit Allradantrieb, mit dem man all diese Leistung bei Geschwindigkeiten um die 320 km/h unter Kontrolle behalten konnte und der auch für die nötige Straßenhaftung sorgte, um die Rallye Paris-Dakar durch den Sand der afrikanischen Wüste zu gewinnen. Bald gab es den Biturbo und Allradantrieb auch beim 911. Durch viele Generationen nach Einführung des 911 behielt Porsche die Basislinie des Fahrzeugs bei. Während, so formulierte es ein Senioringenieur eines konkurrierenden Autoherstellers, die anderen Zeit damit verbracht haben, das Aussehen ihrer Autos von Generation zu Generation zu verändern, konzentrierte sich Porsche auf die Details, auf die Verbesserung der Motoren, der Aerodynamik und kam damit der Verkörperung von Perfektion immer näher.

BIS IN DIE ACHTZIGER JAHRE BOT PORSCHE KEINE CABRIO-VERSION SEINES 911 AN. 1966 BEGANN MAN ABER SCHON MIT DER PRODUKTION EINES DACHES IM „TARGA"-STIL: ANSTELLE EINES KLAPPVERDECKS AUS STOFF WAR DER PORSCHE TARGA MIT EINEM ABNEHMBAREN DACHELEMENT AUSGESTATTET, DAS ZWISCHEN DER WINDSCHUTZSCHEIBE UND EINEM EINGEBAUTEN ÜBERROLLBÜGEL BEFESTIGT WURDE. DIE PANORAMAHECKSCHEIBE WAR AUS GLAS. 1975 BOT PORSCHE EINEN PS-STARKEN MOTOR MIT TURBOLADER IN EINEM 911 MIT RIESIGEM „ENTENBÜRZEL"-HECKSPOILER AN.

PORSCHE

PONTIAC GTO

OBEN LINKS PONTIACS GTO WURDE AUS EINEM OPTIONSPAKET ZU EINER EIGENSTÄNDIGEN SERIE, ALS FÜR DEN TEMPEST VON 1966 DIE KAROSSERIEFORM ÜBERARBEITET WURDE. EIN JAHR SPÄTER WURDE DER KÜHLERGRILL LEICHT VERÄNDERT, UND DIE SEITEN DER KAROSSERIE WURDEN BEREINIGT, DA MAN EIN METALLSCHILD AN DER VORDEREN RADAUSSPARUNG ENTFERNTE.

UNTEN RECHTS DER GTO VON 1967 KONNTE MIT EINEM V8-RAM-AIR-MOTOR VON 360 PS AUSGERÜSTET WERDEN. WAS WIE EINE KLEINE, UMGEDREHTE LUFTHUTZE AUF DEM GTO AUSSIEHT, IST IN WIRKLICHKEIT EIN TACHOMETERGEHÄUSE, DAS AUF DER MOTORHAUBE PLATZIERT WURDE, DAMIT DER FAHRER DREHZAHL UND STRASSE ZUGLEICH IM AUGE BEHALTEN KONNTE.

Eigentlich war das typischer „Hot-rodder"-Kram: „Schnapp dir ein Auto, mach die Karosserie leichter, indem du die Kondensatoren für die Klimaanlage und andere Dinge rausnimmst, die das Auto schwerer machen, stopf den größten und leistungsstärksten Motor rein, der unter die Motorhaube passt, verstärke die Aufhängungen und füg noch ein bisschen Zierrat hinzu, vielleicht ein oder zwei Lufteinlässe in der Kühlerhaube, gerade so viel, um zu verstehen zu geben, dass hier etwas ganz Besonderes auf die Straße kommt." Das Übliche eben. Nichts Besonderes. Nur dieses Mal hatten die Hot-rodder nicht in der Garage hinterm Haus gearbeitet, sondern für eine Automobilgesellschaft, auch wenn das Unternehmen zunächst keine Ahnung davon hatte, was diese Kerle taten. Eigentlich verfolgte die Firma eine sehr strenge Politik gegenüber derartigen Aktivitäten. Doch als das Unternehmen herausfand, was diese Jungs machten, war es schon zu spät. Wenn man ein bisschen beim Modell des nächsten Jahres mehr als verdoppelt) und wie sehr sich die Konkurrenz bemühte, eigene „Kraftpakete" zu bauen, hatte General Motors gar keine andere Wahl, als den GTO ab 1966 als eigenständiges Modell zu genehmigen, nachdem die Verkaufszahlen dieses Fahrzeugs, das offiziell Tempest GTO hieß, aber besser bekannt als „Goat" war, fast 100 000 Exemplare erreicht hatten.

Die Geschichte des Pontiac GTO beginnt Mitte der fünfziger Jahre, als Semon „Bunkie" Knudsen Geschäftsführer dieser Abteilung wurde – mit Pete Estes als Chefingenieur und John Z. DeLorean als dessen Assistent. Sie brauchten ein neues Image für eine Abteilung, die nicht viel anderes zu machen schien als überteuerte Chevrolets zu bauen, und das fanden sie in Sportwagen und dem Designthema „Wide Track" – „breite Spurweite". Das funktionierte so gut, dass Knudsen befördert wurde und zu Chevrolet überwechselte. Estes stieg zum Geschäftsführer von Pontiac auf, und DeLorean

aufpasste und bei der Bestellung eines Pontiac Tempest Le Mans von 1964 das rechte Feld der Sonderausstattungsliste ankreuzte, konnte man anstelle eines normalen amerikanischen Autos von „mittleren Proportionen" mit einem banalen Sechszylindermotor einen GTO bekommen, das erste offizielle, mächtige amerikanische Auto mit stählernen „Muskeln" (auch „muscle car" genannt), das in Detroit gebaut wurde. Nachdem man gesehen hatte, wie beliebt dieses Optionspaket war (über 32 000 Kunden kreuzten 1964 das rechte Kästchen an, und diese Zahl wurde wurde Chefingenieur, und all das während man in Detroit ernste Bedenken gegenüber dem Pferdestärkenwettrennen hatte. GM erließ eine Regel, die den Einsatz seiner größten V8-Motoren auf seine größten Autos beschränkte – genau in dem Moment, als die Jungs von Pontiac entdeckten, dass es möglich war, den 6,4-Liter-V8-Motor von Bonneville in den Motorraum des kleineren und leichteren Pontiac Tempest zu stopfen. Wenn man das rechte Optionspaket ankreuzte, dann bekam man für weniger als 300 Dollar anstelle eines 140-PS-Sechszylinderreihenmotors eine 325-PS-Maschine, ein manuelles Dreiganggetriebe, das im Boden montiert war, steifere Aufhängungen, verbesserte Lenkung und Reifen, einen doppelten Auspuff und eine Motorhaube mit doppeltem Lufteinlass und dazu noch das GTO-Abzeichen. Da sich Ferrari den Namen seiner berühmten Rennautos nicht hatte schützen lassen, lieh ihn sich Pontiac für sein Auto, das mit einem Sprint, der die Gummis qualmen ließ, in nur 6,2 Sekunden von Null auf 100 km/h beschleunigen konnte. Die Märzausgabe der Zeitschrift *Car and Driver* titelte „GTO gegen GTO" und brachte dazu Bilder des neuen Pontiac und des berühmten Ferrari. Im Inneren dagegen gab es keinen direkten Vergleich, auch wenn die Zeitschrift nach Beurteilung der Straßentests des Pontiac versprach, dass das amerikanische Modell den Ferrari in einem Beschleunigungsrennen schlagen würde.

LAMBORGHINI MIURA

Der italienische Traktorenfabrikant Ferruccio Lamborghini war gar nicht glücklich mit dem Ferrari, den er Anfang der sechziger Jahre gekauft hatte, doch als er sich darüber bei Enzo Ferrari beschwerte, wurde ihm gesagt, dass das Problem beim Fahrer liege, nicht beim Auto. Zornentbrannt schwor Lamborghini, dass er ein besseres Auto bauen könne. Daher kaufte er eine Fabrik bei Sant' Agata, nicht weit entfernt von Ferraris eigenem Werk bei Modena, stellte den ehemaligen Ferrari-Ingenieur Giotto Bizzarrini ein, damit dieser ihm einen Zwölfzylindermotor baue, außerdem noch talentierte Chassisspezialisten wie Paolo Stanzani, Gianpaolo Dallara und den Neuseeländer Bob Wallace. Lamborghinis begabtes Team baute sein erstes Auto, den 350 GT mit Frontmotor, 1964. Dann stellte er Anfang 1966 auf dem Autosalon von Genf das Chassis für einen

OBEN LINKS DER MIURA VON LAMBORGHINI WURDE NACH DER BERÜHMTEN RASSE VON SPANISCHEN KAMPFSTIEREN BENANNT. DER STIER WAR AUCH DAS STERNZEICHEN VON FERRUCCIO LAMBORGHINI UND WURDE ALS FIRMENLOGO VERWENDET.

UNTEN IN DER MITTE MARCELLO GANGINI, DER SOHN EINES DIRIGENTEN, WAR ERST 25 JAHRE ALT, ALS MAN IHN MIT DEM DESIGN DES MIURA BETRAUTE. DIE DACHLINIE DES FAHRZEUGS LIEGT NUR ETWAS ÜBER EINEN METER ÜBER DEM BODEN. UM DIE GESCHMEIDIGE LINIE DES AUTOS NICHT ZU UNTERBRECHEN, KLAPPEN DIE SCHEINWERFER ERST BEI DUNKELHEIT HERAUS.

neuen Wagen vor, der seinen Motor hinter dem Cockpit haben sollte. Der Gedanke war, dass man durch Querstellen des Motors und durch das Zusammenlegen von Block, Kupplung und Getriebe in einem einzigen Teil genügend Raum schaffen könne, damit Fahrer und Passagiere auch bei hohen Geschwindigkeiten relativ bequem reisen konnten. Bemerkenswert ist, dass alle Mitglieder von Lamborghinis Technikertrio noch keine dreißig Jahre alt waren, wie auch der Designer, der die geeignete Karosserie für diesen großartigen Rahmen bauen sollte. Dieser Designer war der 25-jährige Marcello Gandini und es war sein erster Auftrag für das Bertone-Studio. Selten hat jemand ein so spektakuläres Debüt hingelegt.

Lamborghini, der im Sternzeichen Stier geboren war, nannte das Auto Miura, nach Spaniens berühmter Rasse von Kampfstieren. Lamborghini war an Rennen nicht interessiert, doch sein Miura war das schnellste Auto auf der Straße, das erste „Superauto" mit Mittelmotor, und erst sieben Jahre später sollte Ferrari mit seinem eigenen Zwölfzylinder antreten. Mit vier Vergasern entwickelte der Vier-Liter-V12 350 PS.

Um das Fahrzeug so leicht wie möglich zu machen, fand Dallara einen Weg, Löcher in den stählernen selbsttragenden Aufbau zu schneiden, ohne dabei die strukturelle Integrität zu gefährden. Der Miura war in der Lage, extrem hohe Geschwindigkeiten zu erreichen. Gandinis Karosse war schlank von der Messerkantenschnauze bis zum kurz gestutzten Schwanz. Die Lufteinlässe des Motors waren diskret in den Türelementen direkt hinter den Seitenfenstern platziert und in den Seitenelementen direkt vor den Hinterrädern. Sogar die Scheinwerfer waren im Hinblick auf Stromlinienform entworfen; sie waren in den steil abfallenden Kotflügeln verborgen und klappten dann für Nachtfahrten in Position. Das Auto konnte in weniger als sieben Sekunden von Null auf 100 km/h beschleunigen und eine Spitzengeschwindigkeit von 275 km/h erreichen, wodurch es zum schnellsten Auto auf öffentlichen Straßen wurde. Lamborghini rechnete damit, vielleicht 25 Miura im Jahr zu verkaufen.

Die Nachfrage übertraf seine Erwartungen bei Weitem. Zwischen 1966 und 1972 wurden ungefähr 900 Miura gebaut. 1970 kam der Miura S mit 20 zusätzlichen PS hinzu. Das Auto bot als Sonderzubehör auch elektrische Fensterheber und eine Klimaanlage an. 1972 kam der Miura SV mit weiteren 15 PS, Veränderungen am Motor, um den Ölfluss bei hoher seitlicher Beschleunigung zu verbessern, und einer verbesserten Karosserie heraus, um das vordere Anheben bei hohen Geschwindigkeiten zu verringern: eine willkommene Sache für ein Fahrzeug, das schneller als 290 km/h fahren konnte.

ALFA ROMEO DUETTO

UNTEN IN DER MITTE
DANK DER VON PININFARINA GESTALTETEN LINIE UND DER ÜBERRASCHEND SPRITZIGEN LEISTUNG DES MOTORS, DER ETWAS MEHR ALS 100 PS ENTWICKELTE, SCHÄTZTEN VIELE DEN DUETTO ALS „FERRARI FÜR ARME".

OBEN RECHTS
TIEF EINGESCHNITTENE FLANKEN UND EINE FAST PERFEKTE SYMMETRIE KENNZEICHNEN DAS PROFIL DER ERSTEN PRODUKTIONSJAHRE DES DUETTO. DAS LANGE UND WUNDERBARE „BOOTSHECK" WURDE 1970 GESTUTZT.

Der Alfa Romeo Duetto ging über die Automobilkultur hinaus. Für die „lederbehandschuhten" Liebhaber von Sportwagen wurde der Alfa Romeo Duetto als der letzte Automobilentwurf von Battista „Pinin" Farina verehrt. Auch wenn die tief eingeschnittenen Seitenteile der Karosse wenig Beifall fanden, als das Modell auf dem Genfer Autosalon von 1966 vorgestellt wurde, und sein Preis im Rahmen eines Jaguar E-type viele potenzielle Kunden abschrecken konnte, blieb Alfas Roadster 27 beachtliche Jahre lang in Produktion. Die beiden Gründe für diese Popularität: Fahrvergnügen und sein Status als Ikone der Popkultur. Der Duetto war das Auto, das zum unvergesslichen Soundtrack von Simon and Garfunkel Dustin Hoffman im Film von 1967 *Die Reifeprüfung* (*The Graduate*) beförderte, als er Mrs. Robinsons Tochter Elaine verfolgte.

Britische Autoexperten neigen ja dazu, ganz besonders kritisch gegenüber Fahrzeugen zu sein, die nicht im Vereinigten Königreich hergestellt sind, doch in ihrer *Enzyklopädie der berühmtesten Automobile der Welt* schreiben die Autoren, dass der Duetto „mit sanfter Steuerung, leichtläufiger Gangschaltung und besten Scheibenbremsen dem Fahrer eine Beteiligung und Befriedigung bot, der nur wenige Fahrzeuge gleichkommen konnten". „Es war auch ein fortschrittliches Auto", fügen sie hinzu, „mit gutem Fahrkomfort und einem wasserdichten Verdeck, das mit einer Hand geschlossen werden konnte."

Der Duetto löste in der Produktionsfolge von Alfa Romeo den Giulietta Spider ab. Alfa schrieb einen Wettbewerb aus, um einen Namen für sein neues Sportauto zu finden. Über 140 000 Antworten wurden eingereicht. Unter den Namensvorschlägen waren Lollobrigida, Bardot, sogar Panther und Sputnik. Der Gewinner wurde dann ausgewählt, weil er sowohl den Stil des Autos mit

Doppelnockenwellenmotor als auch die Zweisitzer-Architektur des Roadsters erfasste. Pininfarina entwarf das Auto nicht nur, sein Unternehmen, das damals von seinem Sohn Sergio geleitet wurde, kümmerte sich auch um die Produktion von ungefähr 100 000 Stück, die in der langen Lebenszeit des Autos gebaut wurden. Anfänglich entwickelte ein Vierzylinderreihenmotor von 1,6 Litern nur wenig mehr als 100 PS. Der Antrieb sollte wachsen, erst auf 1,8 und dann auf 2,0 Liter. Pininfarinas Originaldesign hatte schlichte, aber wunderschöne abgerundete Linien und für einen zweisitzigen Roadster einen ziemlich geräumigen Kofferraum. 1970 wurde der Schwanz im Kamm-Stil gestutzt. Die Scheinwerfer wurden in die Frontkotflügel eingebettet. In Europa trugen sie stromlinienförmige Abdeckungen, die bei den in die USA verschifften Fahrzeugen nicht erlaubt waren. 1985 sorgte Alfa für ein neuerliches Interesse an dem, was dann als Spider Veloce bekannt wurde, in Hommage an den Film, der das Auto in so vielen Teilen der Welt berühmt gemacht hatte. Alfa begann, eine im Preis gesenkte Version des Autos anzubieten. Dieser Spider *Graduate* hatte Streifen an den Seiten und das besondere *Graduate*-Emblem.

„... where have you gone, Joe DiMaggio? ..."

FERRARI DINO 206 GT

Man sagte, dass Enzo Ferrari nur ein einziges Mal mit seinem Herzen und nicht mit seinem Kopf gehandelt habe. Ferraris Aufmerksamkeit galt ganz allein dem Siegen. Er konnte besonders kalt und berechnend sein, wenn der Moment kam, seine Rennteams zu leiten, und dann wurde alles andere in seinem Leben nebensächlich. Oder besser: fast alles andere.

Sogar Ferrari hatte ein Herz, und das brach, als sein Sohn Alfredino 1956 an einem Nierenleiden verstarb. Vor seinem Tod hatte „Dino" Ferrari seinen Vater davon überzeugt, ihn zusammen mit dem Ingenieur Vittorio Jano an einem neuen V6-Rennmotor arbeiten zu lassen, doch er starb fast zwei Jahre, bevor eine Version dieses Motors von Mike Hawthorn in der World Driving Championship von 1958 gefahren wurde. Ferrari betrauerte seinen Sohn mehrere Jahre lang und wandte sich schließlich für einen ganz besonderen Tribut an Pininfarina. Der Dino Berlinetta Speciale wurde 1965 auf dem Salon von Paris als Konzeptauto vorgestellt und trat im folgenden Jahr auf dem Salon von Turin ins Leben mit einem gleichnamigen V6-Motor, der direkt hinter dem Cockpit quer eingebaut war. Der Dino sollte als erster Sportwagen von Ferrari mit Mittelmotor in Produktion gehen, der für die Straße und nicht für die Rennstrecken entworfen worden war. Statt des tänzelnden Pferdes auf dem wappenförmigen Emblem trug das neue Fahrzeug ein rechteckiges, gelbes Emblem mit dem blauen Schriftzug „Dino".

Doch ehe es in Produktion gehen konnte, mussten die Motoren gebaut werden, und da der 65-Grad-Antrieb für Rennen konstruiert war, war sofort klar, dass das Auto ein idealer Kandidat für die Formel-Zwei-Wettbewerbe wäre, vorausgesetzt, es würden davon mindestens

DIE SCHÖNHEIT DES DINO-DESIGNS FAND SICH EBENSO SEHR IN DEN RAFFINIERTEN DETAILS WIE IN DEN WEICHEN LINIEN UND SEINEM GESAMTGLEICHGEWICHT. AUFSTEIGENDE BÖGEN STRECKTEN DAS DACHPROFIL UND UMRAHMTEN DEN MOTORRAUM HINTER DEN SITZEN. DIE LUFTEINLÄSSE IN DEN TÜREN HATTEN SOWOHL FUNKTIONALEN WIE ÄSTHETISCHEN WERT. DIE SCHEINWERFER WAREN ZIEMLICH WEIT IN DEN VORDEREN KOTFLÜGELN ZURÜCKGESETZT, DOCH DAS MINDERTE KEINESWEGS DAS NIEDRIGE PROFIL DER FRONTPARTIE DES FAHRZEUGS.

DA DER DINO OHNE FERRARI-MARKENZEICHEN MONTIERT WURDE, BRACHTEN ETLICHE EIGENTÜMER SELBST EIN TÄNZELNDES PFERD ODER ANDERE FERRARI-EMBLEME AN IHREM AUTO AN.

500 Exemplare hergestellt. Doch 500 Motoren lagen über Ferraris anfänglichem Bedarf, daher schloss er mit Fiat einen Vertrag über die Motorenproduktion. Das Turiner Unternehmen sollte die Überreste für seine eigenen Dino verwenden: einen von Pininfarina entworfenen Spider mit Frontmotor und ein Frontmotor-Coupé von Bertone. Die Fiat wurden von modifizierten Dino-Motoren angetrieben, die 160 PS entwickelten. Die Dino-Antriebe von Ferrari entwickelten 180 PS, auch wenn im Laufe von zwei Jahren der Hubraum auf 2,4 Liter erhöht wurde, um 200 PS zu liefern. Die Nachfrage war so groß, dass ungefähr 4 000 Dino in den Modellen 246 GT Coupé und 246 GTS Targa Spider mit Targa-Verdeck bis 1972 gebaut wurden, dem Jahr, in dem der Dino-Motor in den Lancia Stratos Eingang fand.

Um die Karosserie eines Autos zu schaffen, das würdig war, den Namen von Ferraris Sohn zu tragen, wandte sich Pininfarina an den jungen Designer Leonardo Fioravanti, der insgesamt acht Ferrarimodelle entwerfen und nach 24 Jahren bei Pininfarina von Ferrari selbst eingestellt werden sollte. Für den Dino schuf Fioravanti ein Meisterwerk der Mittelmotorenarchitektur. Die tiefe Motorhaube glitt zwischen prominenten Kotflügeln nach hinten, in denen jeweils in einem löffelförmigen Gehäuse ein einziger senkrechter Vorderscheinwerfer saß.

Die Windschutzscheibe neigte sich markant nach hinten. Die Lufteinlässe begannen in der Mitte der Türen und zogen sich bis zum Schwanz und trugen so zu einem ebenso ästhetischen wie funktionalen Element bei. Seitenelemente in Form von aufsteigenden Bögen flossen vom Dachprofil ab und wirkten als Stützborde rund um den Motorraum, während die sehr kurze Schwanzsektion mit vier runden Scheinwerfern ausgestattet war.

FERRARI 365 DAYTONA

„ICH MACHTE DIE ERSTEN ENTWÜRFE UND DAS OBERFLÄCHENDESIGN, INDEM ICH EINE WOCHE LANG TAG UND NACHT ARBEITETE UND JEDE NACHT NUR EIN PAAR STUNDEN SCHLIEF", ERINNERT SICH DER DESIGNER FIORAVANTI, „DER ENTWURFSPROZESS FÜR DEN DAYTONA IST FÜR MICH EINE GANZ BESONDERE ERINNERUNG." SEINE VERSION DES AUTOS WURDE DER ÖFFENTLICHKEIT 1968 WÄHREND DES SALONS VON PARIS VORGESTELLT. „ES IST EINES DER SCHÖNSTEN AUTOS, DIE JE GEBAUT WURDEN, UND SEIN NAME FEIERT EINEN DER GRÖSSTEN SIEGE, DIE FERRARI JE ERRUNGEN HATTE", ERKLÄRT FERRARI, NACHZULESEN IM BAND DESIGN OF A LEGEND. DIE OFFIZIELLE GESCHICHTE DES UNTERNEHMENS WURDE 1990 VERÖFFENTLICHT.

Nachdem Lamborghini das erste echte „Superauto" in der sinnlichen Form seines Miura mit Mittelmotor vorgestell hatte, wurde Ferraris Antwort auf das Fahrzeug des ehemaligen Traktorfabrikanten und nunmehrigen Sportwagenherstellers mit Spannung erwartet. Daher war die Enttäuschung groß, als 1967 auf dem Pariser Autosalon der 275 GTB/4 präsentiert wurde. Ferrari erfüllte nicht die Erwartungen einer strukturellen Überholung des Autos, durch die der Zwölfzylindermotor hinter dem Fahrer positioniert worden wäre, wie Ferrari das in seinen Rennsportprototypen gemacht hatte und eben auch Lamborghini in seinem Miura. Der 275 war eigentlich nur ein überarbeitetes Modell, auch wenn es der erste Straßen-Ferrari war, der dank der obenliegenden Doppelnockenwelle seines V12-Motors, der immer noch vorne eingebaut wurde, 300 PS entwickeln konnte. Unter denen, die andere innovative Ideen hatten, war Leonardo Fioravanti, ein junger Designer von Pininfarina. Fioravanti arbeitete Tag und Nacht, mit nur sehr kurzen Schlafpausen, und benötigte eine Woche, um die Skizzen und Zeichnungen der Außenteile für einen neuen Ferrari anzufertigen, der zwar immer noch einen Frontmotor hatte, allerdings die stilistischen Kennzeichen von Pininfarinas „Superfast" auf ein neues Niveau bringen konnte. Das Ergebnis war der

Ferrrari 365 GTB/4, das sogenannte „Daytona"-Modell, das 1968 in Paris vorgestellt wurde. Von diesem Fahrzeug war niemand enttäuscht.

Sogar Mike Lawrence, dessen *A–Z of Sports Cars Since 1945* voller kritischer Kommentare zu Autos ist, die andere in den Himmel gelobt haben, sagt, den Daytona einfach als Nachfolgemodell des 275 GTB/4 zu bezeichnen wäre so, wie die Kathedrale von Chartres einfach „ein anderes Gebäude" zu nennen. Der BBC-Kommentator Quentin Wilson beschreibt in seinem *Ultimate Classic Car Book* den Daytona als „ein Gedicht aus Stahl".

Anstelle der sinnlichen Wölbungen bestand Fioravantis Design aus glatten und sauberen Linien. Die Karosserie schien von einer scharfen Frontkante über Scheinwerfer, die entweder von Abdeckungen aus durchsichtigem Plastik geschützt oder hinter Drehtürchen verborgen waren, nach hinten über eine lange Motorhaube und einen kompakten Fahrgastraum bis zu einer kurzen Heckklappe mit einem kurz gestutzten Schwanz zu fließen. Das Auto wurde sofort mit dem Beinamen „Daytona" versehen, zu Ehren des überwältigenden Sieges der drei Ferrari vor

zwei Porsche und drei Ford GT40 beim 24-Stunden-Rennen von Daytona 1967. Der Ferrari „Daytona" wurde von einem V12-„Colombo"-Motor von 4,4 Litern mit sechs Vergasern angetrieben, der 352 PS und ein Drehmoment von 50,4 kgm entwickelte. Das Fahrzeug war in der Lage, in weniger als sechs Sekunden von Null auf 100 km/h zu beschleunigen, auch wenn in diesem Fall die signifikantere Zahl der Sprint von 0–160 km/h in nur 12,8 Sekunden ist. Dank des im Chassis zurückgesetzten Motors und des Hinterradantriebs des Fahrzeugs hat der Daytona ein unglaublich dynamisches Aussehen, und seine Stromlinienform erlaubt es ihm, eine Höchstgeschwindigkeit von 280 km/h zu erreichen, somit sogar schneller zu sein als Lamborghinis Miura.

VON DEN FAST 1 400 VON FERRARI PRODUZIERTEN UND AUSGELIEFERTEN DAYTONA WAREN NUR WENIGER ALS 130 SPIDER-VERSIONEN MIT KLAPP-VERDECK, DIE 1969 AUF DER AUTOMOBILAUSSTELLUNG VON FRANKFURT IHREN ERSTEN AUFTRITT HATTEN.

MASERATI GHIBLI

GHIBLI IST DER HEISSE WIND, DER VON SÜDEN DURCH DIE SAHARAWÜSTE WEHT. ES IST ABER AUCH EIN „HEISSES" AUTO, DAS SEINEN EIGENEN WIND ERZEUGT, WENN ES MIT GESCHWINDIGKEITEN VON ÜBER 255 KM/H ÜBER DIE AUTOBAHNEN ZISCHT.

Giorgetto Giugiaro legte im Dezember 1965 einen ebenso außergewöhnlichen wie erfolgreichen Start als Chef der Design- und Prototypen-Konstruktionsabteilung von Ghia hin. Innerhalb eines Jahres hatte Giugiaro fünf neue Konzeptautos an seinen Ständen auf den wichtigsten Autosalons der Welt. Zu diesen Fahrzeugen gehörten ein viersitziges Coupé für das japanische Unternehmen Isuzu, der Fiat 850 Vanessa, ein Auto, das für Frauen entworfen worden war, besonders für solche wie Giugiaros Frau, die gerade ein Kind bekommen hatte, und der De Tomaso Mangusta. Aber keine der ersten Arbeiten von Giugiaro für Ghia und seine Kunden war so spektakulär oder so langlebig wie der Maserati Ghibli, ein Auto, das auch vier Jahrzehnte später immer noch frisch und zeitgemäß aussieht. Wie sein Designer hat sich der Ghibli gut gehalten. Er wird immer noch für den schönsten aller Maserati für den Straßenverkehr gehalten und schlug im Verkauf die beiden Rivalen seiner Zeit, den Ferrari Daytona und den Lamborghini Miura. Der Ghibli wurde auf eine verkürzte Version des Chassis gebaut, das für die Maserati Quattroporte-Limousine verwendet wurde, und für das viersitzige Coupé Mexico mit Stufenheck. Das Fahrzeug verfügte über einen V8-Rennmotor von Maserati mit vier Nocken und 4,7 Litern, der vorne eingebaut war. Der Motor schluckte durch vier Vergaser große Mengen Kraftstoff und Luft, nutzte sie aber bestens, sodass er 330 PS entwickelte. 1970 dann erweiterte Maserati den Antrieb in der Nicht-Rennversion auf 4,7 Liter, fügte dabei zwar nur wenig mehr PS hinzu, erhöhte aber das Drehmoment deutlich. Doch das, was den Ghibli kennzeichnete und ihn Geschwindigkeiten von über 260 km/h erreichen ließ, war die elegante Karosse mit der niedrigen und lang gestreckten Motorhaube und sein noch längeres Fließheck-Profil. Verborgene Klappscheinwerfer und ein kurz geschnittener Schwanz trugen dazu bei, Giugiaros Design noch aerodynamischer zu machen. Maserati war in den ersten Jahrzehnten des zwanzigsten Jahrhunderst gegründet worden. Zunächst folgten 1914 Bindo,

Ettore und Ernesto ihrem Bruder Alfieri in seine Werkstatt. Ein Dutzend Jahre später starteten die Gebrüder unter dem Familiennamen ein neues Unternehmen, wobei sie Neptuns Dreizack, das Symbol ihrer Geburtsstadt Bologna, zu dem Emblem erkoren, das an ihren Rennwagen angebracht werden sollte. Die Wettbewerbe machten Maserati berühmt und waren die Arbeitsgrundlage der Gesellschaft, ehe man in den späten fünfziger Jahren den Automobilsport verließ, um sich auf die Entwicklung von Autos für den normalen Straßenverkehr zu konzentrieren. 1938 überließen die Brüder ihr Unternehmen dem Industriellen Adolfo Orsi, stimmten jedoch zu, noch weitere zehn Jahre in der Firma zu bleiben. Zusammen bauten sie die Autos, die 1939 und 1940 Indianapolis 500 gewannen. Nach Ablauf ihrer Vereinbarung mit Orsi gründeten die Brüder ein anderes erfolgreiches Unternehmen zum Bau von Rennwagen, OSCA, das sie 1963 an den Motorradhersteller Agusta verkauften. Sie waren daher nicht mehr am Bau der exotischen Sportwagen für den Straßengebrauch, die ihren Namen trugen, nachdem das Unternehmen den Rennsport verlassen hatte – Fahrzeuge wie 3500 GT, Mistral, Ghibli und Bora. Der Ghibli blieb bis 1973 in Produktion mit fast 1 150 verkauften Coupés und 125 Spider Cabrios. Giugiara verließ Ghia Anfang 1968, um seine eigene Designfirma, Italdesign, zu gründen.

DE TOMASO PANTERA

Alejandro De Tomaso kam in Argentinien zur Welt, fuhr OSCA-Wagen für die Gebrüder Maserati und heiratete Isabel Haskell, eine geschickte Rennpilotin von Sportwagen und die wohlhabende Enkelin des Firmengründers von General Motors. De Tomaso Automobili wurde gegründet, um Rennwagen und später Fahrzeuge für den Straßenverkehr herzustellen. De Tomaso brachte seinen ersten Sportwagen, den Vallelunga, 1963 heraus. Das Fahrzeug wurde von einem Vierzylindermittelmotor aus einem Ford Cortina angetrieben und trug eine Karosserie, die bei Ghia von Giorgetto Giugiaro entworfen wurde. Doch es gab grundsätzliche mechanische Probleme, weshalb nur wenige Dutzend dieser Autos gebaut wurden. Henry Ford II glaubte eigentlich, in diesem Jahr einen Vertrag über den Erwerb des Rennteams und der Sportwagengesellschaft von Enzo Ferrari abgeschlossen zu haben. Als der Deal platzte, gab Ford das berühmte Rennauto GT40 in Auftrag. Dann bot er an, ermutigt von seinem Vizepräsidenten Lee Iacocca, De Tomaso bei der Verbesserung seines Sportwagenunternehmens zu helfen, das seinen Sitz wie Ferrari in Modena hatte. Ford und Carroll Shelby, Rennfahrer und Erbauer der Cobra-

Sportwagen, genehmigten die Entwicklung eines Prototypen, der eventuell den Cobra ersetzen sollte. Doch als Shelby mit den dynamischen Eigenschaften des Wagens nicht zufrieden war, wurde das Projekt De Tomaso angeboten, wo man wiederum Giugiaro mit einer Karosserie für das Auto beauftragte, das De Tomaso dann Mangusta nannte. Ein V8-Motor von Ford trieb das Auto an, von dem im Laufe von vier Jahren nur ein paar hundert Fahrzeuge gebaut wurden. 1970 erwarb Ford eine Beteiligung an De Tomaso und Ghia, die Pläne zur Entwicklung und Fertigung von Nischenfahrzeugen ankündigten. Dabei kam der Pantera heraus – angetrieben von einem V8-351-„Cleveland"-Motor von Ford, von Ghias Tom Tjaarda mit einer exotischen Karosse mit Kurven und Knicken versehen –, der in den Vereinigten Staaten von ausgewählten Händlern von Lincoln-Mercury verkauft wurde. Der Pantera war das exotische Auto „für Arme", mit 310 PS, das in nur 5,5 Sekunden von Null auf 100 km/h beschleunigen konnte und eine Spitzengeschwindigkeit von rund 235 km/h hatte, und das für den Preis von nur 9 995 Dollar – weniger als die Hälfte dessen, was Maserati für seinen Ghibli verlangte. Wieder gab es grundlegende Probleme, die sich nur noch verschlimmerten, als man versuchte, die neuen Sicherheits- und Abgasnormen in den USA zu erfüllen. Der Import in die Vereinigten Staaten endete nach dem Modelljahr 1974, auch wenn De Tomaso in Italien weiterhin Autos baute, ungefähr 10 000 Stück. 1981 veröffentlichte die amerikanische Zeitschrift *Popular Mechanics* einen Vergleichstest unter sechzehn „exotischen" Sportwagen. Zum Feld gehörten der BMW M1, der Porsche 928, der Lamborghini Countach, drei Ferrari, ein Maserati, ein Lotus, ein Jaguar, ein Aston Martin und ein Mercedes-Benz, doch der Gewinner war ein Pantera GTS, eine spätere Version mit einer von Marcello Gandini modifizierten Karosse und einem V8-Antrieb von Ford aus australischer Produktion.

MITTE DER SIEBZIGER JAHRE WURDE DER URSPRÜNGLICHE DE TOMASO PANTERA MODIFIZIERT. DAS FAHRZEUG WURDE MIT EINER NEUEN KAROSSERIE VERSEHEN, ZU DER EIN HOHER HECKSPOILER GEHÖRTE. DER ANTRIEB KAM VON EINEM AUSTRALISCHEN V8-FORD-MOTOR, DER 350 PS ENTWICKELTE.

LAMBORGHINI COUNTACH

Wie sexy war der Lamborghini Countach? Sexy genug, dass überall in den Vereinigten Staaten und wahrscheinlich in vielen Ländern der Welt Teenager das Foto von „Charlies Engel" Farrah Fawcett, das von ihr im roten Badeanzug, von den Wänden abnahmen und stattdessen Poster vom Countach an die Tapeten pinnten, oft in leuchtendem Gelb, manchmal in strahlendem Rot oder Weiß und gelegentlich in finsterem Schwarz.

Die Legende besagt, dass eines Tages ein Lamborghini-Angestellter einen ersten Blick auf den Prototyp des Project 112 werfen konnte, und alles, was er herausbrachte, war „Countach!", einen Dialektausdruck, den Männer dem Erscheinen einer ganz besonders schönen Frau vorbehalten.

Der Miura von Lamborghini mag das originale „Superauto" gewesen sein, doch sein Nachfolger war das originale „Supermodel", der Exot unter den Exoten, besonders dann, wenn sich die Türen wie Käferflügel an Scherenscharnieren öffneten.

Diese Türen und einige andere Details im Design des Countach wurden 1968 auf dem Pariser Autosalon an einem keilförmigen Konzeptauto präsentiert, dem Carabo, den Bertone um ein Rennsportwagenchassis von Alfa Romeo Type 33 gebaut hatte. Der Carabo ist ein italienischer Käfer, und das Fahrzeug, das vom genialen Automobilkünstler Marcello Gandini entworfen worden war, wurde in einer grün schillernden Farbe ausgestellt.

Drei Jahr später hatte sich der Carabo auf dem Genfer Salon in den Countach LP500 verwandelt. Statt eines 2,0-Liter-V8-Antriebs von Alfa war das Auto mit einer 5,0-Liter-Version des 3,9-Liter-V12-Motors ausgestattet, den Giotto Bizzarini für Lamborghini entworfen hatte. Im Miura saß der Motor der Breite nach hinter dem Fahrgastraum, aber im neuen Auto (LP stand für „longitudinale posteriore" – „längs hinten") war der Motor um 90 Grad gedreht und das Fünfganggetriebe nach vorne verlängert, hin zum Cockpit, wo der Fahrer einen Hebel bedienen konnte, der direkt auf dem Schaltkasten saß. Auch wenn die Anordnung nicht viel Platz im Innenraum ließ, gab sie doch Gandini die nötige Breite, um eine aufregende Mischung von Linien und Ecken, Kanten und Keilen zusammenzufügen und sein Meisterwerk zu schaffen. Doch

UNTEN IN DER MITTE ALS MARCELLO GANDINI DEN COUNTACH LP 400 ENTWARF, HATTE ER NICHT NUR EINE WIRKLICH UNGEWÖHNLICHE LINIE IM SINN.

OBEN RECHTS NUCCIO BERTONE BETRACHTET EIN MODELL DES KONZEPTAUTOS CARABO, DAS DAS DESIGN DES LAMBORGHINI COUNTACH INSPIRIERTE.

Gandinis Entwurf sollte in den zwei Jahren noch verändert werden, was nötig war, um den Countach vom Entwurf LP500 in das Serienfahrzeug LP400 zu verwandeln. Wo das Konzeptauto sauber gebogene Kurven besaß mit schmalen Lufteinlässen hinter der B-Säule, benötigte das Produktionsauto eine breite NACA-Führung vor jedem seiner Hinterräder neben großen Lufteinlässen über den hinteren Kotflügeln, um die Kühlung der Komponenten zu erleichtern. Auf jeden Fall war der Countach eine heiße Nummer: sechs Vergaser, zwölf Zylinder, 4,0 Liter und 375 PS, die das Auto mit Geschwindigkeiten von fast 300 km/h dahinrasen ließen. Ein anderes Kennzeichen von Gandinis Entwurf waren die sauberen trapezförmigen Schnitte an den Radöffnungen, doch bald mussten diese abgeändert werden für die sehr ausladenden Kotflügel am LP400S des Jahres 1978, mit denen man die dreißig Zentimeter breiten Räder, die neuen Reifen und die modifizierte Hinterradaufhängung abdeckte.

1982 wurde der Countach noch einmal weiterentwickelt, als der LP500S einen 4,8-Liter-V12 bekam, um den Leistungsverlust durch die Abgasnormen wieder wettzumachen. Einige dieser Autos hatten auch einen Deltaflügel-Spoiler, der auf der Heckklappe nach oben ragte.

1985 folgte eine weitere Modernisierung in Form des LP500S QV („Quattro Valvole") mit neuen Vierventil-Zylindern, die eine Leistungssteigerung auf 455 PS und eine Geschwindigkeit von über 305 km/h ermöglichten.

Schließlich kam zur Feier des 25-jährigen Jubiläums von Lamborghini und des Endes der Countach-Produktion (und dem Erscheinen des Diablo) eine letzte „Anniversary"-Edition mit einer vom argentinischen Industriedesigner Horatio Pagani ausgiebig überarbeiteten Karosserie heraus.

Über holprige Strecken: von der Benzinkrise und anderen Problemen

1975/1984

Über holprige Strecken: von der Benzinkrise und anderen Problemen

Während die Dekade, die Mitte der siebziger Jahre endete, von der Geschwindigkeit der Autos bestimmt war, sollten die folgenden zehn Jahre von der Geschwindigkeit gekennzeichnet sein, mit der sich die Bedingungen für die Leute änderten, die Autos bauten und verkauften, wie auch für die, die diese Autos kauften und fuhren. Statt sich mit ihrer Geschwindigkeit zu beschäftigen, fragte man sich, wie sicher, umweltfreundlich und kraftstoffeffizient die Autos werden konnten. 1964 hatte der amerikanische Kongress die Sicherheitsstandards für Fahrzeuge festgelegt, die von der Bundesregierung erworben wurden. Im folgenden Jahr publizierte der Kongressberater Ralph Nader sein vielbeachtetes Buch Unsafe at Any Speed – „Gefährdet bei jeder Geschwindikeit" –, in dem er die Sicherheitsbedingungen von Autos und besonders die potenziellen Gefahren anprangerte, denen Fahrer des Chevrolet Corvair ausgesetzt waren. Er kritisierte die Weigerung von General Motors, dieses Problem zu beheben, obwohl es pro Fahrzeug nur 15 Dollar gekostet hätte.

1966 billigte der Kongress den National Traffic and Motor Vehicle Safety Act, eine Maßnahme, die die Normen von 1964 neben zusätzlichen Sicherheitsvorschriften auf alle im Land verkauften Autos übertrug. Da die Vereinigten Staaten begonnen hatten, mehr Autos einzuführen als auszuführen, betrafen diese Normen Automobilhersteller auf der ganzen Welt. Bald wurden Sicherheitsnormen, einige davon noch strenger als die amerikanischen Standards, auch in Europa und Japan eingeführt.

Die Vereinigten Staaten verlangten beispielsweise, dass die Autos mit Sicherheitsgurten ausgerüstet werden mussten, die die Fahrzeuginsassen im Falle eines Unfalls zurückhalten konnten. In vielen Ländern, ironischerweise allerdings nicht in den USA, wurden die Fahrer verpflichtet, diese Gurte auch wirklich anzulegen. Um die amerikanischen Fahrer vor sich selbst zu schützen, wurden 1984 Normen verabschiedet, die die Autohersteller verpflichteten, die Fahrzeuge mit „passiven Maßnahmen" auszurüsten, also Sicherheitsausstattung wie Airbags, die sich bei einem Aufprall aufblasen, um eine Schutzbarriere aufzubauen.

In der Zwischenzeit verband sich in Südkalifornien, bekannt für seinen Sonnenschein, die Strände und seine gebräunten Surfer, die ultraviolette Sonnenstrahlung zu oft mit den Industrie- und Autoabgasen, was zu einer gefährlichen Luftverschmutzung führte, besser bekannt als „smog". 1963 wurden in Kalifornien Gesetze verabschiedet, um die Reduzierung von Abgasemissionen aus Motorfahrzeugen zu erzwingen. Diese Standards wurden 1965 in den gesamten Vereinigten Staaten übernommen, während sich die kalifornischen noch verschärften, die wiederum 1970 landesweit mit Überarbeitung des „Clean Air Act" eingeführt wurden.

Andere Länder entwarfen Anfang der siebziger Jahre ihrer eigenen Vorschriften zur Luftqualität, und in Europa, das bereits Fahrzeuge mit niedrigerem Verbrauch hatte, wandte man sich dem Dieselmotor zu, um die für den sogenannten „Treibhauseffekt" verantwortlich gemachten Abgase wie Kohlendioxid zu reduzieren. In den folgenden Jahren wurden in der ganzen Welt die Vorschriften über die Schadstoffemissionen von Fahrzeugen immer strenger. Als ob die neuen Sicherheits- und Umweltschutzgesetze nicht schon Herausforderung genug für die Automobilgesellschaften waren, organisierte 1973 die Organization of Petroleum Exporting Countries (OPEC) als Folge des arabisch-israelischen Konfliktes (Jom-Kippur-Krieg) ein Erdölembargo, das die USA und einige Teile Europas ganz besonders hart traf. Die Erdölförderung wurde 1979 nach dem Sturz des Schahs von Persien erneut gedrosselt. Um Benzin zu sparen, wurden die Tempolimits auf den amerikanischen Interstates drastisch reduziert und auf 55 Meilen/h (88,5 km/h) festgelegt. Dann verlangte ein neuer Energy Policy and Conservation Act von den Autoherstellern, den Benzinverbrauch ihrer Fahrzeuge deutlich zu verringern. Drei Jahre später wurde eine Sondersteuer auf alle in den USA verkauften „Autos mit hohem Kraftstoffverbrauch" erhoben, die nicht den Mindeststandards von niedrigem Kraftstoffverbrauch entsprachen. Diese Vorschriften belebten den Absatz von in Japan und Europa gebauten Autos, wo Steuern und Abgaben Benzin bereits viel teurer als in den Vereinigten Staaten und daher Produktion und Verkauf von Fahrzeugen mit niedrigem Verbrauch attraktiv gemacht hatten.

VORHERIGE SEITE DER TESTAROSSA WAR DAS GEWAGTESTE DESIGN DER ZEIT, DANK EINER LANGEN KEILFÖRMIGEN KAROSSE, DIE VON EINEM LUFTLEITSYSTEM GEKENNZEICHNET WAR, DAS DEN KÜHLENDEN LUFTSTROM ZU DEN KÜHLERN IN DEN HINTEREN FLANKEN LEITETE.

RECHTS EIN CRASHTEST IM RENAULT-TECHNOLOGIE-ZENTRUM WÄHREND DER FRÜHEN ACHTZIGER JAHRE.

1975/1984

BMW M1

UNTEN LINKS DER DESIGNER GIORGETTO GIUGIARO ERFORSCHTE NEUE IDEEN ZUM SCHUTZ BEI UNFÄLLEN MIT FRONTAL- ODER HECK-AUFPRALL IN EINIGEN ZEICHNUNGEN, DIE ER 1978 FÜR DEN NEUEN BMW M1 ANFERTIGTE.

RECHTS DAS DESIGN DES BMW M1 SCHLOSS DEN CHARAKTERISTISCHEN DOPPELNIEREN-KÜHLERGRILL IN EINER SCHMALEN SCHNAUZE EINER KEILFÖRMIGEN KAROSSERIE EIN, DIE MÖWENFLÜGEL-TÜREN HATTE. DAS FAHRZEUG WAR DAS EINZIGE PRODUKTIONSAUTO VON BMW MIT EINEM MITTELMOTOR.

Anlässlich der Olympischen Spiele von 1972 ließ BMW, dessen Firmenhauptsitz in München ist, von Designdirektor Paul Bracq ein besonderes Konzeptauto entwerfen. Der BMW Turbo mit Möwenflügeln wurde als experimentelles Sicherheitsfahrzeug vorgestellt, auch wenn seine keilförmige Linie und die tiefliegende Karosserie es mehr wie einen ungewöhnlichen Sportwagen als wie ein Fahrzeug aussehen ließen, das ganz im Hinblick auf Sicherheit konzipiert war. Der Wagen war in vielerlei Hinsicht bemerkenswert. Er bekam seinen Namen vom Turbolader des Vierzylinderantriebs, der ein Jahr später das vorangekündigte, leistungsstärkste Sportcoupé des Unternehmens, den 2002, antreiben sollte. Das Olympiaauto war auch der erste BMW mit Mittelmotorarchitektur. Machen wir einen schnellen Sprung ins Jahr 1975 und zu den jüngst überarbeiteten Bestimmungen für internationale Wettrennen und zu BMWs Bestreben, seine Konkurrenzfähigkeit in internationalen Belastungsrennen aufrechtzuerhalten. Der 3.0 CSi von BMW war bereits in die Jahre gekommen, daher brauchte man ein neues Auto, das in Gruppe 4 der Markenweltmeisterschaft antreten konnte. Da Bracq in seine Heimat Frankreich zurückgekehrt war, um für Peugeot zu arbeiten, wandte sich BMW an Giorgetto Giugiaro, um eine Karosserie auf Basis des Konzeptautos Olympic Turbo von 1972 zu entwerfen. BMW schloss einen Vertrag mit dem italienischen Sportwagenhersteller Lamborghini, um einen Rohrrahmen

zu entwickeln und die 400 Fahrzeuge zu bauen, die zur Erfüllung der Zulassungsanforderungen für die Gruppe 4 notwendig waren. Dieses neue Auto, der BMW M1, sollte nicht von einem Vierzylinderturbo, sondern von einer Spezialanfertigung des Sechszylinderreihenmotors von BMW angetrieben werden.

Während sich der neue Antrieb mit dem 3,5-Liter-Motor des wunderschönen Coupé 635 CSi die gleiche Grundstruktur teilte, sollte die BMW Motorsport GmbH, die Rennabteilung des Unternehmens, diese Motoren nach Maß anfertigen und besondere Komponenten einbauen, wie die 24 Ventile und den Verteilungsmechanismus der obenliegenden Doppelnockenwelle. Das Ergebnis war eine mehr als wettbewerbsfähige Renneinstellung von 470–500 PS. Sogar die normale Straßenversion des Fahrzeugs entwickelte 270 PS, die es ermöglichten, in weniger als 5,5 Sekunden von Null auf 100 km/h zu beschleunigen und auf der Autobahn Geschwindigkeiten von über 255 km/h zu erreichen. Doch diese Ergebnisse sollten sich nur langsam einstellen. Einige finanzielle Probleme bei Lamborghini verzögerten die Produktion.

Schließlich wurden die Fahrzeuge gebaut, und der BMW M1 wurde 1978 auf dem Autosalon von Paris offiziell vorgestellt. Aber es gab ein weiteres Problem: Die neuen Regeln für Rennwagen verlangten, dass 400 Fahrzeuge der ersten Produktion nicht nur gebaut, sondern auch verkauft werden mussten. Bei einem Preis von 100 000 DM (ungefähr 51 200 Euro) war der BMW M1 ebenso teuer wie exotisch. Obwohl die Automobilenthusiasten danach gierten, einen so ungewöhnlichen BMW zu besitzen und zu fahren, war der Absatz erst 1980 ausreichend für eine Rennzulassung. Einer dieser BMW, der

von Hans Stuck und Nelson Piquet gefahren wurde, gewann in diesem Jahr die renommierten 1 000 Kilometer auf dem Nürburgring, doch das Regelwerk hatte sich schon wieder weiterentwickelt, sodass der M1 allmählich veraltet war. Dennoch gewann das Auto immer mehr an Wertschätzung. BMW und die Formula One Constructors Association schufen die Procar-Serie, um die Zuschauer bei den Grand-Prix-Veranstaltungen zu unterhalten, und viele der besten Rennfahrer der Welt konnten ihre Talente am Steuer des M1 unter Beweis stellen.

UNTEN IN DER MITTE DER M1 SPIEGELT SEINE ITALIENISCHE HERKUNFT WIDER. DIE KONSTRUKTIONSVORARBEITEN WURDEN VON LAMBORGHINI GELEISTET. DAS ENDDESIGN KAM VON GIORGETTO GIUGIARO.

OBEN RECHTS DER EINSATZ DER MITTELMOTORARCHITEKTUR VERLIEH DEM M1 EIN PROFIL, DAS SICH VON DEM, WAS BMW SONST FÜR DEN STRASSENVERKEHR HERGESTELLT HATTE, DEUTLICH UNTERSCHIED.

In den Kindertagen des Automobils hatte August Horch für Carl Benz gearbeitet. 1899 gründete Horch eine Automobilgesellschaft unter seinem eigenen Namen, doch zehn Jahre später verließ er das Unternehmen und begann noch einmal bei Null. Da er keinerlei kommerzielle Rechte mehr an der Verwendung seines eigenen Namens hatte, nannte Horch sein neues Unternehmen Audi. Horchen heißt auf Lateinisch „audire", und so wurde aus Horch Audi. Und das Publikum horchte tatsächlich auf, als die Audis von Horch die Alpine Rallye so oft gewannen, dass das Unternehmen in den ständigen Besitz der Trophäe der Rallye-Weltmeisterschaft kam – ein Vorgeschmack auf die zukünftigen Ereignisse. Mit Sitz in Berlin überlebte Audi die vierziger Jahre nur knapp, zog nach Ingolstadt in Süddeutschland und organisierte sich neu unter Kontrolle von Daimler-Benz. 1964 übernahm Volkswagen die Mehrheitsbeteiligung. 1972 kam Ferdinand Porsches Enkel, Ferdinand Piëch, um die technische Entwicklungsabteilung von Audi zu leiten. Piëch hatte in Porsches renommierten Rennprogrammen eine bedeutende Rolle gespielt und war begierig, Audi einen wettbewerbsfähigen Zuschnitt zu verpassen. Der Audi-Ingenieur Jörg Bensinger fand diesen wettbewerbsfähigen Zuschnitt, als er Wintertests am VW Iltis, einem Jeep-ähnlichen Fahrzeug, durchführte. Piëch erkannte das Potenzial, das in der Nutzung eines Allradantriebssystems schlummerte. Die Entwicklungsphase begann 1977. Im Januar 1978 erklommen einige Prototypen mit Sommerreifen Europas steilste Bergpässe, doch im selben Frühjahr konnten sie die Vorzüge des Allradantriebs auch bei schönem Wetter unter Beweis stellen, als sie auf dem Hockenheimring Zeiten einfuhren, die mit denen des Porsche 911 mithalten konnten. Der Audi Quattro wurde 1980 auf dem Autosalon von Genf vorgestellt. Um im Vergleich zum LKW-Allradantriebssystem mit seinem schweren Schaltkasten Gewicht zu sparen, verwendete Audi ein einfaches, aber elegantes Dauersystem mit einer hohlen Antriebswelle, die auf die Vorder- und Hinterachse die gleiche Leistung lieferte. Dieses permanente Allradantriebssystem wurde unter die Karosserie eines Audi 80-Coupé montiert, doch für mehr Leistung wurde der Vierzylindermotor des Audi 80 durch einen 2,1-Liter-Fünfzylinder-Turbolader aus dem Audi 200 ersetzt. Mit vier Rädern, die für den Antrieb sorgten, und 177 PS, die sofort auf 200 in der Version für den normalen Straßenverkehr und auf 300 in der Sport Quattro-Version mit kurzem Radstand für internationale Rallye-Wettbewerbe der Gruppe B anwuchsen, war der Audi Quattro schnell und stabil. Das Auto hatte sein inoffizielles Wettbewerbsdebüt im Herbst 1980, als es eine halbe Stunde vor dem Sieger der Rallye von Portugal ins Ziel kam, obwohl es nur ein Servicefahrzeug war. Ein Jahr später, 1981, horchten die Leute tatsächlich auf, als die Audi Quattro, die nunmehr regulär an den Rennen teilnahmen, vier internationale Rallyes gewinnen konnten. Der Sieg von San Remo durch die französische Rennfahrerin Michelle Mouton und ihre Navigatorin Fabrizia Pons war der erste, der von einem reinen Frauenteam eingefahren wurde; dann wurde Michelle Mouton zweite der Fahrermeisterschaft. Audifahrer gewannen die Meisterschaft auch noch in den nächsten zwei Jahren, und Mouton sowie der amerikanische Rennfahrer der Indy-Rennen, Bobby Unser, und Walter Röhrl machten die ganze Welt auf diese Autos aufmerksam, als sie zwischen 1984 und 1987 drei Mal den Pikes Peak Hill Climb gewannen. „Der Audi Quattro war eines der wichtigsten Autos der achtziger Jahre", schrieben die Autoren von *Cars, 1930–2000* und meinten weiter: „Für einige ist es sogar das wichtigste."

UNTEN IN DER MITTE AUDI STELLTE DIE FÄHIGKEITEN SEINES „QUATTRO-ANTRIEBS" BEI RALLYES UND STEIGUNGSRENNEN UNTER BEWEIS, WO DIE BODENHAFTUNG FÜR EINEN SIEG VON ENTSCHEIDENDER BEDEUTUNG WAR.

OBEN RECHTS DAS QUATTRO-SYSTEM MIT PERMANENTEM ALLRADANTRIEB DES AUDI KAM OHNE DEN SCHWEREN SCHALTKASTEN AUS, DER UNTER ALLRADGETRIEBENEN LKWS VERWENDET WURDE. DURCH AUFTEILUNG DES ANTRIEBS AUF VORDER- UND HINTERACHSE KONNTE DER AUDI NICHT NUR DIE BODENHAFTUNG VERBESSERN, SONDERN AUCH DIE VERTEILUNG DER LEISTUNG AUF DIE STRASSENOBERFLÄCHE.

AUDI QUATTRO

DE LOREAN DMC12

Es hört sich wie die Handlung aus einem Hollywoodfilm an: Ein faszinierender, erfolgreicher Manager einer Automobilgesellschaft verlässt das Unternehmen, um sein eigenes Auto, „das ethische Sportauto", zu bauen. Er sammelt Mittel bei berühmten Investoren, spielt bei der Suche nach einem Standort für seine Fabrik ausländische Regierungen gegeneinander aus, stellt die berühmtesten Autodesigner und -ingenieure der Welt ein, um sein Auto in Handarbeit herzustellen, und beginnt schließlich mit der Produktion. Doch seine Gesellschaft verliert Geld, er wird wegen Drogenhandels und Steuerhinterziehung angeklagt, auch wenn er später in allen Punkten freigesprochen wird. Das hört sich wirklich wie ein Hollywood-Plot an, doch im Fall des John Z. (für Zachary) DeLorean und seines DMC-12, eines Sportwagens mit Möwenflügeln und rostfreier Stahlkarosse, handelt es sich keineswegs um einen Film. Es ist alles wirklich passiert. DeLorean war ein „whiz kid" – „Wunderkind" – und einer von Detroits führenden Männern. Der Sohn eines Autoindustriearbeiters studierte Ingenieurswesen, leitete bei Packard die Abteilung Forschung und Entwicklung, ging dann zu General Motors und trug dazu bei, das Phänomen des muscle car zu schaffen. Er war der Generaldirektor von Pontiac und dann von Chevrolet, aber schließlich verließ er die USA. Mit Unterstützung der britischen Regierung gründete er ein Unternehmen in Nordirland, um sein eigenes Auto zu bauen, ein Fahrzeug, das von Giorgetto Giugiaro entworfen und produziert wurde, auch wenn es technisch tatsächlich von Colin Chapman und Lotus so gut wie möglich neu konstruiert wurde. Die Prototypen wurden von Vierzylinder-Citroën-Motoren angetrieben, doch auch die Serienmotoren, 2,8-Liter-V6-Motoren, die in Joint-Venture von Peugeot, Renault und Volvo geteilt wurden, erwiesen sich als kaum geeignet, den DMC-12 zu einem Fahrzeug zu machen, das man ernsthaft als einen Sportwagen betrachten konnte. Der Motor entwickelte nur 145 PS und ein Drehmoment von 16,9 kgm. Viele Testfahrer meinten, dass die Fabrikangaben von 8,5 Sekunden für eine Beschleunigung von Null auf 100 km/h und einer Spitzengeschwindigkeit von 210 km/h mindestens so optimistisch waren wie DeLoreans Einschätzung, dass „die langerwartete Revolution des Transports" mit der Fertigstellung des DMC-12 begonnen hatte.

Es gab allerdings revolutionäre Elemente im Design des Autos, wie die Kleinigkeit der elektrisch betriebenen Seitenfenster und DeLoreans Beharren darauf, dass die Fiberglaskarosserie mit einem Überzug aus rostfreiem Stahl versehen werden müsse. DeLorean lobte die Qualitäten des Autos, pries es als den idealen Wagen für den „erfolgreichen Junggesellen". Das Auto war eines der ersten mit einem komplett elektronischen Interieur, doch allzu oft bedeutete dies bloß eine elektrische Panne, die die Flügeltüren blockierte und die Passagiere im Inneren gefangen hielt. Nichtsdestotrotz erregten die Autos Aufmerksamkeit dank ihrer eleganten Linie und der glänzenden Raumschiffkarosserie. Im Laufe von drei Jahren wurden ungefähr 8 500 DeLoreans gebaut, die unter Sammlern zu einer Art Kultobjekt wurden. Und während DeLoreans Leben noch darauf wartet, verfilmt zu werden, war sein Auto sicher schon ein Star, da es 1985 Michael J. Fox und Christopher Lloyd in *Zurück in die Zukunft* in der Zeit hin und her beförderte.

OBEN LINKS HOLLYWOOD MACHTE AUS DEM AUTO MIT STAHLKAROSSERIE VON JOHN DELOREAN EINE IKONE, ALS MAN IHM EINE ROLLE IN DER FILMREIHE *ZURÜCK IN DIE ZUKUNFT* GAB.

UNTEN IN DER MITTE JOHN Z. DELOREAN TRUG ZUR HERSTELLUNG DES GTO BEI PONTIAC BEI, TRÄUMTE ALLERDINGS DAVON, DAS ZU BAUEN, WAS ER ALS „DAS ETHISCHE SPORTAUTO" BEZEICHNETE.

FERRARI TESTAROSSA

Dieses Fahrzeug war automobiler Extremismus. Ein Auto ohne Mittelmaß. Ein Auto, das man wegen seiner Exzesse entweder liebte oder hasste. Man muss es sich ja nur einmal anschauen. So breit, wobei die Breite seines keilförmigen Profils noch von jenen enormen seitlichen Lufteinlässen betont wird, die im hinteren Kotflügel untergebracht sind, der knapp hinter den Vorderrädern beginnt, dann ansteigt und breiter wird, während er nach hinten über die Türen und die breiten Hinterräder (25,4 Zentimeter) den oberen Rand der Rücklichter erreicht. Irgendjemand hat die Luftschlitze als Käsereibe bezeichnet. Andere nannten sie Eierschneider. Allerdings zogen diese Elemente nicht nur die Aufmerksamkeit auf sich, sondern auch die Luft, um den 5,0-Liter-Boxermotor zu kühlen, der 390 PS entwickelte und dieses breite keilförmige Fahrzeug auf Geschwindigkeiten von über 290 km/h beschleunigte. Wenn man den Testarossa steuerte, verstand man, wie man sich als Olympialäufer fühlt, einer, der auf die 200 Meter spezialisiert ist, bei denen es nicht nur auf die Geschwindigkeit ankommt, sondern auch auf die Fähigkeit, in der Kurve seine Linie beizubehalten, oder vielleicht auch als American-Football-Star, der sich mächtig seinen Weg bahnt und jeden hinwegfegt, der ihn vor der Spielfeldmitte stoppen will. Der Name Testarossa – „Roter

Kopf" – kam von der Farbe der Ventilkopfdeckel, wurde von einem der berühmtesten Ferrari übernommen, dem berühmten Renn-Spider 250 Testa Rossa, der in den vier Jahren zwischen 1958 und 1962 drei Sportwagen-Weltmeisterschaften gewann. Der neue Testarossa mit elektrisch verstellbaren Sitzen und serienmäßiger Klimaanlage, Innenausstattung und Teppichen aus handgenähtem Leder war der Nachfolger des Ferrari 512 BB (Berlinetta Boxer), weshalb sich die Designer und Techniker auch mit den typischen Problemen des BB herumschlagen mussten: ein heißer Innenraum und wenig Platz im Kofferraum.

Um den enormen Motor zu kühlen, ohne den Innenraum zu überhitzen, wurden zwei große Kühler im Heck anstelle eines einzigen Frontkühlers eingebaut. So blieb unter der Haube Platz für Gepäck. Der Motor bekam vier neue Ventile pro Zylinder, natürlich in Rot. Ein tiefer Schwerpunkt, eine breite Spurweite und riesige Hinterreifen verliehen dem Auto eine bemerkenswerte Bodenhaftung, auch wenn die Gesamtbreite des Fahrzeugs, fast zwei Meter, und die Vorderräder von 20,3 Zentimetern das Parken zu einer Herausforderung machten. Doch es war keine allzu große Herausforderung, da die eleganten Restaurants mit Parkservice glücklich waren, wenn vor ihrem Lokal ein solches Fahrzeug im Pininfarina-Design stand und für Aufmerksamkeit sorgte. „Falls es je ein Auto gegeben hat, das die hedonistischen Exzesse der achtziger Jahre eingefangen hat, dann war das der Ferrari Testarossa", schrieb der amerikanische Autojournalist Jack Nerad. „Für die Puristen bedeutete sogar der Name Verrat. Der Originalrennwagen 250 Testa Rossa war nicht nur atemberaubend schön, er machte auch auf den Rennstrecken eine gute Figur ... Der Testarossa der achtziger Jahre dagegen verfügte über keinerlei Rennstammbaum. Er war ein Auto, das entworfen und gebaut worden war, um aus dem Image Kapital zu schlagen. Und da Kapital und Gewinnstreben alles war, was die achtziger Jahre ausmachte, war es das perfekte Auto seiner Zeit." „Was ihn rettete", so muss auch ein so scharfer Kritiker wie Nerad zugeben, „war die Tatsache, dass es einfach auch ein verflucht schönes Auto war."

VIELE SPORTWAGEN WURDEN MIT VERLÄNGERTEN, TIEFEN UND BREITEN FORMEN UND MIT HINTER DEM FAHRGASTRAUM MONTIERTEN ZWÖLFZYLINDERMOTOREN AUSGESTATTET, DOCH KEINEM VON IHNEN GELANG ES, SO GESCHMACKVOLL EXTRAVAGANT ZU WIRKEN WIE DER TESTAROSSA.

Wie man ein modernes Auto schafft – und einen modernen Autokonzern

1985/1994

Wie man ein modernes Auto schafft – und einen modernen Autokonzern

Konsolidierung und Schaffensfreude können als sich widersprechende Phänomene erscheinen. Doch je näher das Ende des zwanzigsten Jahrhunderts heranrückte, desto stärker neigte die Autoindustrie zur Konsolidierung, während sie neue Fahrzeugklassen und mindestens eines der Modelle wiederbelebte, das Jahre zuvor eingestellt worden war. Es gab einmal eine Zeit, da gab es über hundert Automobilgesellschaften, und das allein in Detroit, Michigan. Einige davon waren zu schwach, hatten zu wenig Kapital, hatten in die falsche Technologie investiert, bauten ein zu schlechtes Produkt oder wurden einfach nur schlecht geführt. Einige fusionierten: Die größeren Gesellschaften kauften die kleineren auf. Und das passierte nicht nur in Motown (motor + town = Detroit), das passierte überall dort, wo Autos gebaut wurden. Die Gesellschaften kamen und gingen. Doch niemals in dem Ausmaß von Konsolidierung, das gegen Ende des zwanzigsten Jahrhunderts stattfand. Die Träume der Unternehmen von einem „Weltauto" – ein neues Model T oder ein neuer Volkswagen Käfer – schienen frommes Wunschdenken zu sein, doch der Weltautokonzern nahm tatsächlich Form an. Deutschlands Daimler-Benz kaufte Amerikas Chrysler (und damit zusammen Dodge und Jeep) und erwarb einen bedeutenden Anteil an Japans Mitsubishi. BMW kaufte Großbritanniens Rover und Rolls-Royce. Um nicht abgehängt zu werden, fügte Volkswagen Lamborghini, Bentley und Bugatti einem Portefeuille hinzu, zu dem bereits Audi, Seat und Skoda gehörten.

In Frankreich, wo Peugeot und Citroën sich zusammengeschlossen hatten, erwarb Renault die Kontrolle über Nissan. Ford kaufte die britischen Marken Land Rover, Jaguar und Aston Martin, einen Mehrheitsanteil an Mazda in Japan und dazu noch Volvo. Schwedens anderer großer Autohersteller Saab kam unter das Dach von General Motors, in dem sich bereits viele amerikanische Marken und Teile von Suzuki und Subaru aus Japan, Daewoo aus Südkorea und Fiat aus Italien tummelten. Südkorea wurde zu einem der größten Autoproduzenten dank der Partnerschaft von Hyundai und Kia.

Irgendwie schafften es Toyota, Honda und Porsche, unabhängig zu bleiben, doch dafür musste Porsche zu seiner Sportwagenlinie ein Sports-Utility-Fahrzeug (Geländewagen) dazunehmen. Die Sports-Utility-Fahrzeuge und der Minivan gehörten zu den Früchten der Schaffensfreude, die genau in der Zeit der Konsolidierung von dieser Industrie angeboten wurden. Das SUV (sport utility vehicle) stammte von Fahrzeugen ab, die für den militärischen Gebrauch geschaffen worden waren. Doch etliche Zivilisten fanden, dass die robuste Struktur, Allradantrieb und Innenräume, die denen normaler Autos immer mehr glichen, für sicheren Transport auch auf dem Asphalt sorgen konnten. Wie das SUV war der Minivan ein Fahrzeug geschaffen worden war, um sieben oder acht Personen zu befördern.

Es gab noch ein weiteres Phänomen, das allerdings nicht ganz neu war. Dabei handelte es sich um das überraschende Comeback des britischen Roadsters, nur dass er diesmal aus Japan kam. Das Roadster-Revival begann bei Mazda und seiner Version des klassischen britischen Sportwagens der fünfziger und sechziger Jahre, nur dass Mazdas MX-5 mit moderner mechanischer Ausstattung gebaut wurden. Kein Ölverlust. Keine elektrischen Alpträume. Er war leicht und gut ausgeglichen, vergnüglich zu fahren und doch erschwinglich. Und plötzlich bauten alle offene Zweisitzer …

Japan produzierte auch das andere unerwartete Phänomen des späten zwanzigsten Jahrhunderts, als die Definition „japanisches Luxusauto" nicht länger als Oxymoron galt. Jahrzehntelang waren japanische Autos nichts anderes als „econoboxes" gewesen, kleine, billige Fahrzeuge. Doch mit dem Acura, dem Lexus und dem Infiniti bewiesen die Japaner, dass ihre Industrie zur Automobilherstellung der vollen Bandbreite gereift war. Mercedes-Benz, Jaguar, Cadillac und andere Automobilkonzerne mussten sich ganz schön anstrengen, um mit den Gesellschaften mithalten zu können, die ein paar Jahr zuvor noch nicht einmal in ihren Rückspiegeln aufgetaucht waren. Und noch ehe eine Autogesellschaft auch nur daran denken konnte, einen Gang zurückzuschalten, setzte sich China auf die Überholspur und erwies sich als der Riese auf dem Markt des neuen Jahrtausends.

VORHERIGE SEITE DAS KONZEPTAUTO DODGE VIPER HATTE FAST EINEN COMICHAFTEN CHARAKTER, DOCH EIGENTLICH WAR NICHTS KOMISCH AN DER SERIENVERSION DES AUTOS, DAS VON EINEM V10-MOTOR ANGETRIEBEN WURDE.

RECHTS ENZO FERRARI FEIERTE DEN VIERZIGSTEN GEBURTSTAG SEINER GESELLSCHAFT MIT EINEM GANZ BESONDEREN GESCHENK: DEM KEILFÖRMIGEN SUPERCAR MIT HOHEM FLÜGEL UND EINER SPITZENGESCHWINDIGKEIT VON 323 KM/H MIT DER BEZEICHNUNG FERRARI F40.

1985/1994

Ferrari

FERRARI F40

DER F40 BERIEF SICH AUF DIE TRADITION DES FERRARI 250 GTO EINER WEIT ZURÜCKLIEGENDEN ÄRA. DIE VIER LUFTSCHLITZE IM KAROSSERIEHECK WAREN IN ERINNERUNG AN DIE LUFTEINLÄSSE ENTWORFEN WORDEN, DIE DIREKT HINTER DEN VORDERRÄDERN DES HISTORISCHEN FERRARI LAGEN.

Enzo Ferrari stellte sein letztes Auto am 21. Juli 1987 vor. Dieses Auto war der Ferrari F40, der so genannt wurde, weil mit ihm – selbstverständlich von Pininfarina – der vierzigste Geburtstag des Autounternehmens des Commendatore gefeiert werden sollte, einer Gesellschaft, die zur berühmtesten auf der ganzen Welt geworden war und deren Gründer 1988 im Alter von 90 Jahren sterben würde. Wo die anderen Ferraris nur mutig und ungewohnt gewesen waren, war der F40 absolut gewagt und hatte die anziehende Ausstrahlung einer Sirene.

Es war nicht nur der schnellste Serien-Ferrari, der je produziert worden war, es war auch das schnellste Auto auf der Welt mit Straßenzulassung. Und mit einem Grundpreis von 399 150 Dollar (zum Zeitpunkt der Zulassung für den Verkauf in den USA) wahrscheinlich auch das teuerste. Der F40 war der geistige Erbe des Ferrari 288 GTO, der selbst erst 1984 als potenzieller Kandidat für die Gruppe B der Motorsportwettbewerbe herausgekommen war, und er war eine Hommage an den Geist des Original-GTO, des Ferrari 250 GTO, des berühmten Gran Turismo Omologato von 1960. Wie der 288 GTO war der F40 sowohl für die Rennstrecke wie für die öffentlichen Straßen entworfen worden. Und wie der 288 GTO saß der F40 auf einem Gestell, das auf dem des Straßenwagens 308 GTO basierte, ein Erbe, das man auch erkennen konnte, wenn man ein wenig unter die extremen Modifizierungen der Karosserie schaute. Wegen der Doppelnatur des Autos für Piste und Straße sah der Entwurf vor, dass der Motor seitlich hinter den Sitzen montiert wurde, mit manueller Fünfgangschaltung im Heck. Diese Konstruktion sorgte auch für Raum für ein Paar Turbokompressoren, die es dem 3,0-Liter-V8 ermöglichten, fast 480 PS zu erzeugen.

Wem diese Leistung immer noch ungenügend erschien, für den bot die Fabrik ein Paar zusätzlicher Turbos an und stattete den Motor mit einem zusätzlichen Satz Nockenwellen aus, die weitere 200 PS lieferten.

Sogar der Standardmotor reichte aus, den Limousinen ähnlichen Luftwiderstandskoeffizienten von 0,34 zu überwinden und das leichte Supercar in 3,9 Sekunden von Null auf 100 km/h zu beschleunigen und dann zu einer Spitzengeschwindigkeit von 323 km/h zu treiben. Auch wenn der F40 länger und fast 71 Millimeter breiter als der GTO war, so war er doch um fast 59 Kilogramm leichter dank einer Karbon-Kevlar-Karosserie, einer Motorhaube aus Plastik (mit breiten Schlitzen zur Verbesserung der Kühlung) und dem Fehlen von überflüssigen Elementen wie Teppichen, Radio und elektrischer Fensterheber (obwohl man Klimaanlage bekommen konnte). Während das Gewicht der Karosse weniger geworden war, waren ihre Ausmaße gewaltig gewachsen mit langer aerodynamischer Schnauze, breiten Fortsätzen an den Stoßfängern und hohem, in die hinteren Seitenelemente integrierten Brückenflügel auf dem Heck.

Ein Höhenregulierungssystem senkte das Auto je nach Geschwindigkeit automatisch ab, doch die Stabilität bei hohen Geschwindigkeiten war darüber hinaus durch den enormen Heckspoiler und andere Karosserieanbauten gewährleistet, die mit dafür sorgten, dass die Pirelli P Zero-Reifen (vorne 43 Zentimeter und hinten 45,7 Zentimeter, alle auf Speedfire-Leichträdern montiert) auf der Straße blieben.

Der F40 war auch mit selbstlüftenden Bremsen und Brennstoffzelle ausgerüstet, und die Sitze wurden auf Anfrage des Besitzers individuell angepasst.

Es scheint, dass sich Enzo das Beste – oder zumindest das Provokanteste – für den Schluss aufbewahrt hat.

BUGATTI EB110

Ettore Bugattis Vater Carlo war ein berühmter Möbelzeichner, der im ausgehenden neunzehnten Jahrhundert mit seiner Familie von Mailand nach Paris zog. Ettores Bruder Rembrandt war ein gefeierter Bildhauer, besonders für Tierfiguren. Ettore war auch ein Künstler, ein Automobilkünstler. Er baute sein erstes Auto, als er noch ein Teenager war, dann arbeitete er für verschiedene deutsche Karosseriebauer, bevor er sich im Elsass niederließ, wo er sein eigenes Autobauunternehmen 1909 in Molsheim eröffnete. Bugatti baute schnelle Rennautos und elegante Straßenfahrzeuge. Seine Rennautos gewannen in den ersten Jahren des zwanzigsten Jahrhunderts mehr als zweitausend Veranstaltungen, und seine Fahrzeuge für den Straßenverkehr erzielen immer noch astronomische Preise, wenn sie auf Auktionen von Sammlerfahrzeugen erhältlich sind. In ihrem Buch über das erste Jahrhundert des Automobildesigns schreibt die Professorin Penny Sparke, die Bugatti zeigten „eine außergewöhnliche Verbindung von Funktionalität und Schönheit ... Die Autos spiegelten äußerlich ihre Leistungsfähigkeit wider." Bugattis Sohn Jean folgte den Spuren seines Vaters bis zu seinem Tod während eines Autotests 1939. Ein anderer Sohn,

ETTORE UND JEAN BUGATTI HÄTTEN DIE KLEINE HUFEISENFORM IN DER MITTE DES FRONTALEN LUFTEINLASSES WIEDERERKANNT UND HÄTTEN SEINE KÜNSTLERISCHEN DETAILS UND SEINE FORTSCHRITTLICHE AUTOMOBILE ARCHITEKTUR GESCHÄTZT.

Roland, versuchte, die Gesellschaft nach Ettores Tod 1947 weiter zu betreiben, doch die Marke verschwand bis in die späten Achtziger von der Bildfläche, als der italienische Autohändler Romano Artioli in Zusammenarbeit mit Michel, einem anderen Bugatti-Sohn, die Marke wieder auferstehen ließ. Artioli engagierte den Architekten Giulio Benedini, um eine neue spektakuläre Fabrik zu entwerfen, die dann in Campogalliano bei Modena gebaut wurde. Artioli stellte auch den ehemaligen Lamborghini-Ingenieur Paolo Stanzani als technischen Direktor ein und den ebenfalls legendären Marcello Gandini als Designer. Jedoch war keiner von ihnen mehr mit dabei, als der neue Bugatti, der EB110, vorgestellt wurde. Nicola Materazzi, der die Entwicklung des Ferrari 288 GTO und des F40 geleitet hatte, beendete die Arbeit, die Stanzani begonnen hatte, während Benedini das Design der ungewöhnlichen Karosserie vervollständigte. Das Auto bekam seinen Namen von den Initialen Ettore Bugattis und die Zahl, weil es in Paris an seinem 110. Geburtstag präsentiert wurde. Die neue Gesellschaft behauptete, dass der Bugatti EB110 das schnellste, jemals gebaute Auto für Straßengebrauch sei, dass sein neuer 3,5-Liter-V12-Motor mit 60 Ventilen, vier Turbokompressoren und 550 PS den allradgetriebenen Sportwagen in nur 3,7 Sekunden von Null auf 100 km/h beschleunigen könne (Spitzengeschwindigkeit: 340 km/h). Als ob das nicht genug wäre, war auch eine leichtere Super Sportversion erhältlich mit 611 PS und einer Höchstgeschwindigkeit von 356 km/h.

Als das Fahrzeug vorgestellt wurde, hatte es ein (vom französischen Unternehmen Aerospatiale gebautes) Kohlenstofffaserchassis mit Stahldach und Aluminiumkarosserieblechen. Es besaß scherenartig verankerte Türen und das Bugattizeichen in Form eines hufeisenförmigen Lufteinlasses in der Mitte der Kühlerverkleidung. Das Auto kostete 486 000 Dollar, für einen Aufpreis von 93 000 Dollar bekam man die Version SS. Fast hundert EB110 und weitere zwei Dutzend des Modells SS wurden gebaut, doch das Unternehmen konnte nicht überleben. Artioli investierte Geld, um 1993 von Lotus Engineering technische Perfektion zu erwerben, und beauftragte im selben Jahr Italdesign mit der Schaffung eines viertürigen EB112. Ein Konzeptauto wurde noch vorgestellt, doch Giugiaros Firma zog sich von dem Projekt zurück, da sie nicht bezahlt worden war, und das Auto ging nicht in Produktion. Das Bugatti-Unternehmen zog sich aus der Produktion zurück und stellte sie schließlich 1995 ein. Allerdings sollte es schon drei Jahre später wieder auferstehen, dieses Mal mit Volkswagen, das die Rechte an der historischen Marke aufkaufte.

Anfang 1988 stattete Carroll Shelby dem neuen Präsidenten von Chrysler, Bob Lutz, einen Besuch ab. Shelby war der frühere Gewinner des Le-Mans-Rennens, Schöpfer des Shelby Cobra mit Ford-Antrieb und Besitzer einer Werkstatt, die nach einem Streit mit Ford mit Chrysler-Produkten arbeitete. Lutz war der Inbegriff des leitenden Angestellten der Automobilindustrie, ein Autokenner und ehemaliger Jagdpilot des U.S. Marine Corps, der über eine persönliche Sammlung von ungewöhnlichen Autos verfügte, darunter auch eine Cobra-Replik. In ihrer Unterhaltung kamen sie darauf zu sprechen, dass jemand einen modernen Cobra bauen sollte, ein Auto, das Computerteufelswerk verschmähen und stattdessen ein altmodisches amerikanisches Sportauto werden sollte, zum Spaß an Geschwindigkeit und Wind in den Haaren.

Lutz rief Chryslers Chefingenieur François Castaing hinzu, einen Franzosen, der einen Großteil seiner Karriere mit der Entwicklung von Autos für die Grand-Prix- und Le-Mans-Rennen verbracht hatte. Man hatte schon mit der Arbeit an einem neuen V10-Motor begonnen, mit einem ausreichenden Drehmoment, um die riesigen Dodge-Lastkraftwagen anzutreiben. Lutz fragte sich, ob dieser Antrieb auch für einen Sportwagen geeignet sei, wenn er aus Aluminium statt aus Eisen gegossen und beispielsweise auf 400 PS eingestellt werden würde. In der Zwischenzeit arbeitete Designdirektor Tom Gale an einem neuen Aussehen für die Dodge-

DODGE VIPER RT/10

UNTEN IN DER MITTE DER DODGE VIPER WAR EIN WIRKLICHER RÜCKSCHRITT IN EINE FRÜHERE AUTOMOBILÄRA. DAS FAHRZEUG HATTE KEINE SEITENFENSTER ODER ÄUSSERE TÜRGRIFFE.

OBEN RECHTS DER VIPER VERSCHMÄHTE DIE VERWENDUNG VON FLÜGELN, VERBORGENEN SCHEINWERFERN UND ÄHNLICHEM. DAS ZIEL WAR ES, EINEN MODERNEN HOT-ROD-SPORTWAGEN ZU ENTWERFEN.

wagen ... und 1998, auf der Autoshow von Detroit, wurde dieser neue Look mit dem Concept Car Dodge Viper vorgestellt, einem provokanten Fahrzeug mit leuchtend roter Lackierung, einer breiten Kugelschnauze, integriertem Überrollbügel direkt hinter den beiden Sitzen, voluminösen Reifen und prominenten Seitenauspuffrohren – und einem Namen, der Shelbys Original-Cobra ganz unverhohlen Reverenz erwies. Damals schien niemand zu erwarten, dass Chrysler ein derartiges Auto in die Produktion nehmen würde, doch ein Prototyp des Viper diente beim 500-Meilen-Rennen von Indianapolis in 1991 als Streckenfahrzeug mit dem 68-jährigen Shelby am Steuer, wenige Monate, nachdem er sich einer Herztransplantation unterzogen hatte. Die Serienproduktion begann noch im gleichen Jahr, und 1992 wurde dieses Auto auf der Detroit Autoshow offiziell vorgestellt. Der Viper RT/10 war ein Roadster (eine Coupé-Version wurde 1996 hinzugefügt) mit einen 8,0-Liter-V10-Antrieb, der seine beträchtliche Leistung – 400 PS und ein Drehmoment von 62,2 kgm dank der Tuning-Hilfe von Lamborghini, damals Teil der Chrysler-Gruppe – durch ein manuelles Borg-Warner-Sechsganggetriebe an die Hinterräder schickte. Das Auto besaß einen Stahlrahmen und eine faserverstärkte Komposit-Karosse ohne äußere Türgriffe. Der Viper hatte keine Seitenfenster, auch wenn es Seitenvorhänge gab, die man anbringen konnte, und bei unfreundlicher Witterung konnte man ein kleines Klappverdeck aus Stoff über den Fahrgastraum ziehen. Die Höchstgeschwindigkeit lag bei „nur" 265 km/h, doch die Kraft des Autos lag in der Beschleunigung, nicht in der Spitzengeschwindigkeit. Der Viper kam in nur 4,5 Sekunden von Null auf 100 km/h und konnte in Beschleunigungsrennen die Viertelmeile in nur 13,5 Sekunden bewältigen. Das Fahrzeug war auch in der Lage, in nur 14,5 Sekunden von Null auf 160 km/h zu beschleunigen. Trotz seines außergewöhnlichen Leistungspotenzials kostete das Auto 50 000 Dollar, fast 15 000 Dollar weniger als der Acura NSX oder die Höchstleistungsversion der Chevrolet Corvette und mehr als 70 000 Dollar weniger als der billigste Ferrari.

UNTEN IN DER MITTE DIE HECKANSICHT DES VIPER LÄSST KEINE ANZEICHEN VON AUSPUFFROHREN ERKENNEN. WIE EIN WAHRER ALTMODISCHER HOT-ROD HATTE DER VIPER DIE AUSPUFFROHRE AN DEN SEITEN.

OBEN RECHTS DODGE ENTWICKELTE SEINEN V10 FÜR DEN ANTRIEB VON GROSSEN LASTKRAFTWAGEN. DURCH DEN GUSS DES ANTRIEBS IN LEICHTEREN LEGIERUNGEN UND MIT EINIGEN MODIFIZIERUNGEN DURCH LAMBORGHINI LIEFERTE DER 8,0-LITER-MOTOR FÜR DEN VIPER-SPORTWAGEN BETRÄCHTLICHE PFERDESTÄRKEN UND EIN UNHEIMLICHES DREHMOMENT.

VIPER RT/10
VIPER

Auch wenn die Produktion des Superautos von Jaguar erst 1992 begann, hatte der Chefingenieur der Gesellschaft Jim Randle bereits sieben Jahre zuvor in seinen Weihnachtsferien darüber nachgedacht, was wohl nötig wäre, um ein Fahrzeug zu bauen, dass den Porsche 959 übertreffen würde. Der 959 war ein technologisches Juwel: ein Fahrzeug mit hohem Flügel und breitem Flachboden, der auf dem Porsche 911 basierte, mit Biturbo und 450 PS, mit Sechsganggetriebe und permanentem Allradantrieb mit Reifendruckkontrolle und computergesteuerter Aufhängung mit unterschiedlichen Antriebskarten für starken Schnee oder Matsch, Eis, nassen Untergrund oder ein besonders trockenes Klima. Auch wenn es wie ein ungewöhnlicher Sportwagen aussah (und es war), das zu Spitzengeschwindigkeiten von fast 320 km/h fähig war, gewann das Fahrzeug den anstrengenden Wüstenausdauermarathon Paris-Dakar von 1986.

Randle teilte seine Überlegungen mit anderen Jaguar-Ingenieuren und -Designern, und bald formierte sich ein „Saturday Club", der in seiner Freizeit das Auto erarbeitete, ohne dass die Gesellschaft davon wusste, geschweige denn es genehmigt hätte. Schließlich informierte das Team das Unternehmen über die erzielten Ergebnisse. Keith Helfer von Jaguars Styling-Studio wurde mit dem Design für eine Aluminium-Karosse beauftragt; Tom Walkinshaw Racing, das bereits in Le Mans mit Jaguar-Antrieb antrat, wurde eingespannt, um für den Motor zu sorgen, und etliche örtliche Spezialisten wie FF Developments, brachten ihre Erfahrung ein. Der XJ 220 erlebte seine Premiere bei der Birmingham Motor Show von 1988. Jaguar verkündete, dass das Auto nach der vorgesehenen Höchstgeschwindigkeit von 220 Meilen pro Stunde (352 km/h) benannt wurde, was es zum schnellsten Produktionsauto machte, das den internationalen Straßenvorschriften entsprach. Wenn genügend Interesse auf Seiten der potenziellen Kundschaft

JAGUAR XJ 220

STRASSENWAGEN, DOCH SEIN REKORD VON ÜBER 340 KM/H WURDE SCHLIESSLICH 1998 VOM MCLAREN F1 ÜBERTROFFEN.

bestünde, würde Jaguar 220 Exemplare des XJ 220 bauen. Der Original Jaguar 220 war mit einem 500-PS-V12-Motor mit Biturbo versehen und war eine sehr große „Raubkatze", eigentlich sogar zu groß. Es waren einige Modifizierungen nötig. Als die Produktion 1992 begann, war das Auto schon um 25,4 Zentimeter kürzer, auch wenn es mit seinen 222 Zentimeter von einem Seitenspiegel zum anderen das breiteste Fahrzeug auf Großbritanniens Straßen war, mit Ausnahme vielleicht der riesigen Lastwagen und Doppeldeckerbusse. Der Wechsel von zwölf auf sechs Zylinder trug zur Verkürzung des Autos bei, und das ohne Leistungsverlust, was zum Teil auch an der Gewichtsreduzierung von etwa 270 Kilogramm lag. Der Biturbo-V6 mit vier Ventilen pro Zylinder und Trockengehäuseschmierung entwickelte über 540 PS. Das Fahrzeug beschleunigte in nur 3,5 Sekunden von Null auf 100 km/h und in nur acht Sekunden von Null auf 160 km/h.

Im Mai 1991 drehten Prototypen nicht nur die schnellsten Runden auf der langen und gewundenen historischen Rennstrecke des Nürburgrings in Deutschland, sondern erreichten auf einer ovalen Rennstrecke in Fort Stockton, Texas, 341,7 km/h, was ihnen den Geschwindigkeitsrekord für Serienautos einbrachte (der so lange bestand, bis er vom McLaren F1 übertroffen wurde). Jaguar und Walkinshaw bildeten ein Joint Venture, JaguarSport Ltd., um die Autos zu bauen, und die ersten Autos wurden ab dem Sommer 1992 ausgeliefert. Damals plante man, 350 Einheiten des XJ 220 zu bauen, eines Modells, das im Gegensatz zu einigen anderen ultrateuren und ultraschnellen Autos, die im Grunde nichts anderes waren als für den Straßengebrauch umgerüstete Rennwagen, über einen kom- plett in Leder bezogenen Innenraum mit Klimaanlage und anderem Luxuszubehör verfügte.

Doch die Produktion verzögerte sich, und die Preise stiegen bis auf 750 000 Dollar, fast das Doppelte der ursprünglich angesetzten Summe, wodurch viele Kunden eine Rückerstattung ihres Vorschusses verlangten.

MCLAREN F1

OBEN LINKS DIE SCHERENTÜREN DES MCLAREN F1 ÖFFNEN SICH, UM DEN BLICK AUF DREI PLÄTZE FREIZUGEBEN, WOBEI DER FAHRER IN DER MITTE UND LEICHT NACH VORNE VERSETZT PLATZ NIMMT.

UNTEN IN DER MITTE AUCH WENN DER MCLAREN F1 IN DER LAGE WAR, MIT GESCHWINDIGKEITEN VON ÜBER 385 KM/H DAHINZURASEN, WAR DAS FAHRZEUG MIT ANNEHMLICHKEITEN WIE KLIMAANLAGE UND LUXUSSTEREOANLAGE AUSGESTATTET.

Wie so viele junge Männer vor und nach ihm träumte Gordon Murray davon, eines Tages das ultimative Auto bauen zu können, ohne sich Sorgen um das Budget machen zu müssen. Im Gegensatz zu all den anderen jedoch bekam Murray diese Chance. Murray studierte mechanisches Ingenieurswesen in Südafrika, wo er geboren war, baute dann seine eigenen Rennwagen (weil er es sich nicht leisten konnte, die von anderen hergestellten zu kaufen) und begriff, dass seine Fähigkeiten im Design und nicht so

sehr im Fahren lagen. In der Erwartung, für Lotus arbeiten zu können, machte er sich nach England auf, entwarf aber stattdessen ferngesteuerte Raketen, bis er endlich im Brabham-Grand-Prix-Team arbeiten konnte. Für dieses Autounternehmen schuf er 1978 das „Fan Car", ein Auto, das einen großen, hinten montierten Ventilator nutzte, um sich buchstäblich am Boden festzusaugen (bis dies von Regeländerungen untersagt wurde). Nelson Piquet wurde 1981 mit Murrays Brabham BT49 und zwei Jahr später mit dem BT52 Weltmeister.

Murray wechselte nach der Saison von 1986 ins McLaren-Team. Das Unternehmen war gerade auf seinem Höhepunkt, denn seine Fahrer gewannen in den acht Saisons zwischen 1984 und 1991 die Weltmeisterschaft siebenmal, und der Teamleiter Ron Dennis war bereit, nicht nur das ultimative Rennauto, sondern auch das ultimative Straßenauto zu schaffen, und er bot Murray diese Aufgabe an. Wie bei einem Formel-1-Rennwagen wurde das Straßenauto McLaren F1 mit einer Kohlenstofffaser-Karosserie mit selbsttragendem Aufbau (obgleich mit einer verstärkenden Mittelstrebe) gebaut. Der Motor wurde hinter dem Passagierraum angesiedelt, den Murray so entwarf, dass nicht nur zwei, sondern drei Personen darin Platz finden konnten. Und wie in einem Rennwagen saß der Fahrer in der Mitte und nach vorne versetzt.

Zum Antrieb des Autos gab es einen eigens geschaffenen neuen Motor, ein 6,1-Liter-BMW-V12-Motor, der 627 PS und ein Drehmoment von 649 Nm erzeugte. Diese Leistung wurde auf die 43-cm-Hinterräder durch ein sondergefertigtes Sechsganggetriebe übertragen, das wie jeder Aspekt dieses Autos, sowohl im Hinblick auf hohe Geschwindigkeiten, wie auch Gewichtsreduzierung entwickelt wurde. Trotzdem wurde das Auto mit Klimaanlage ausgerüstet, ebenso mit elektrischen Fensterhebern, Kenwood-Stereo-Anlage, lederbezogenen Connolly-Sitzen und maßgeschneidertem Gepäck, das in die Karosserieelemente vor den Hinterrädern passte. Murray verwendete ein paar kleine Ventilatoren unter dem Auto, um die Bodenhaftung zu verbessern, und als Ergänzung zu den riesigen Scheibenbremsen einen hinteren Spoiler, der einen aerodynamischen Bremseffekt erzeugte, wenn er zur Steigerung der Bremswirkung ausfuhr. Zur Schaffung einer Karosserie, das zu Murrays Auto passte, engagierte McLaren Peter Stevens. Mit seinen 4,2 Metern war der McLaren F1 mehr oder weniger so lang wie der Porsche 911.

Der McLaren F1, der 1992 beim Grand Prix von Monaco vorgestellt wurde, war ebenso dynamisch wie sensationell. 1993 erreichte der Pilot Jonathan Palmer in der Sommerhitze von Nardo in Italien bei den Tests eines Prototypen die Höchstgeschwindigkeit von 372 km/h. Dann erreichte Andy Wallace im März 1998 eine Durchschnittsgeschwindigkeit von 386,7 km/h auf der ovalen Teststrecke von Volkswagen in Deutschland und stellte damit den offiziellen Geschwindigkeitsrekord für Personenkraftwagen mit Straßenzulassung auf. Im Verlauf von vier Jahren baute die McLaren Cars Limited in Woking, England, fast 100 F1 in Handarbeit, jeden davon zu einem Preis von mehr als 800 000 Dollar.

Vollgas voraus:
Das sind die
schönen alten Zeiten

1995/heute

Vollgas voraus: Das sind die schönen alten Zeiten

Sind wir schon da? Das ist eine Frage, die Millionen von Eltern in vielen verschiedenen Sprachen von ihren ungeduldigen Kindern auf den Rücksitzen gehört haben. Aber für die Automobilgesellschaften, für ihre Führungskräfte, Techniker und Designer und für ihre Zulieferer, für Regierungsbeamte, Umwelt- und Sicherheitsexperten, für Studenten und ja, auch für die ganz gewöhnlichen Autofahrer ist die größte Frage nicht: Sind wir schon da? Sie lautet vielmehr: Wohin fahren wir? Wohin führt uns diese Straße, der wir in unseren Motorfahrzeugen folgen, je weiter wir ins 21. Jahrhundert vordringen? Wird es genügend Erdöl geben, um unsere Fahrzeuge in Bewegung zu halten – jetzt, wo China, Indien und andere bevölkerungsreiche Länder beginnen, ihre eigenen Automobilepochen zu beschreiten?

Und zu welchem Preis? Was kostet es unseren Planeten, diese Insel im Weltraum, die wir Erde nennen? Wenn das Öl versiegt, werden wir dann alternative Energiequellen bereit haben? Und was werden sie kosten? Was werden die neuen Herausforderungen sein, denen wir uns stellen müssen? Wohin fahren wir? Und wie wissen wir, ob wir angekommen sind? Während wir uns im Übergang befinden von den Autos, die wir bislang gefahren haben, hin zu denen, die wir morgen fahren werden, kann es ganz aufschlussreich sein, festzustellen, wo wir jetzt sind und wie weit wir bereits gekommen sind. Die einzige vergleichbare Gemeinsamkeit von einer modernen Limousine und Henry Fords Model T ist die Tatsache, dass sie beide innere Verbrennungsmotoren und vier Räder besitzen. Die heutigen Fahrzeuge sind elektronische Wundermaschinen. Ganz offensichtlich hat jedes Automobil, das heute von jedem Fließband auf der Welt rollt, mehr Rechenleistung an Bord als die Rakete und die Landekapsel, die den Menschen auf den Mond gebracht hat. Die computergesteuerte Technologie nutzt vorausschauendes Radar, zurückblickende Kameras und sogar Frontkameras, die die Straßenmarkierungen lesen können, um uns dabei zu helfen, Unfälle zu vermeiden. Wenn entweder der Fahrer die Kontrolle verliert oder schlechtes Wetter für trügerische Straßenverhältnisse sorgt – die computergesteuerten Dynamikkontrollen können uns dabei helfen, dass das Auto nicht von der Straße abkommt. Falls es dennoch zu einem Unfall kommen sollte, bläst die eine technologische Vorrichtung den Airbag auf, der den Aufprall abfängt, und eine andere ruft automatisch einen Krankenwagen herbei. Die computerisierte Zauberei leitet, informiert und unterhält uns, wenn wir durch die Gegend fahren oder wenn wir im Straßenlabyrinth der Städte nach einer Adresse suchen. Computer verbessern unsere Fahrzeuge, noch ehe wir es bemerken. Computergestütztes Design, computergestützte Konstruktion und Produktion haben Autos geschaffen, die besser gebaut sind, sicherer sind und mehr Spaß beim Fahren machen.

Sie denken, die sportlichen Autos der vergangenen Generationen wären wundervoll zu fahren gewesen? Die sparsamen Limousinen von heute sind schneller, sauberer, umweltfreundlicher und verfügen über eine präzisere Lenkung, bessere Aufhängungssysteme und viel bessere Bremsen. Bis vor kurzem war 300 km/h eine Geschwindigkeit, die jenseits der Vorstellungskraft der meisten Automobilisten lag. Das sind sie wohl immer noch, und doch kann man Autos von Ferrari, Lamborghini und Porsche, aber auch von Mercedes-Benz und Ford kaufen, die die Sicherheitsstandards und Emissionsvorschriften erfüllen und dabei Geschwindigkeiten von über 300 km/h erreichen können.

Sicher sind diese Autos teuer und werden mit einem Leistungspotenzial ausgeliefert, das über die Fähigkeiten der meisten Autofahrer hinausgeht. Doch auch der Durchschnittsfahrer kann ein technologisch fortschrittliches Auto kaufen, das mit Benzin, Diesel, Erdgas oder einem Hybridantrieb betrieben wird, zu dem sowohl ein Elektromotor sowie ein innerer Verbrennungsmotor gehören. Und die sauberen Wasserstoffbrennstoffzellen sind nicht mehr in weiter Ferne. Sind wir schon da? Nein, aber wir kommen immer näher. Nicolaus Otto, Carl Benz, Gottlieb Daimler, Emile Levassor und Henry Ford würden sich wundern, wenn sie sehen könnten, was sie in Bewegung gesetzt haben. Leonardo da Vinci möchte wissen, ob ihm jetzt endlich jemand die Schlüssel aushändigt, damit er losfahren kann.

VORHERIGE SEITE WAS WÄRE WENN? DAS WAR EINE FRAGE, DIE SICH DIE AUTOINDUSTRIE SCHLIESSLICH STELLEN KONNTE. WAS WÄRE, WENN MAN EINEN FORMEL-1-RENNWAGEN MIT STRASSENZULASSUNG BAUEN KÖNNTE? DANN BEKÄME MAN DEN ENZO FERRARI.

RECHTS WAS WÄRE, WENN MAN DIE ESSENZ EINES AUTOS EINFANGEN KÖNNTE, DAS SO VIEL FÜR SO VIELE MENSCHEN BEDEUTET HAT WIE DER VW KÄFER, ALLERDINGS IN EINER MODERNEN VERPACKUNG? NUN, DANN BEKÄME MAN DEN NEW BEETLE.

1995/heute

Vielleicht hat Mazda 1990 das Roadster-Revival mit seinem MX-5 begonnen, doch es waren die deutschen Luxus- und Hochleistungsmarken, die das Projekt auf ein höheres Niveau brachten. BMW machte den Anfang und brachte 1996 den Z3 heraus. Es folgten Mercedes-Benz mit dem SLK, komplett mit klappbarem Hardtop, und Porsche mit dem Boxster, der die stilistischen Kennzeichen der berühmten Rennwagen 550 Spider und RS 60 wiederaufnahm und verbesserte. Die Geschichte des BMW-Roadsters geht zurück ins Jahr 1935 und zu den Modellen 315/1 und 319/1. 1936 hatte BMW eigentlich mit

OBEN LINKS DESMOND LLEWELYN, DER DIE ROLLE DES TECHNIKZAUBERERS Q IN SO VIELEN BOND-FILMEN GESPIELT HATTE, HALF BEI DER PRÄSENTATION DES BMW Z3, DIE MIT DESSEN DEBÜT IN *GOLDEN EYE* 1995 ZUSAMMENFIEL.

UNTEN IN DER MITTE DER Z3 WAR DAS PRODUKT EINES MODERNEN UND GLOBALEN AUTO-UNTERNEHMENS. OBWOHL IN DEUTSCHLAND VON BMW ENTWORFEN UND KONSTRUIERT, WURDE DAS AUTO IN EINER NEUEN FABRIK IN DEN USA GEBAUT.

seinem 328 den modernen Roadster erfunden, der auf der Straße wie auf der Rennstrecke Leistungsstandards setzte. BMW baute den 507 in den späten fünfziger Jahren, und begann dann die Produktion von 8 000 Exemplaren des Z1, eines Autos, das wegen seiner elektrisch motorisierten Türen in Erinnerung geblieben ist, die sich waagrecht unter die Seitenelemente zurückzogen. Aber der Z3 war etwas ganz anderes: Es war die moderne Interpretation des klassischen Roadsters. Zum ersten Mal sollte dieser Roadster in bedeutenden Mengen und in einer neuen BMW-Fabrik gebaut werden, die nicht in Deutschland, ja nicht einmal in Europa lag, sondern in den Vereinigten Staaten, und dort weit weg von Detroit in Spartanburg, South Carolina. Der Z3 wurde mit vielen Komponenten des Coupés aus 3er-Reihe von BMW gebaut, doch die Karosse war ein purer Roadster mit seinem traditionellen Nieren-Kühlergrill in einer kurzen Nase vor einer langen gebogenen Motorhaube. Eine Reihe von Luftschlitzen verliehen den vorderen Seitenelementen Charakter. Die wohlproportionierten Türen, obwohl sie nicht besonders lang waren, erlaubten ein recht bequemes Ein- und Aussteigen. Im klassischen Roadster-Stil war der Z3 mit einem kurzen und abgerundeten Schwanz versehen. Der Antrieb kam von einem BMW-Vierzylinderreihenmotor von 1,9 Litern, der 140 PS entwickelte, die ausreichten, um die 1 224 Kilogramm des Fahrzeugs in ungefähr neun Sekunden auf 100 km/h zu beschleunigen und zu einer Spitzengeschwindigkeit von 190 km/h zu treiben. Das Auto, das dabei herauskam, war von Anfang an gut ausgewogen, und es machte Spaß, es zu fahren, besonders 1997, als eine Version mit 2,8-Liter-Sechszylinderreihenmotor angeboten wurde, der die PS-Zahl auf 190 brachte.

Als ob das noch nicht genug wäre, bot BMW auch einen Roadster M aus seiner Sportwagenabteilung an. Diese Version wurde von einem 240 PS starken 3,2-Liter-Sechszylinder angetrieben, der in weniger als sechs Sekunden auf 100 km/h beschleunigen konnte. Als Hommage an seinen berühmten 507 baute BMW 2001 eine limitierte Anzahl der größeren Z8-Roadster, ausgestattet mit einem V8-Motor (5,0 Liter Hubraum, 394 PS), der auch in der Superlimousine M5 eingesetzt wurde. Das auch optisch veränderte Nachfolgemodell, der BMW Z4, kam 2003 in Deutschland auf den Markt.

BMW Z3

VOLKSWAGEN NEW BEETLE

OBEN IN DER MITTE DER NEW BEETLE VON VOLKSWAGEN WAR NICHT NUR NIEDLICH, ER WAR AUCH SICHER UND ERZIELTE IN DEN BEWERTUNGEN VON KOLLISIONSTESTS HOHE PUNKT-ZAHLEN.

UNTEN LINKS OBWOHL DAS DESIGN DEN CHARAKTER DES ORIGINAL-VW-KÄFERS EINFING, BASIERTE DIE NEUE VERSION AUF DER GOLF-PLATTFORM UND IST MIT EINEM VORNE MONTIERTEN MOTOR MIT FLÜSSIGKÜHLUNG AUSGESTATTET.

UNTEN RECHTS DIE NEW BEETLE ROLLEN NACH DER LACKIERUNG DURCH DEN TROCKNER.

Volkswagen war nicht daran interessiert, seinen berühmten Käfer wiederzubeleben, obwohl das käferförmige Modell das meistverkaufte Auto aller Zeiten war. „Alte Knochen soll man nicht wieder ausgraben", sagt man in Deutschland, wo der Käfer, als der der ursprüngliche Typ 1 bekannt war, für alte Knochen stand, Erinnerungen an den „Volkswagen" aus den Tagen des Dritten Reiches und die harten Zeiten, die darauf folgten. Doch in den Vereinigten Staaten und an vielen anderen Orten auf der Erde war der Käfer eine positive Ikone. Das Auto hatte mehr als günstige und doch zuverlässige Mobilität geboten, und er diente vielen als Inspiration – von Herbie in Disneys Ein toller Käfer zu den „Flower-Power"-Fahrzeugen mit den psychedelischen Lackierungen der Hippiezeit. Wie es so oft bei Autogesellschaften der Fall ist, macht Verzweiflung erfinderisch, und daher war das Timing richtig, als die amerikanischen Designer J. Mays und Freeman Thomas mit der Arbeit am Konzeptauto Concept 1 begannen, das 1994 der Star der Autoshow in Detroit sein sollte. Aufgrund der Beliebtheit des Originalkäfers verkaufte Volkswagen 1970 mehr als eine halbe Million Autos in den USA. Doch ein veränderter Geschmack, neue Konkurrenten im In- und Ausland und die neuen Sicherheitsbestimmungen sowie andere Vorschriften ließen den Originalkäfer alt aussehen, und der Ersatz für ihn, der Golf, ein kantiger Fünftürer, konnte in Amerika nie so recht Fuß fassen. Bis 1993 waren die Verkaufszahlen von VW auf dem größten Automarkt der Welt um mehr als das Zehnfache gesunken. VW brauchte etwas, das seine Marke wiederbeleben konnte, und dieses Etwas war der New Beetle, der „neue Käfer". Der Ausstellungswagen Concept 1 war auf der kleinen Plattform des Volkswagen Polo gebaut worden, der noch nicht einmal für den amerikanischen Markt zugelassen war, und wurde von einem im Hinblick auf die kalifornischen Null-Emissions-Vorschriften entworfenen elektrischen Antrieb gespeist. Doch all das zählte nicht für die Amerikaner, die nur die käferähnliche Form sahen und sich an die glücklichen Zeiten in ihren „bugs" erinnerten. Für die Produktion sollte der New Beetle auf der Golf-Plattform gebaut werden, daher hatte er seinen Benzin- (oder Diesel-) Motor vorne und nicht hinten wie beim Originalkäfer. Der Antrieb sollte ein Vierzylinderreihenmotor mit Flüssigkühlung anstelle eines luftgekühlten Boxer Vier sein; außerdem hatte der New Beetle Vorderradantrieb, während beim Original die Hinterräder für den Antrieb sorgten. Und auch diese Änderungen spielten keine

Rolle, denn obwohl das Auto technisch gesehen ein Heckklappenmodell war, sah es wie kein anderer Fünftürer im Umlauf aus. Es sah aus wie ein richtiger Käfer, nur dass dieses Auto mit moderner Technologie daherkam, mit einem lebhaften (besonders dann, wenn es turbogeladen war, um 150 PS zu entwickeln), aber sauberen Antriebssystem, das in Sicherheitsbelangen höchste Standards erfüllte. Das Fahrzeug verfügte über einen geräumigen und ästhetisch ansprechenden Innenraum, der nachts in ein hellblaues Licht getaucht wurde und wie das Original mit der traditionellen Blumenvase ausgestattet war. Es hatte auch ein modernes Heiz- und Ventilationssystem (inkl. Klimaanlage) anstelle der rudimentären Heizungsleitungen des Originalmodells, die schnell durchrosteten und dann die Fahrer des alten Käfers bei winterlicher Witterung bibbern ließen, während sie sich bemühten, irgendetwas durch die zugefrorene Windschutzscheibe zu erkennen. Noch bevor der „neue Käfer" produktionsbereit war, hatte er das Interesse an der Marke Volkswagen neu geweckt. Die Einführung des Golf der dritten Generation und besonders der Limousine Jetta (Vento), die auf dem Golf basierte, sowie des Passat, einer noch größeren Limousine, trieben die Verkaufszahlen von VW in den Vereinigten Staaten bis zum Ende des Produktionsjahrs 1995 auf über 100 000 Autos. Die Zahl überwand die 200 000er-Marke für das Modelljahr 1998, aber die Markteinführung des New Beetle führte zu einem frenetischen Run auf die Volkswagen-Fahrzeuge, als mehr als 350 000 Amerikaner wieder diese Marke kauften.

UNTEN IN DER MITTE DER ERFOLG DES VOLKSWAGEN NEW BEETLE FÜHRTE ZU EINEM RETRO-REVIVAL IM AUTOMOBILDESIGN, DENN VIELE HERSTELLER SUCHTEN NUN STILISTISCHE KENNZEICHEN FÜR IHRE ZUKÜNFTIGEN AUTOS IN IHRER EIGENEN VERGANGENHEIT.

OBEN RECHTS VOLKSWAGEN ERWEITERTE DIE REIHE DES NEW BEETLE MIT EINER CABRIO-VERSION FÜR DAS MODELL DES JAHRES 2003.

Bald nach seiner Formierung Anfang des Sommers 2002 testete das Team, das den Ford GT entwickeln sollte – das erste wahre Superauto der Gesellschaft mit Straßenzulassung und der spirituelle Nachfolger des berühmten GT40-Rennwagens –, einige der weltbesten Sportwagen. Diese waren ein Dodge Viper, eine Chevrolet Corvette, ein Acura NSX und ein Ferrari Modena.

Es war sofort klar, dass der Ferrari der beste im Bunde war, der Maßstab, an dem der Ford GT – und all die anderen Supercars der Jahrtausendwende – gemessen werden sollte.

Der 360 Modena war seit seiner Vorstellung 1999 auf dem Genfer Autosalon einem enormen Wettbewerbsdruck ausgesetzt. Er sollte den Platz des F355 übernehmen, des bestverkauften Ferrari der Geschichte, und es gab unter den Ferrari-Getreuen einige, die sich darum sorgten, dass das Superauto des Unternehmens für den Straßengebrauch durch etwas ersetzt werden würde, das eher einem luxuriösen Boulevard-Cruiser ähnelte.

Der 360 Modena war luxuriös, zumindest nach den Standards von Ferrari und anderen berühmten Sportwagen. Es war der erste Ferrari, der von innen nach außen entworfen worden war – mit Raum für Golfschläger zwischen den Ledersitzen und dem Mittelmotor. Damit der Innenraum so bequem und ansprechend sein konnte, fuhr der 360 Modena auf einem Achsstand, der fast 15 Zentimeter länger war als der des F355, und das neue Fahrzeug war insgesamt ungefähr 23 Zentimeter länger, mehr als 4 Zentimeter höher und ungefähr 2 Zentimeter breiter. Doch dank des massiven Einsatzes von Aluminium – für das Chassis, die handgeschweißte Karosserie und das Dach, Aufhängungskomponenten, Motor und sogar für die Innenraumausstattung – wog der Modena sogar über sechzig Kilogramm weniger als der F355.

Das Chassis des neuen Autos war auch um mehr als 40 Prozent biegungs- und verdrehungsfester, sodass seine Steuerung und die Aufhängungen besser reagieren konnten. Das Auto

FERRARI 360 MODENA

wurde von Pininfarina entworfen und in 5 400 Stunden in Ferraris Windtunnel verfeinert. Sein flacher Boden und die Leitungen im Heck unter dem Fahrzeug schufen eine Niederdruckzone, die mithalf, den 360 Modena zur Straße zu ziehen. Das Design des Autos – und zwar das, was man sehen konnte wie das was darunter verborgen war – erzeugte einen aerodynamischen Grip, der viermal so hoch war wie der des F355.

Während der 360 Modena nicht mit der Höchstgeschwindigkeit von 320 km/h des F355 mithalten konnte, war das Fahrzeug zwei Sekunden schneller von Null auf 100 km/h und konnte seinen Vorgänger in Fiorano auf der Ferrari-Teststrecke um drei volle Sekunden schlagen.

Der F355 war von einem 3,5-Liter-V8 angetrieben worden, der 375 PS entwickelte. Im 360 Modena wurde der Antrieb auf 3,6 Liter erweitert, außerdem wurden ein neuer Ansaugkrümmer, eine variable Einstellung der Steuerung auf der Auspuffseite und ein elektronischer Gasregulierer eingesetzt. Das Ergebnis: 400 kraftvolle Pferdestärken, die die Hinterräder entweder über ein manuelles Sechsganggetriebe oder eine Sequentialschaltung im Formel-1-Stil erreichten.

Das neue Auto mag zu groß und zu luxuriös für die Ferrari-Standards gewesen sein, doch es war ebenso schnell wie bequem … und es war in der Lage, neue Supercar-Standards auch nur bei der Fahrt zum Golfplatz zu setzen.

UNTEN IN DER MITTE DER FERRARI 360 SETZTE DEN MASSSTAB FÜR DEN NEUEN MODERNEN SUPERSPORTWAGEN. ER WAR NICHT NUR EIN SCHNELLES, SONDERN AUCH EIN STILVOLLES AUTO, WIE SEINE HÖCHST KOMFORTABLE INNENAUSSTATTUNG BEWIES.

OBEN RECHTS DER 360 MODENA BRACH MIT DER FERRARI-TRADITION DURCH DEN EINSATZ VON ZWEI SEPARATEN FRONTALEN LUFTEINLÄSSEN ANSTELLE EINER EINZIGEN ZENTRALEN ÖFFNUNG.

FOLGENDE SEITEN DAS DESIGN DES 360 MODENA ERLAUBT EINEN GUTEN BLICK AUF SEINEN V8-ANTRIEB, EIN 3,6-LITER-MOTOR, DER EINE SCHNELLERE BESCHLEUNIGUNG ERMÖGLICHT ALS DIE DES VORANGEGANGENEN FERRARI F355.

Ferrari
Ferrari OF SAN FRANCISCO

NISSAN 350Z

In den siebziger Jahren war der meistverkaufte Sportwagen der Welt, je nachdem, ob man in Europa, Japan, den USA oder Australien lebte, der Nissan Fairlady Z oder der Datsun 240Z. Unabhängig von seinem jeweiligen Namen war der „Z" leicht und wendig, elegant und sexy, schnell und erschwinglich. Es war mehr als ein Auto, es war ein Symbol für den Geist des Unternehmens, das ihn produzierte.

Aber der Z alterte nicht gut. Obwohl sein Nachfolger von 1984, der Nissan 300ZX, bemerkenswert war – das erste japanische Auto mit einem V6-Motor! – galt er letztendlich doch nur als ein weiterer „Möchtegern"-Z: größer, schwerer und teurer, wenn auch, dank der turbogeladenen Motoren, schneller, aber dennoch weniger aufregend und im Fahrverhalten längst nicht so überzeugend. Wieder repräsentierte das Fahrzeug seinen Hersteller, der sich in ein Zentrum schwacher Automobilbürokratie entwickelt hatte und so verschuldet war, dass sich so mancher bei Nissan gefragt haben mochte, als die Produktion des ZX nach dem Modell des Jahres 1996 eingestellt wurde, ob nun auch für die Gesellschaft das Ende gekommen war. 1999 ging das Unternehmen eine Partnerschaft mit dem französischen Autohersteller Renault ein, der unverzüglich Carlos Ghosn als Nissans neuen nicht-japanischen Geschäftsführer einstellte. Sein Pläne zur Wiederbelebung von Nissan sahen harte und schmerzvolle finanzielle Ziele vor, die allerdings die Gesellschaft wieder zurück auf den Weg zur Rentabilität brachten. Doch das Unter-

LINKS DAS INNERE DES 350 Z IST ZUM FAHRER AUSGERICHTET. SOBALD DAS STEUER GENEIGT WIRD, BEWEGT SICH DIE GESAMTE ANZEIGENGRUPPE ZUSAMMEN MIT IHM.

UNTEN IN DER MITTE
UM DIE ZULASSUNG ZU JAPANISCHEN RENNEN ZU ERHALTEN, PRODUZIERTE NISSAN EINE SONDEREDITION FÜR DEN BINNENMARKT MIT EINER LÄNGEREN SCHNAUZE, MODIFIZIERTEM HINTEREM STOSSFÄNGER UND SPEZIELLEN LÜFTUNGSFÜHRUNGEN ZUR KÜHLUNG DER HINTEREN BREMSEN.

OBEN RECHTS
WELTKLASSE: EIN JAPANISCHES UNTERNEHMEN UNTER LEITUNG EINES IN BRASILIEN GEBORENEN FRANZÖSISCHEN GESCHÄFTSMANNES FAND ZU NEUER STÄRKE MIT EINEM FAHRZEUG, DAS IN DEN USA ERSONNEN UND VON EINEM IN GROSSBRITANNIEN GEBORENEN SOHN INDISCHER EINWANDERER ENTWORFEN WORDEN WAR.

nehmen brauchte mehr als nur einen Plan zu Wiederbelebung. „Wir brauchen wirkliche Fahrzeuge, keine Spielzeuge", wurde Jerry Hirshberg beschieden, als er vorschlug, dass Nissan einen neuen Z, einen 240Z für das 21. Jahrhundert benötigte. „Es gab sehr viel Widerstand." Hirshberg näherte sich seiner Pensionierung als Chef des Nissan Nordamerika-Designstudios, und obwohl er noch bei General Motors gearbeitet hatte, als der 240Z geschaffen wurde, erkannte er, dass das Auto immer noch das definitive Symbol dessen war, was Nissan war und wieder sein konnte. Daher machten sich Hirshberg und sein Studio an die Arbeit, mit Nissans Nordamerika-PR-Direktor Jason Vines als „Co-Konspirator", der aus dem Budget seiner Abteilung Mittel bereitstellte. Zum Glück für ihre Karrieren hatte Ghosn einen 240Z gefahren, als er eine junge Führungskraft bei Michelin war, und erlaubte, dass das Konzeptauto auf der Autoshow in Detroit Anfang 1999 ausgestellt wurde. Der Entwurf entzündete ein neuerliches Interesse für Nissan und seine Fahrzeuge. Bei Nissan intern hatte das Auto den Dialog darüber eröffnet, was die Ziele der Gesellschaft sein sollten. Nissan war sich bewusst, dass es einen neuen Z benötigte. Daher machten sich die Designer, Ingenieure und Produktplaner an die Arbeit, diesmal mit der vollen Unterstützung der Gesellschaft und der Mission, den Geist des Original-240Z einem durch und durch modernen Sportauto einzuhauchen. Und das gelang ihnen. Nissan zeigte Anfang 2001 ein neues Z Konzeptauto auf der Detroiter Autoausstellung, in dem Wissen, dass das Auto mit nur ein paar sachten Korrekturen später im Jahr auf der Autoshow von Tokio als der neue Nissan 350Z des Jahres 2003 vorgestellt werden würde.

MERCEDES-BENZ SLR MCLAREN

Mercedes-Benz sagt, dass sein SLR McLaren eine „aufregende Synthese von Tradition und Innovation" ist. Der Gran Turismo für das 21. Jahrhundert. Ein Auto, das damit zufrieden ist, im Alltag benutzt zu werden, aber auch ein Auto, das die Grand-Prix-Technologie und -Leistung von der Rennstrecke auf die Straße bringen kann, vorausgesetzt natürlich, man findet einen Straßenabschnitt, auf dem man die Höchstgeschwindigkeit dieses Fahrzeugs von rund 335 km/h einmal ausprobieren kann. Für diesen Fall versichert Mercedes, dass einen die Karbonfaserbremsen und die „aerodynamische" Bremse durch den Heckspoiler im Zusammenspiel mit allen erdenklichen Arten von computerisierten Brems- und Karosseriekontroll-Vorrichtungen wieder zur Normalität zurückbringen. Der SLR McLaren erinnert an das Erbe des berühmten Mercedes-Coupés 300SL der fünfziger Jahre mit seinen Möwenflügeltüren, und besonders an die SLR-Versionen, die in internationalen Wettbewerben so erfolgreich waren. Daher gehören zum aktuellen Modell Details wie die vergitterten Lufteinlässe zwischen den vorderen Radkästen und den Türen, die, wenn schon nicht als Möwenflügel, sich doch zumindest nach oben und nach vorne öffnen in einem Stil, den Mercedes als „swing-wing" bezeichnet, wobei die Scharniere in den A-Säulen untergebracht sind. In die Fersenbleche genau unter diesen Lufteinlässen wurden auf jeder Seite des Autos rechteckige Auspufföffnungen eingebaut. 1999 stellte Mercedes auf der Detroiter Autoausstellung seine Vision von einem GT der Zukunft in Form des Vision SLR vor, einem Konzeptauto, das in Deutschland entworfen und in Italien gebaut worden war. Die Vision Wirklichkeit werden ließ danach McLaren, Partner von Mercedes bei der Formel 1 – eine britische Firma, die ein paar Jahre zuvor ihr eigenes Superauto, den McLaren F1, gebaut hatte. McLaren hätte eigentlich eine Platzierung des Motors hinter dem Cockpit vorgezogen,

UNTEN LINKS DIE HECKKLAPPE ÜBER DEM KOFFERRAUM DES MERCEDES-BENZ SLR MCLAREN BIRGT EINEN SPOILER, DER NICHT NUR BEI HOHER GESCHWINDIGKEIT AUSFÄHRT, SONDERN BEIM BREMSEN SEINEN STELLWINKEL VERÄNDERT, UM DEN AERODYNAMISCHEN WIDERSTAND ZU ERHÖHEN UND EIN SICHERES ANHALTEN ZU GEWÄHRLEISTEN.

doch Mercedes wollte eine Frontmotorkonstruktion; ein derartiges Design erlaubte ein traditionelleres GT-Styling mit viel Platz im Inneren für den Fahrer und die Fahrgäste und sogar einem Fassungsvermögen von 272 Litern im Kofferraum. Doch McLaren hatte Gelegenheit, seine Erfahrung in Karbonfaser-Konstruktionstechniken einzubringen, einschließlich zweier großer Karbonfaserkeile, die entworfen worden waren, um im Falle einer Frontalkollision fast fünfmal so viel Energie zu absorbieren wie eine Stahl- oder Aluminiumstruktur. Während McLaren am Chassis arbeitete und die Probleme mit der Dynamik in den Griff bekam, baute die deutsche Tuning-Werkstatt AMG, die vollständig zu Mercedes gehört, in Handarbeit den Supercharged-SLR-V8-Motor von 5,5 Litern, der 617 PS und ein Drehmoment von 780 Nm entwickeln sollte, genug, um das 1 768 Kilogramm schwere Fahrzeug in nur 3,8 Sekunden von Null auf 100 km/h zu beschleunigen und es dann zu seiner fast astronomischen Höchstgeschwindigkeit zu treiben. Doch wenn man den Mercedes-Benz SLR McLaren mit normaleren Geschwindigkeiten fährt, sorgt das Fahrzeug mit seinem Motor für einen niedrigen Verbrauch von knapp 14,8 Litern pro 100 Kilometer. Sogar Leute, die in der Lage sind, 450 000 Dollar für ihr Alltagsfahrzeug zu bezahlen, wissen diese Art Leistung an der Tankstelle zu schätzen.

UNTEN RECHTS DIE SCHNAUZE DES SLR MCLAREN MACHT STARKE ANLEIHEN BEI DEN STILISTISCHEN KENNZEICHEN DER MCLAREN-GRAND-PRIX-RENNWAGEN. NACH DEM ERHÖHEN SEINES ANTEILS AN MCLAREN KONNTE DER DAIMLER-CHRYSLER-KONZERN DIE KOMPETENZ DES BRITISCHEN TEAMS FÜR DIE ENTWICKLUNG DES SLR EINSETZEN.

OBEN LINKS DIE „SCHMETTERLINGSTÜREN" MACHEN DAS INTERIEUR DES SLR MCLAREN EINLADEND.

IN DER MITTE UNTEN EIN MERCEDES-BENZ SLR MCLAREN ROADSTER ALS AUSSTELLUNGSFAHRZEUG.

OBEN RECHTS DIE IKONISCHEN SEITLICHEN AUSLÄSSE DES MERCEDES-BENZ SLR MCLAREN SIND BEIDSEITS DER KAROSSERIE GENAU ÜBER DEN ECKIGEN AUSPUFFENDROHREN ANGEORDNET.

Enzo Ferrari

ENZO FERRARI

Zehn Jahre nach dem Tod von Enzo Ferrari, der 1988 im Alter von 90 Jahren verstorben war, begann Ferrari mit den Vorarbeiten für ein neues Auto, ein Fahrzeug, das über die berühmten F40 und F50 hinausgehen sollte, um der ultimative Sportwagen zu werden. Teils ein Formel-1-Rennwagen, teils ein „Stealth-Bomber", aber auch für die öffentlichen Straßen entworfen, ist es zu Geschwindigkeiten fähig, die man mehr mit Grand-Prix-Wettbewerben in Verbindung bringt als selbst solchen, die auf den geraden Streckenabschnitten der deutschen Autobahnen erreicht werden können. Die Arbeit wurde stark beschleunigt, nachdem Ferrari einer sechzehnjährigen Durststrecke ein Ende setzen konnte, als der Rennstall in der Formel-1-Saison von 1999 die Konstruktionsweltmeisterschaft gewann und Michael Schumacher im Jahr 2000 der erste Ferrari-Pilot nach über zwei Jahrzehnten wurde, der den Weltmeistertitel einfuhr. Um diesen Erfolg zu feiern – und um Kapital daraus zu schlagen –, bediente sich Ferrari seiner beiden Formel-1-Teams, einschließlich der ausgezeichneten technischen und organisatorischen Fähigkeiten von Jean Todt, Ross Brawn und Rory Byrne – mit Schumacher als Testfahrer –, und den Hauptzulieferern des

MIT LINIEN, DIE MEHR AN EINEN „STEALTH-BOMBER" ALS AN EIN EXOTISCHES SPORTAUTO ERINNERN, WIRKT DER ENZO FERRARI FURCHTEINFLÖSSEND UND AUCH IM STAND SCHNELL.

Rennteams – Magneti-Marelli, Bridgestone und Brembo –, um diesen ultimativen Ferrari zu entwickeln. Ein so bedeutendes Auto, dass es weder eine Zahl trug, noch den Namen eines (für Ferrari und seine Fans) wichtigen Ortes, sondern lediglich den Namen des Unternehmensgründers. Das Auto hatte seinen ersten öffentlichen Auftritt im Herbst 2002 auf dem Pariser Autosalon, wo verkündet wurde, dass von diesen Autos nur 399 Exemplare produziert werden würden, und zwar in Ferrari-Rot, in leuchtendem Gelb oder in einem „Stealth-Bomber"-Schwarz (Preis: 670 000 Dollar). Dafür bekam man nicht nur ein Auto, sondern auch die Gelegenheit, die Ferrari-Fabrik zu besichtigen, um den Fahrersitz und die Pedale individuell an die jeweilige Statur anpassen zu lassen.

Das Styling wurde wie gewohnt von Pininfarina übernommen, mit dem Japaner Ken Okuyama als Chefdesigner. Okuyama hatte zuvor bei Porsche und General Motors gearbeitet und wurde nach Beendigung des Enzo Präsident der Abteilung „Transportation Design" an seiner Alma Mater, dem berühmten Art Center College of Design in Pasadena, Kalifornien, zumindest bis Anfang 2004, als er als Kreativ-Direktor für Pininfarina wieder nach Italien zurückkehrte.

Zu Okuyamas langnasigem und tiefliegendem Straßenfahrzeug gehörte ein kreatives und effizientes Lufteinlasssystem sowie ein aktiver Spoiler, die zusammen mit den im Rennstil gehaltenen Tunnel unter dem Karosserieboden dabei halfen, das Doppelte der Bodenanziehungskraft des F50 mit seinen hohen Flügeln zu erzeugen. Eine derartige aerodynamische Kontrolle war notwendig bei einem Auto, das zu Geschwindigkeiten von bis zu 350 km/h fähig war. Das Auto bezog seine Leistung von einem V12-Mittelmotor mit 6,0 Litern, der 660 PS und 67 kgm Drehmoment erzeugte, genug, um den Enzo in nur 3,5 Sekunden von Null auf 100 km/h und in nur 9,0 Sekunden auf 200 km/h zu beschleunigen. In den Händen eines Fahrers wie Schumacher war das Auto auf der Ferrari-Teststrecke bei Fiorano fünf volle Sekunden pro Runde schneller als sein Vorgänger F50. Der Ferrari F1 hingegen konnte den Enzo dank seines extrem reduzierten Gewichts auf derselben Strecke um eine halbe Minute schlagen, da er nicht mit Dingen wie einem zweiten Sitz, einem erlesenen Innenraum mit Klimaanlage und Sicherheitszubehör wie Airbags belastet war, die zu dem Gewicht von 1 365 Kilogramm des Enzo beitrugen. „Das ist das schnellste Ferrari-Straßenauto aller Zeiten", lobten die Herausgeber der britischen Zeitschrift *CAR*, die den Enzo zum zweitcoolsten Auto aller Zeiten kürten (geschlagen nur vom legendären Mercedes-Benz 300SL mit Möwenflügeln).

OBEN RECHTS DER ANTRIEB ZU DEM AUTO, DAS ENZO FERRARIS NAMEN TRÄGT, IST EIN ZWÖLFZYLINDERMOTOR VON 6,0 LITERN, DER 660 PS ENTWICKELT. DIE LEISTUNG WIRD SO SCHNELL ERZEUGT, DASS AUF DEM LENKRAD LICHTER ANGEBRACHT SIND, DIE DEN FAHRER DARAN ERINNERN SOLLEN, WENN ES ZEIT IST, IN DEN NÄCHSTEN GANG ZU SCHALTEN.

FOLGENDE SEITEN EIN MAJESTÄTISCHER ANBLICK: DER ENZO FERRARI MIT WEIT GEÖFFNETEN TÜREN – BEREIT, UM SIE EINSTEIGEN ZU LASSEN.

UNTEN IN DER MITTE DIE FERRARI F40 UND F50 HATTEN HOHE HECKFLÜGEL. DER FLÜGEL DES ENZO DAGEGEN IST AUS DEM WEG, SOLANGE ER NICHT GEBRAUCHT WIRD. ERST BEI BEDARF HEBT ER SICH IN POSITION UND ERZEUGT EINEN UNGLAUBLICHEN SOG NACH UNTEN, UM DAS AUTO FEST AUF DER STRASSE ZU HALTEN.

Die Chevrolet Corvette, der Sportwagen Amerikas, wurde in ihrer langen Produktionsgeschichte für das Modell von 1997 erst zum fünften Mal überarbeitet. Dieser sogenannte C5 wurde als die beste Corvette aller Zeiten gepriesen, vor allem vier Jahre später, als Chevrolet die Z06-Version des Autos wiederbelebte. Der Z06 war ein vom Werk vorbereites Rennsonderausstattungspaket, das von Zora Arkus-Duntov entworfen worden und nur für das Corvette-Modell von 1963 erhältlich war, den berühmten Sting Ray mit geteilter Heckscheibe. Dieses Sonderpaket mit verbesserten Aufhängungen und Bremsen sowie einem 138-Liter-Tank für Ausdauerrennen war entstanden, damit die Corvette zu den neuen Cobras von Carroll Shelby mit Ford-Motoren konkurrenzfähig bleiben konnten.

Chevrolet schuf für die Corvette C5 nicht nur ein modernisiertes Z06-Paket. Diese besondere Corvette bezog ihre Leistung anstelle des normalen „kleinen Blocks" V8 LS1 (als ob 340 PS als „normal" bezeichnet werden könnten) von einem „großen Block" LS6, einem 7,4-Liter-Antrieb mit 385 PS. Man muss wohl nicht extra betonen, dass Chevrolet alles, was es hatte, für diesen neuen Z06 aufbot, wobei man sogar so weit ging, die Karosserie durch Installation eines Titanium-Abgassystems und noch leichterer Reifen um über siebzehn Kilogramm leichter zu machen. Mit ihrem großen Stößelschaftmotor, der jede Menge Drehmoment produzierte, war die neue Corvette Z06 in der Lage, in nur vier Sekunden von Null auf 100 km/h zu beschleunigen und eine Spitzengeschwindigkeit von 275 km/h zu erreichen.

Und doch wurden diese Supercar-Zahlen von einem erstaunlich günstigen Sportwagen (Preis: ungefähr 50 000 Dollar) geliefert, der lebhaft und doch bequem für stundenlange Fahrten auf den Highways war, dank seines im Vergleich zum Vorgängermodell Corvette C4 um 21,5 Zentimeter verlängerten Achsstands. Und das Techniker-Team des Unternehmens machte sich erst warm. 2002 kam es mit einer noch leistungsstärkeren Version des LS6-Motors heraus, der nun über 405 PS und 55,3 kgm Drehmoment verfügte.

Schließlich fuhr sich die Corvette nicht nur wie ein Sportwagen, sie sah auch genauso aus. Dieses neueste Design hatte mit „Bodybuilder-Wölbungen" und aufgesetzten Flügeln nichts am Hut, es war ein sauberes keilförmiges Profil, das in einen breiten, hohen Schwanz auslief, mit ansprechend aussehenden Lufteinlässen, die direkt hinter den Vorderradöffnungen in den Karosseriekörper gehauen waren. Doch so schön sie auch war, es schien, als sei die Corvette das letzte Exemplar ihrer Art, Endstation der amerikanischen Sportwagen. Sogar General Motors hatte Probleme, die Entwicklungskosten zu rechtfertigen, bis Cadillac seine überraschende Wiedergeburt erlebte und die Ingenieure einen Weg gefunden hatten, die Grundelemente des Corvette-Sportfahrzeugs für die Produktion eines luxuriösen Roadsters zu verwenden.

Daher kam 2005 ein weiteres neues Modell der Corvette heraus, der C6, und bald wurde der Z06 mit 500 PS und einer Spitzengeschwindigkeit von über 305 km/h angeboten. Wieder einmal war es die „beste Corvette aller Zeiten".

CHEVROLET CORVETTE

UNTEN IN DER MITTE VERBORGENE SCHEINWERFER WAREN EIN MARKENZEICHEN DER CHEVROLET CORVETTE SEIT DEM BERÜHMTEN STING RAY VON 1963, ABER DIE CORVETTE DER FÜNFTEN GENERATION SOLLTE DIESER ÄRA EIN ENDE SETZEN. DIE CORVETTE VON 2004 HATTE OFFENE SCHEINWERFER.

OBEN RECHTS DIESER AUFRISS ZEIGT DIE INNEREN MECHANISMEN DER FÜNFTEN GENERATION DER CHEVROLET CORVETTE.

Porsches Rennabteilung arbeitete an einem neuen 5,5-Liter-Zehnzylinder-Rennmotor für das 24-Stunden-Rennen von Le Mans, als das Programm erst einmal auf Eis gelegt wurde. Dringendere Aufgaben, vor allem in Form des Geländewagens Cayenne brauchten Porsches Forschungs- und Entwicklungskompetenz. Doch den Ingenieuren wurde versichert, dass es das wert war, denn der Erfolg des Cayenne sollte gewährleisten, dass Porsche ein unabhängiger Autohersteller bleiben könne. Und außerdem könnte eine Dividende dabei herausspringen.

An einem Morgen im Oktober 2000, als die automobile Weltpresse nach einer langen, durchfeierten Nacht auf der Pariser Automobilausstellung noch im Bett lag und schlief, weckte Porsche alle sehr früh und bat sie, im Louvre zusammenzukommen, wo die Dividende in Form des Prototyps für den Carrera GT vorgestellt wurde.

Es handelte sich nicht um einen Rennwagen für Le Mans. Es war ein Straßenwagen, der die Supercars der ganzen Welt herausfordern sollte. Als der Carrera GT dann 2003 in Produktion ging, war sein Motor auf 5,7 Liter erweitert worden und entwickelte gut 600 PS. Aber das Fahrzeug selbst war sogar noch fortschrittlicher als seine Motorengruppe. Der Carrera GT war auf einem faserverstärkten selbsttragenden Aufbau aus Plastik gebaut, der strukturell so steif und stabil wie der eines jeden anderen Rennwagens war, obwohl er nur 100 Kilogramm wog. Die erstmalige Verwendung einer leichten, kleinen Keramikbremse in einem Automobil machte es Porsche möglich, den Motor hinter den Fahrgastraum und sehr tief im Chassis unterzubringen. Das gesamte Design basierte auf niedrigen und leichten Linien, mit Lufteinlässen im Aircraft-Stil, die der Ästhetik und Aerodynamik Form und Funktionalität verliehen. Ein Paar niedriger Hutze aus rostfreiem Stahl reicht bis unter die Sicherheitsbügel direkt vor und über den Sitzen des Autos. Auch hier wieder Form und Funktionalität: Die Bügel halten das bewegliche Dach, das den Fahrgastraum bei schlechtem Wetter bedeckt. Der niedrige Schwerpunkt des Carrera GT verlieh ihm eine flüssige Manövrierfähigkeit und bemerkenswerte Stabilität bei hohen Geschwindigkeiten.

Der Carrera GT war mit Sicherheit zu hohen Geschwindigkeiten fähig. Aus dem Stand konnte er in vier Sekunden die 100 km/h überschreiten und innerhalb von sieben Sekunden an die 160 km/h schnell sein. Während eines Tests fuhr der Carrera GT von Null auf 160 und wieder auf Null

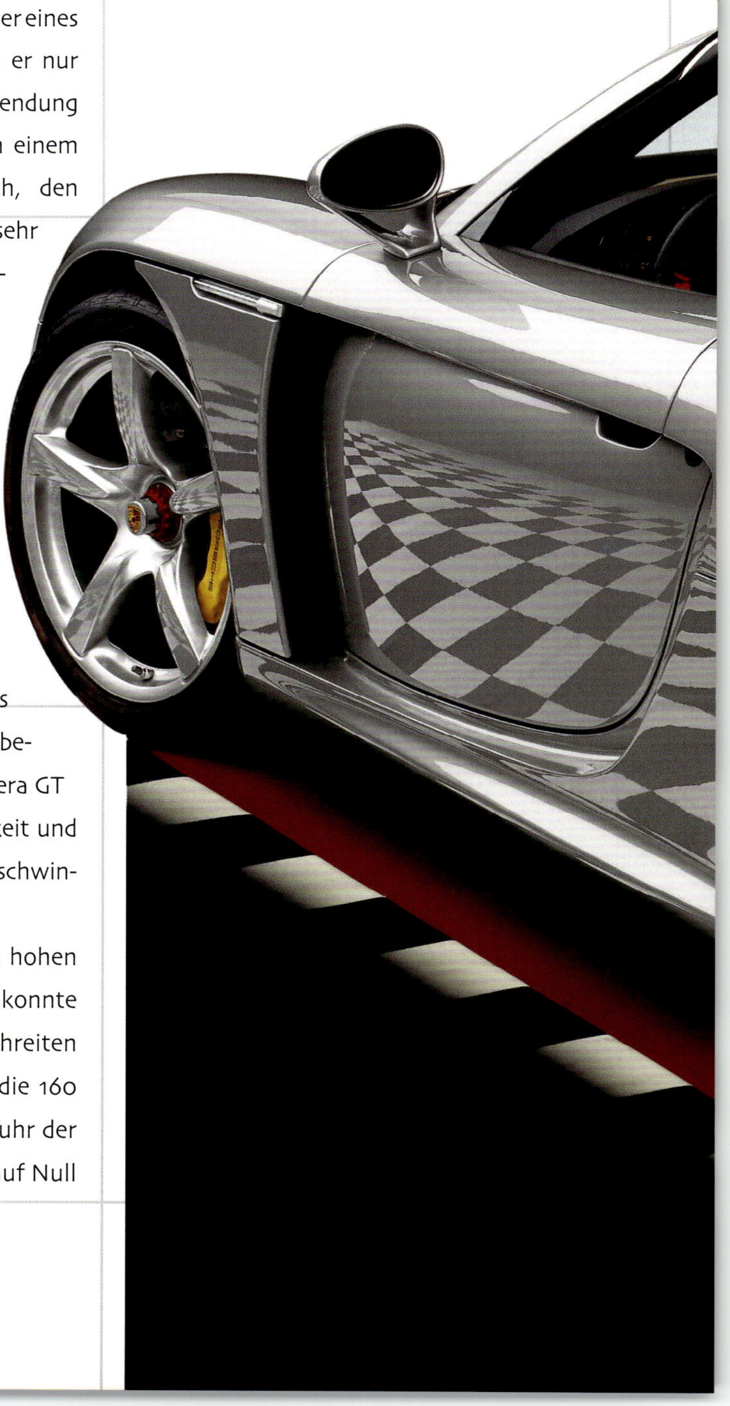

OBEN LINKS DER PORSCHE CARRERA GT TRÄGT DIE STILISTISCHEN KENNZEICHEN DES SPORTWAGENS 911, BIRGT ALLERDINGS EINEN ZEHNZYLINDERMOTOR HINTER DEM FAHRGAST-RAUM.

UNTEN IN DER MITTE DER MOTOR DES AUTOS WAR VON DEN INGENIEUREN DER ABTEILUNG SPORTFAHRZEUGE DES UNTERNEHMENS ENTWORFEN WORDEN, UM BEI EINER RÜCKKEHR ZU DEN RENNEN VON LE MANS FÜR DEN ANTRIEB ZU SORGEN.

FOLGENDE SEITEN EIN ABNEHMBARES HARDTOP UNTERSTREICHT DAS SCHLANKE DESIGN UND DIE STROMLINIENFORM DES CARRERA GT. DAS AUTO IST IN DER LAGE, GESCHWINDIGKEITEN VON MEHR ALS 320 KM/H ZU ERREICHEN.

in nur 268,8 Metern, eine Strecke, die kürzer ist als das Landedeck eines Flugzeugträgers.

Während die Motorengruppe und die aerodynamischen Qualitäten für die Geschwindigkeit verantwortlich waren, wurde die Bremsarbeit von riesigen Karbonverbundbremsen für den Rennbetrieb erledigt, ein System, das Porsche zum ersten Mal in seinen Hochleistungsautos für den Straßengebrauch einsetzte. Die Spitzengeschwindigkeit lag übrigens bei 330 km/h, der Preis bei 440 000 Dollar.

Doch auch in diesem futuristischen Supercar gab es eine Hommage an Porsches Renngeschichte: Der Schalthebel für das Sechsganggetriebe hatte einen Kugelgriff aus Birken- und Eschenholz, der dem Balsaholzknauf des berühmten Rennautos von Le Mans, dem Porsche 917, ähnlich sah.

PORSCHE CARRERA GT

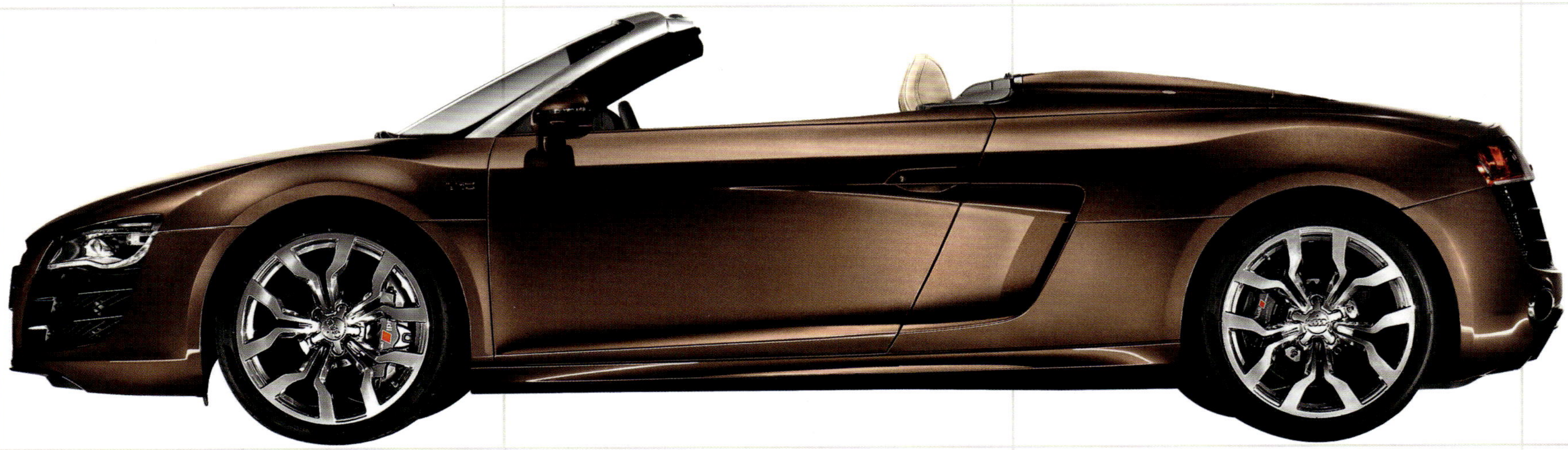

AUDI R8

Am Anfang stand der dringliche Wunsch des Traktorenfabrikanten Ferruccio Lamborghini, einen Sportwagen zu fahren, der ihm besser gefiel als die Ferraris, die er bisher fuhr. Als er sich bei Enzo Ferrari beschwerte, sagte man ihm, wenn er es besser könne, solle er doch sein eigenes Auto bauen. Also ließ er 1964 den 350 GT, dann den Miura und mehrere andere Modelle, darunter 1971 den Countach, entwerfen. Zufrieden mit sich und der Welt, verkaufte Lamborghini mit Ende 50 sein Unternehmen und zog sich auf sein Weingut am Trasimenischen See zurück.

Was hat das alles mit dem Audi R8 zu tun?

Im Jahr 1978 war Lamborghini – die Marke, nicht der Mann, der sie gegründet hatte – pleite und wurde mehrere Jahre lang von Insolvenzverwaltern geführt. Diese verkauften das Unternehmen schließlich an Chrysler, das es einige Jahre später an ein indonesisch-malaysisches Konglomerat weiterreichte, welches es dann 1998 an Volkswagen veräußerte.

VW übertrug das Management seiner Audi-Sparte, die gerade ein großes Motorsportprojekt in Angriff nahm und 1999 mit dem neuen Prototyp R8R am 24-Stunden-Rennen von Le Mans teilnahm. Im Jahr 2000 wurde dieser Wagen zum R8 umgestaltet, der das prestigeträchtigste Langstreckenrennen der Welt innerhalb von sechs Jahren fünfmal gewinnen sollte.

Doch während Audi die Welt der Sportwagenrennen dominierte, war das Unternehmen in der Welt der Seriensportwagen nicht konkurrenzfähig. Das sollte sich jedoch ändern – nicht zuletzt dank Lamborghini.

Lamborghini hatte an einem etwas preisgünstigeren Supersportwagen, dem Gallardo, gearbeitet, den es 2003 auf den Markt brachte. Im Herbst dieses Jahres stellte Audi auf der Frankfurter Automobilausstellung ein Konzeptfahrzeug vor, den Le Mans quattro, der viele Komponenten des Gallardo – einschließlich seines V10-Motors – mit der eigenen Aluminium-Space-Frame-Architektur und dem berühmten Quattro-Allradantrieb kombinierte.

Drei Jahre später wurde auf dem Pariser Autosalon der Audi R8 präsentiert, der immer noch auf Komponenten des Gallardo basierte, allerdings nicht mehr mit dem V10-Motor von Lamborghini. Er war nach Audis erfolgreicher Rennmaschine benannt.

Anstelle des V10 bezog der R8 seine Antriebskraft aus Audis 4,2-Liter-V8 mit FSI-System (Fuel Stratified Injection). Mit 420 PS beschleunigte der Mittelmotor-Zweisitzer aus dem Stand in 4,6 Sekunden von 0 auf 100 km/h, mit einer Höchstgeschwindigkeit von angeblich 301 km/h.

Ein Jahr später kam eine Cabrio-Spyder-Version auf den Markt. Ende 2008 war eine V10-Version mit 525 PS, einer Sprintzeit von weniger als vier Sekunden und einer Höchstgeschwindigkeit von annähernd 322 km/h erhältlich.

So beeindruckend wie die Leistung des Wagens – der R8 war das sportliche Flaggschiff von Audi – fiel auch sein dramatisches Styling aus. Unter der Leitung von Audi-Designdirektor

OBEN LINKS EIN JAHR NACH MARKTEINFÜHRUNG DES R8 BOT AUDI DEN SPORTWAGEN ALS COUPÉ MIT FESTEM DACH SOWIE ALS CABRIO-SPYDER MIT VERSENKBAREM STOFFVERDECK AN.

UNTEN LINKS GROSSE LUFTEINLÄSSE VERLEIHEN DEM DESIGN DES AUDI R8 NICHT NUR EIN DRAMATISCHES FLAIR, SONDERN KÜHLEN AUCH DEN MOTOR DES SPORTWAGENS, DER SICH HINTER DEN SITZEN FÜR DEN FAHRER UND DEN BEIFAHRER BEFINDET.

V10 FSI

OBEN LINKS FÜR DEN R8 ÜBERNAHM AUDI KOMPONENTEN VOM LAMBORGHINI GALLARDO, DARUNTER EINEN 10-ZYLINDER-MOTOR MIT EINER LEISTUNG VON ÜBER 500 PS.

UNTEN MITTE UND OBEN RECHTS DIE ULTIMATIVE VERSION DES AUDI R8 IST DER LEICHTERE UND LEISTUNGSSTÄRKERE GT. SEIN 5,2-LITER-V10-MOTOR IST AUF EINE LEISTUNG VON 560 PS GETRIMMT.

Walter Maria de Silva entstand eine niedrige und breite Karosserie, komplex im Zusammenspiel von konvexen und konkaven Flächen und dennoch von athletischer Eleganz, mit einer markanten, breiten C-Säulenverkleidung („Sideblades"), die diagonal entlang der Hinterkante der Türen vom Schweller bis zur Dachlinie anstieg. Sie diente sowohl der Formgebung als auch der Funktion, da sie Kühlluft in den Motorraum leitete.

„Unser Ziel war es, einen kraftvollen Sportwagen zu schaffen – aber mit einer außergewöhnlichen Eleganz", sagte de Silva, dessen Team auch den R8-Rennwagen entwarf, und fügte hinzu: „Die Frage der Aerodynamik muss bei einem eleganten Straßenauto, das für jeden Einsatz gedacht ist, mit mehr Feingefühl behandelt werden als bei einem Wettbewerbsfahrzeug."

Das Design betone auch die vier Radkästen, sagte er, um sie als Symbole des Audi-quattro-Allradantriebs hervorzuheben.

BUGATTI 18/4 VEYRON

Im Jahr 1998 erwarb der Volkswagen-Konzern die Rechte an der Marke Bugatti. Wenige Wochen vor dem Pariser Autosalon im Herbst beauftragte VW Giorgetto Giugiaro und ItalDesign damit, zwei vom früheren Besitzer Bugattis in Auftrag gegebene Konzeptautos zu aktualisieren und zu komplettieren. In Paris stellten die neuen Eigentümer den EB 118 vor, ein zweitüriges Supercoupé, das als Nachfolger des Bugatti EB 110 gedacht war. Zu Beginn des neuen Jahres enthüllte man in Genf den EB 218, eine große und sehr schnelle viertürige Supersport-Limousine.

Wichtiger für die Wiederbelebung der Marke Bugatti war jedoch ein anderes Konzeptfahrzeug, das auf dem Genfer Salon gezeigt wurde. Dieses Auto war nicht als Bugatti zu erkennen. Es war ein Bentley, eine andere historische Marke, die mittlerweile ebenfalls zu Volkswagen gehörte. Es handelte sich um das Bentley-Projekt Hunaudières, das seinen Namen von der langen Geraden erhielt, die zur Strecke des alljährlichen 24-Stunden-Rennens von Le Mans gehört.

In Genf erwähnte VW-Chef Ferdinand Piëch beiläufig, dass dieser Bentley in einer etwas veränderten Form wieder auftauchen könnte.

Was Piëch meinte, sah man im Herbst, als VW in Frankfurt den Bugatti EB 18/3 Chiron zeigte, die neue Idee von ItalDesign für ein Bugatti-Coupé. Doch nur wenige Wochen später wurde in Tokio das Konzeptauto Bugatti EB 18/4 Veyron vorgestellt. Die Bezeichnung leitet sich von dem 18-Zylinder-W-Motor mit vier leistungssteigernden Turboladern ab und erinnert an Pierre Veyron, einen Bugatti-Ingenieur, Testfahrer und Rennfah-

rer (später Mitglied der französischen Résistance und der Ehrenlegion), der 1939 zusammen mit Jean-Pierre Wimille einen Bugatti 57C zum Sieg in Le Mans gefahren hatte. Das Auto wurde hausintern bei VW von Jozef Kabaň und Designdirektor Hartmut Warkuß entworfen.

Es sollte einige Zeit dauern, bis Volkswagen das Konzept zur Serienreife gebracht und ein neues Bugatti-Montagewerk in Molsheim gebaut hatte, jener elsässischen Stadt, in der Ettore Bugatti seine bemerkenswerten Fahrzeuge entwickelt hatte. Aber das Warten hat sich gelohnt. Im Jahr 2005 brachte Bugatti den EB16.4 Veyron auf den Markt, das schnellste Serienfahrzeug der Welt – und mit 1,2 Millionen US-Dollar auch das teuerste.

Für Geschwindigkeiten von bis zu 435 km/h sorgte ein 8,0-Liter-16-Zylinder-Motor (genau genommen zwei Achtzylinderblöcke im 90-Grad-Winkel, die von VW als W16 bezeichnet werden). Die Leistung des Motors wurde durch ein Quartett von Turboladern gesteigert. Die Gesamtleistung lag bei 987 PS und einem Drehmoment von mehr als 1220 Nm.

Die Kraftentfaltung wurde über ein Siebengang-Doppelkupplungsgetriebe, das in Zusammenarbeit mit Ricardo entwickelt wurde, auf ein Haldex-Allradsystem und auf speziell angefertigte Michelin-Reifen verteilt.

Das Auto konnte in weniger als drei Sekunden aus dem Stand auf 100 km/h beschleunigen und erreichte 200 km/h in etwa der Zeit, die die meisten Fahrzeuge für eine Beschleunigung auf weniger als die Hälfte benötigen. Mit dem Gaspedal am Anschlag wird die Höchstgeschwindigkeit von 305 km/h in weniger als 17 Sekunden erreicht.

Oder man steckt einen speziellen Schlüssel in die Konsole und durchläuft eine Sicherheitscheckliste – unter anderem, um sicherzustellen, dass die Reifen richtig aufgepumpt sind – und das Auto verwandelt sich in eine noch rasantere Rakete, die sich zur Fahrbahn hin absenkt, den Winkel des Heckspoilers verändert, bestimmte Lufteinlässe verschließt und fähig ist, die immerhin 1950 Kilogramm Leergewicht plus zwei Insassen auf Geschwindigkeiten von bis zu 435 km/h zu katapultieren.

Bei einer inzwischen berühmten Testfahrt schickte die BBC-Fernsehsendung *Top Gear* ihren James May, der wegen seines Fahrstils weltweit als „Captain Slow" bekannt ist, auf die VW-Teststrecke in Ehra-Lessien, wo er am Steuer des Veyron eine Geschwindigkeit von 407 km/h erreichte.

Nach mehreren solch atemberaubenden Fahrten überreichten die *Top-Gear*-Moderatoren dem Veyron 2010 die Auszeichnung „Auto des Jahrzehnts".

OBEN MITTE DIESE KONSTRUKTIONSZEICHNUNG ZEIGT EINIGE DER AN DER FRONT DES BUGATTI VEYRON SUPER SPORT VORGENOMMENEN ÄNDERUNGEN, DIE IHM BEI TESTFAHRTEN EINE GESCHWINDIGKEIT VON ÜBER 430 KM/H ERMÖGLICHTEN

UNTEN MITTE DER SUPER SPORT IST EINE SONDERVERSION DES BUGATTI VEYRON. SEIN MOTOR ERBRINGT FAST 1200 PS LEISTUNG UND SEINE KAROSSERIE WEIST EINE VERBESSERTE AERODYNAMIK AUF, DIE DEM WAGEN BEI TESTFAHRTEN ZU EINER HÖCHSTGESCHWINDIGKEIT VON 435 KM/H VERHALF.

OBEN LINKS UND RECHTS DIESE KONSTRUKTIONSZEICHNUNGEN ZEIGEN DETAILS DES INNENRAUMS DES VEYRON SUPER SPORT UND DIE GESAMTGESTALTUNG VON FAHRGASTRAUM UND MOTOR.

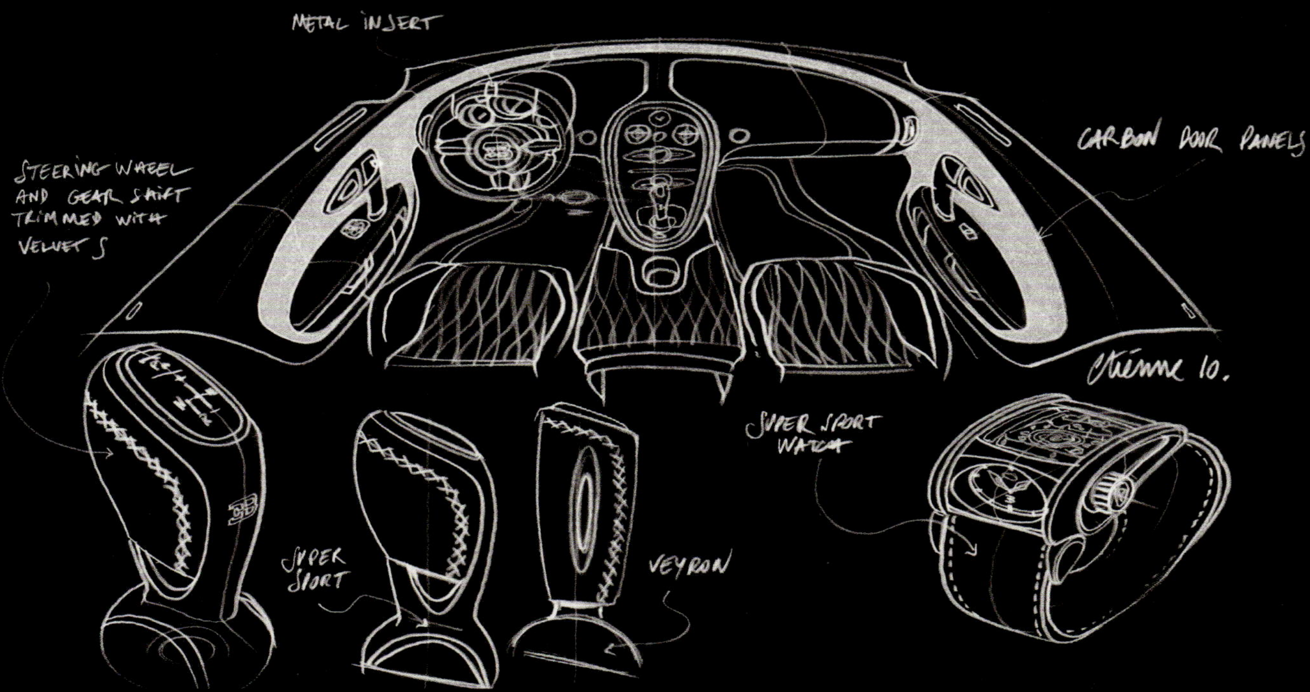

UNTEN LINKS UND RECHTS FÜR FAHRER, DIE GERNE OFFEN FAHREN, BRACHTE BUGATTI DIE GRAND-SPORT-VERSION DES VEYRON AUF DEN MARKT. ANSTELLE EINES FESTEN DACHES HAT DER WAGEN EIN ABNEHMBARES VERDECK IM "TARGA"-STIL.

MASERATI GRANTURISMO

Die Gebrüder Maserati waren der Überzeugung, dass das Dreizack-Emblem nur auf eigens gebauten (und sehr erfolgreichen) Rennwagen verwendet werden sollte. Und viele Jahre lang war das auch der Fall, egal ob diese Autos an Grand-Prix-Rennen, europäischen Straßenrennen oder sogar am Indianapolis 500 teilnahmen (für die die Brüder die Autos und Motoren bauten, die Wilbur Shaw 1939 und 1940 zum Sieg führten).

Kurz bevor sie das Unternehmen, das sie gegründet hatten, verließen, entwarfen die Maseratis für den neuen Besitzer ein Auto, das für den täglichen Straßenverkehr und nicht nur für den Einsatz auf Rennstrecken bestimmt war. Der Viersitzer mit seiner eleganten, von Pinin Farina entworfenen Karosserie basierte auf dem A6-Rennwagen von Maserati und einem 1500-ccm-Reihensechszylinder und wurde offiziell als A6/1500 und inoffiziell als GranTurismo bezeichnet. Im

Lauf von vier Jahren (1947 bis 1950) wurden etwa 61 solcher Fahrzeuge gebaut.

Der neue Eigentümer von Maserati, Adolfo Orsi, leitete den italienischen Automobilhersteller bis 1968 und produzierte mehrere weitere Modelle, die als GranTurismos oder kurz GTs bezeichnet wurden.

Orsi verkaufte schließlich an den französischen Automobilhersteller Citroën, der wiederum in ein anderes französisches Unternehmen, Peugeot, eingegliedert wurde, wo man plante, die Marke Maserati einzustellen. Um dies zu verhindern, kaufte Alejandro de Tomaso, ein Argentinier, der mit Maseratis Rennen gefahren war, die Marke und holte schließlich den amerikanischen Großserienhersteller Chrysler als Minderheitsgesellschafter ins Boot – und so entstand nicht der GranTurismo, sondern der Chrysler TC (Touring Car) mit Dank an Maserati.

1997 verkaufte de Tomaso Maserati an die Fiat-Gruppe, die die Verantwortung für das Design und die Technik von Maserati zunächst an Ferrari und später, im Jahr 2005, an Alfa Romeo übertrug.

Maserati erlebte unter Ferrari einen Aufschwung und brachte die berühmte Quattroporte-Limousine, den atemberaubenden Konzeptwagen Birdcage 75th und den MCC (später MC12) heraus, einen Supersportwagen, der auf Ferraris Enzo-Modell basierte. Im Rennsport gewann der MC12 drei FIA-GT-Meisterschaften in Folge.

Etwa zur gleichen Zeit, als der Birdcage 75th vorgestellt wurde, verlegte Fiat den Firmensitz von Maserati von Ferrari zu Alfa Romeo, wo eine Ausweitung des Produktangebots von Maserati geplant war, unter anderem aufgrund der Tatsache, dass Fiat Eigentümer von Chrysler war, das den ersten SUV von Maserati und eine neue Limousine liefern sollte, die günstiger als der Quattroporte sein sollte.

Zu diesen Plänen gehörte auch ein weiterer GranTurismo, ein 2+2 Grand Touring Coupé (und eine offene GranCabrio-Version), wiederum mit einer atemberaubend schönen Karosserie, die von dem nun als Pininfarina bekannten Unternehmen entworfen wurde.

Der Maserati GranTurismo 2008 feierte sein Debüt auf dem Genfer Automobilsalon Anfang 2007.

Originalton Pininfarina: „So lang wie der Quattroporte, aber mit nur zwei Türen, ist er ein echtes viersitziges Auto. Er verbindet gekonnt eine weich fließende skulpturale Form mit scharfen, kantigen Details, um den extremsten luxuriös-dreidimensionalen GranTurismo zu schaffen. Der GranTurismo ist eine einzigartige Mischung aus dem Erbe des Dreizack-Markenzeichens, der großen Designtradition von Pininfarina und einem modernen Look."

Der GranTurismo wurde von einem 4,2-Liter-V8-Motor mit 405 PS angetrieben und erreichte eine Höchstgeschwindigkeit von 286 km/h. Bald war jedoch auch ein 4,7-Liter-V8 mit 450 PS in der GranTurismo-S-Version erhältlich.

Als nächstes kam, ganz in der Tradition von Maserati, die MC-Stradale-Version des GranTurismo. Leichter – zum Beispiel mit nur zwei statt vier Sitzen –, leistungsstärker und schneller, war der MC Stradale wirklich ein Rennwagen für die Straße.

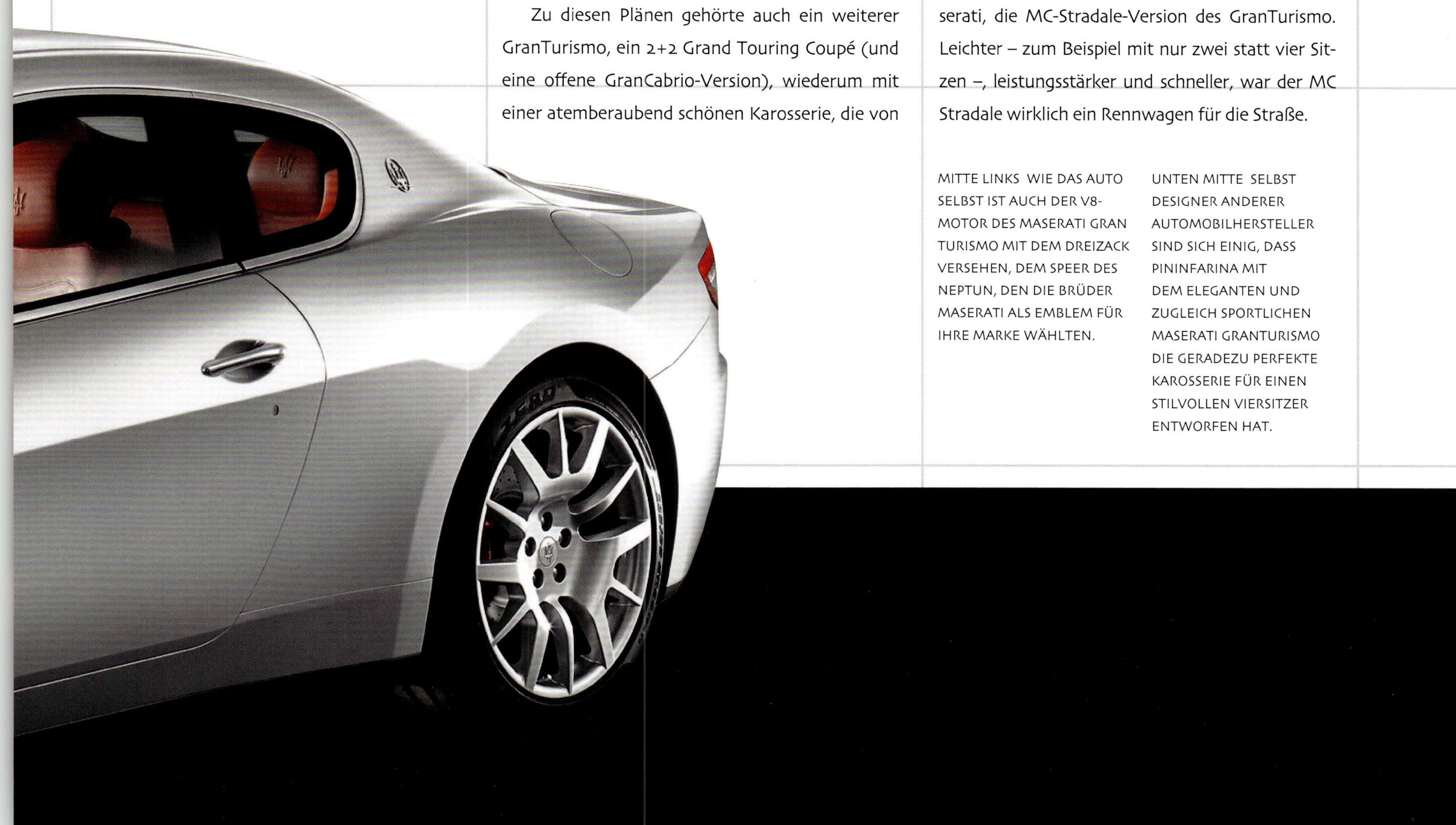

MITTE LINKS WIE DAS AUTO SELBST IST AUCH DER V8-MOTOR DES MASERATI GRAN TURISMO MIT DEM DREIZACK VERSEHEN, DEM SPEER DES NEPTUN, DEN DIE BRÜDER MASERATI ALS EMBLEM FÜR IHRE MARKE WÄHLTEN.

UNTEN MITTE SELBST DESIGNER ANDERER AUTOMOBILHERSTELLER SIND SICH EINIG, DASS PININFARINA MIT DEM ELEGANTEN UND ZUGLEICH SPORTLICHEN MASERATI GRANTURISMO DIE GERADEZU PERFEKTE KAROSSERIE FÜR EINEN STILVOLLEN VIERSITZER ENTWORFEN HAT.

Im Film *Transformers* aus dem Jahr 2007 gibt es eine Szene, in der Sam Witwicky (gespielt von Shia LaBeouf) in seinem ramponierten Chevrolet Camaro von 1976 durch einen Tunnel fährt. Weil seine Beifahrerin Mikaela Banes (gespielt von Megan Fox) sich schämt, in einem so heruntergekommenen Fahrzeug zu sitzen, hält das Auto an, setzt Fahrer und Beifahrerin am Straßenrand ab, macht eine Kehrtwende und fährt davon.

Plötzlich taucht ein anderer Camaro auf. Er hält an, damit der Held und die Heldin des Films einsteigen können. Auch dieser Wagen ist ein Camaro, aber ein brandneuer, in leuchtend gelber Farbe mit schwarzen Rennstreifen.

Der Film wurde im Jahr 2007 gedreht. Chevrolet hatte die Produktion des Camaro 2002 eingestellt. Das Auftauchen dieses Modells im Film verhieß, dass ein neuer Camaro nicht nur auf die Leinwand, sondern auch auf die amerikanischen Straßen kommen würde. Das Publikum bejubelte diese Wiedergeburt einer amerikanischen Automobilikone – in manchen Kinosälen gab es Standing Ovations.

Ende 1966, mehr als zwei Jahre nachdem Ford seinen Mustang auf den Markt gebracht hatte, stellte Chevrolet seinen Camaro vor, einen sportlichen Zweitürer, der als Coupé oder Cabriolet erhältlich war. Der Camaro forderte den Mustang heraus, nicht nur im Ausstellungsraum beim Händler und auf der Straße, sondern auch auf der Rennstrecke, vor allem in der sehr beliebten Trans-Am-Rennserie, an der nicht nur die führenden amerikanischen und einige europäische Automobilhersteller teilnahmen, sondern auch große Motorsportteams und Starfahrer aus den ganzen USA.

Doch die Autolandschaft veränderte sich. Sportliche Coupés mit V8-Motoren passten nicht mehr unbedingt in eine Welt der Energiekrisen und der praktischen Fließhecklimousinen. Der Camaro benötigte eine Erneuerung, die sich General Motors nicht leisten konnte. Wenige Jahre nach dem Aus für den Camaro schien es, dass der Autokonzern GM als Ganzes auf der Kippe stand.

Dieser Pessimismus verflog Anfang 2006 auf der North American International Detroit Auto Show schlagartig, als Chevrolet ein Konzeptfahrzeug vorstellte: einen neuen Chevrolet Camaro, der zeitgemäß war und gleichzeitig klassische Stilelemente aufwies. Allerdings stand die Frage im Raum, ob es gelingen würde, ein solches Auto mit zeitgemäßen, spritsparenden Motoren zur Serienreife zu bringen.

Zum Glück für Chevrolet, den Camaro, seine treuen Fans und die potenziellen Käufer fand General Motors den Ausweg, einen Großteil der Entwicklungsarbeit an die australische Tochtergesellschaft Holden zu delegieren, die weiterhin Autos mit klassischem Heckantrieb konstruierte, während anderswo der modernere Frontantrieb vorherrschte. Durch die Bündelung seiner globalen Ressourcen gelang es GM und Chevrolet, das Konzeptauto in einen Camaro der neuen Generation zu verwandeln, der wiederum den Mustang und den wiederauferstandenen Dodge Challenger herausfordern konnte, ein weiteres zweitüriges Coupé aus den sechziger Jahren, dessen Produktion längst eingestellt war. Zunächst war der neue Camaro nur als viersitziges Coupé erhältlich, doch schon bald kamen ein Cabriolet und Hochleistungsversionen hinzu.

Bei der Basisversion des neuen Camaro hatte der Käufer die Wahl zwischen einem 3,6-Liter-V6, der 300 PS leistete und auf der Autobahn mehr als 31 Liter auf 100 Kilometer verbrauchte, und einem 6,2-Liter-V8 mit mehr als 400 PS, der den Wagen in weniger als fünf Sekunden auf 100 km/h beschleunigte und bei Vollgas 34 Liter auf 100 Kilometer schluckte.

Für das Modelljahr 2012 – als die Aussichten von General Motors bereits wieder rosiger waren – bot Chevrolet die ZL1-Version des Camaro an, die von einem aufgeladenen V8-Motor mit 580 PS angetrieben wurde. Mit einer verbesserten Aufhängung konnte der Camaro ZL1 die berühmte Nürburgring-Nordschleife in weniger als 7 Minuten und 42 Sekunden umrunden – eine Zeit, die normalerweise nur von speziell gebauten, zweisitzigen Sportwagen erreicht wird.

FÜR DIE WIEDERBELEBUNG DES CAMARO GRIFFEN DIE DESIGNER VON CHEVROLET AUF EINIGE HISTORISCHE STYLING-ELEMENTE ZURÜCK, PRÄSENTIERTEN SIE ABER NICHT IM RETRO-DESIGN, SONDERN INTERPRETIERTEN SIE ZEITGENÖSSISCH, EINEM MODERNEN AMERIKANISCHEN MUSCLE-CAR ANGEMESSEN. DIE MUSKELN DES CHEVROLET CAMARO ZEIGEN SICH NICHT NUR IM DESIGN, SONDERN AUCH UNTER DER MOTORHAUBE, WO DER V6-MOTOR BEREITS ÜBER 300 PS LEISTET, DER V8-MOTOR SOGAR BIS ZU 580 PS.

CHEVROLET CAMARO

Für McLaren genügte es nicht, in der Formel 1 erfolgreich zu sein. Das Unternehmen wollte Ferrari und andere Konkurrenten sowohl auf der Straße als auch auf der Rennstrecke herausfordern.

Anfang der neunziger Jahre begann das Rennteam mit dem Supersportwagenprojekt McLaren F1, einer Art Straßenrakete, die von einem speziellen BMW-Motor angetrieben wurde. Einige Jahre später brachte McLaren sein Knowhow in der Fahrwerkstechnik und durch die Verwendung von Karbon für ein weiteres Hochleistungsfahrzeug zum Einsatz, den Mercedes-Benz SLR McLaren.

Wohlhabende Enthusiasten bewilligten rund 800 000 Dollar für den F1 und etwa 450 000 Dollar für den SLR. Im Bestreben, den Markt ebenso aufzurollen wie den Rennbetrieb, beschloss die McLaren-Automobilabteilung, eine Serie von Hochleistungsfahrzeugen zu bauen, die über ein eigenes Händlernetz verkauft werden sollten.

Fotos und technische Daten vom McLaren MP4-12C wurden 2009 veröffentlicht, die offizielle Vorstellung folgte im Sommer 2010 auf dem Goodwood Festival of Speed. Kurz vor Ende 2010 standen Fahrzeuge bei mehr als 30 exklusiven Händlern auf der ganzen Welt zum Verkauf.

Im Gegensatz zum F1 oder SLR ist der MP4-12C ein komplett internes Projekt von McLaren, mit einem eigens entwickelten, 592 PS starken 3,8-Liter-V8-Motor mit Biturbo.

Im Gegensatz zu den Vorgängermodellen zielte McLaren Automotive mit dem MP4-12C

TÜREN, DIE SICH WIE SCHMETTERLINGSFLÜGEL ÖFFNEN, SIND NUR EINES DER DESIGNELEMENTE, DIE DEM MCLAREN MP4-12C STARKE PRÄSENZ VERLEIHEN, OB AUF DER STRASSE ODER EINFACH NUR AUF DEM PARKPLATZ VOR EINEM RESTAURANT.

MCLAREN MP4-12C

auf den Kern des Markts für Hochleistungssportwagen, nämlich die Preisklasse ab 200 000 Dollar. Dennoch sollte das neue Auto mit einem Preisschild von rund 230 000 Dollar in Bezug auf Design, Technik und Leistung auch teureren Konkurrenten in nichts nachstehen.

Der Name des Wagens folgt der Nomenklatur der Rennwagen von McLaren. Seit den frühen achtziger Jahren ist MP4 die Bezeichnung für alle McLaren-Formel-1-Rennwagen, wie zum Beispiel den MP4-23, mit dem Lewis Hamilton 2008 Weltmeister wurde. Die 12 steht für McLarens „Internal Vehicle Performance Index", ein Benchmarking-System, das McLaren eingeführt hat, um die Fahrzeuge der Wettbewerber zu bewerten und Leistungsziele für seine eigenen Sportwagen festzulegen. Das C steht für Carbon, für Kohlenstofffasern, und repräsentiert die Carbon-MonoCell-Chassis-Architektur, eine leichte (75 kg), aber steife, einteilige, wannenartige Sicherheitsstruktur, in der die Fahrgastzelle untergebracht ist.

McLaren begann mit der Entwicklung des 12C im Jahr 2005 und setzte dabei Computersimulationen ein, wie sie auch für die Entwicklung eines neuen Formel-1-Rennwagens verwendet werden. Die Prototypen erreichten 2007 die Testphase, doch erst 2008 beauftragte McLaren Frank Stephenson mit dem Entwurf einer Karosserie, die die fortschrittliche Technologie beherbergen sollte. Dazu gehören laut McLaren einer der saubersten und effizientesten Motoren, die je gebaut wurden, ein Siebengang-Doppelkupplungsgetriebe mit ruckfreier Schaltung, die Fahrwerksregelung „Proactive Chassis Control", Brake Steer (gezielte Bremsung des kurveninneren Hinterrads) und vieles mehr.

Stephenson ist amerikanischer Staatsbürger und wurde in Marokko als Sohn eines norwegischen Vaters und einer spanischen Mutter geboren. Er studierte am Art Center College of Design in Kalifornien und arbeitete für Ford, BMW (wo er den Mini entwarf), Ferrari, Maserati, Fiat und Alfa Romeo, bevor er von McLaren rekrutiert wurde.

Stephensons Karosserie soll dem Auto sowohl Charakter als auch genügend Abtrieb verleihen, um die Fahrstabilität bei hohen Geschwindigkeiten zu gewährleisten. Der Wagen beschleunigt in nur 3,2 Sekunden aus dem Stand auf 100 km/h (mit speziellen Pirelli-Corsa-Reifen anstelle der serienmäßigen P Zeros sogar noch etwas schneller). Außerdem kommt er aus 100 km/h nach weniger als 30 Metern zum Stillstand und erreicht eine Höchstgeschwindigkeit von über 322 km/h.

Im Sinne konsequenter Gewichtsreduzierung sind Fahrer und Beifahrer nur durch eine schmale Mittelkonsole getrennt. Es gibt keinen traditionellen Schalthebel, sondern nur Vorwärts- und Rückwärts-Tasten sowie Schaltwippen im Stil der Formel 1. Um noch mehr Platz zu sparen, wurde die Klimaanlage von der Unterseite des Armaturenbretts an die Außenseite der Fahrgastzelle verlegt. Außerdem hat man beim Fahren eine möglichst ungehinderte Sicht auf die Fahrbahn – besonders wichtig, wenn man mit Höchstgeschwindigkeit unterwegs ist oder eine Kurve schnell nimmt.

DESIGNER FRANK STEPHENSON ZUFOLGE GIBT ES BEIM MP4-12C ZWAR EINIGE ANSPIELUNGEN AUF DEN SUPERSPORTWAGEN MCLAREN F1, DOCH JEDES SEINER DESIGNMERKMALE DIENT DER AUFWERTUNG EINER TECHNISCHEN INNOVATION, DIE MCLAREN IN DAS NEUE AUTO EINGEBRACHT HAT.

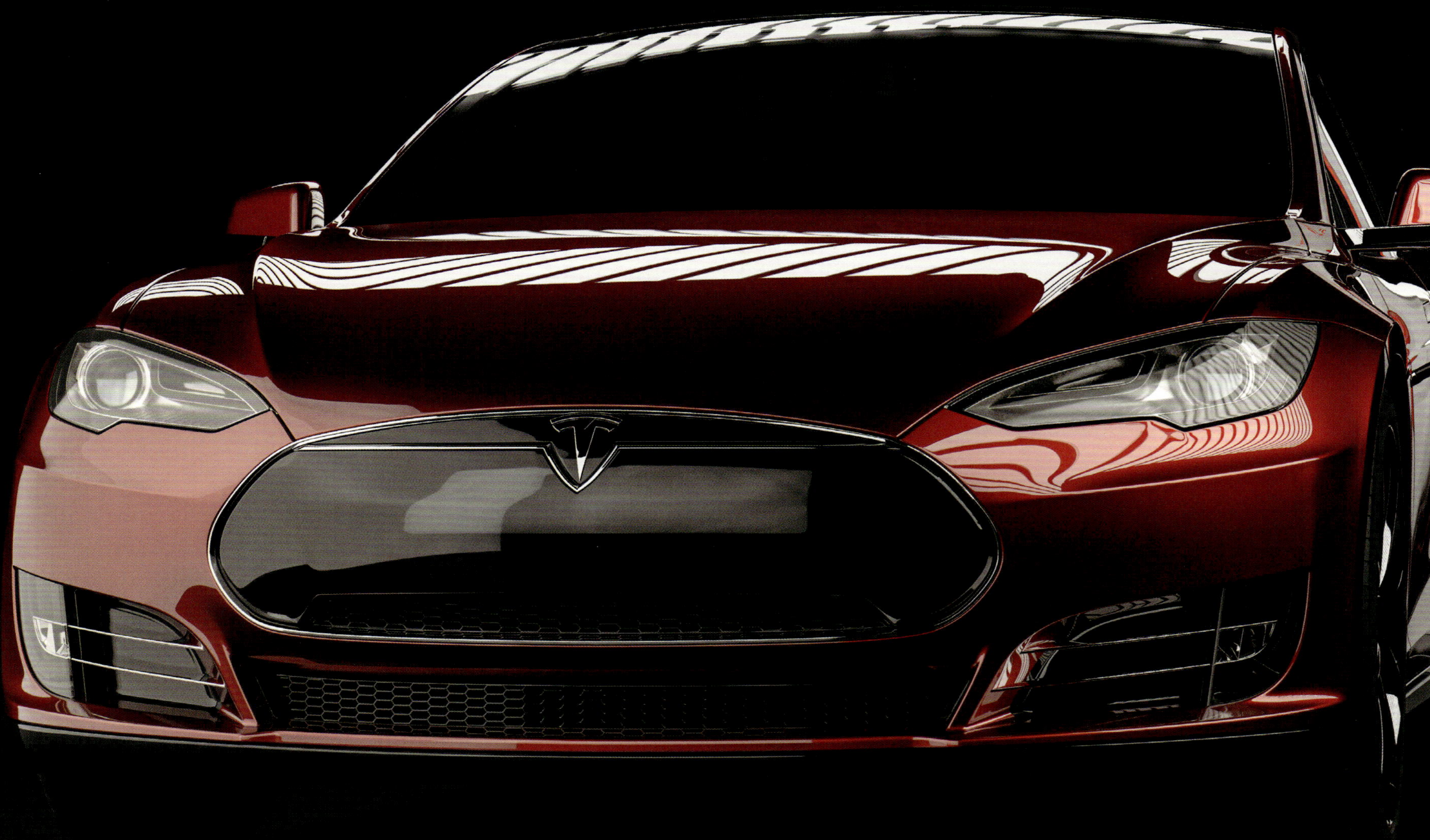

OBEN LINKS DER NEUE TESLA ROADSTER VERSPRICHT EINE BESCHLEUNIGUNG VON NULL AUF 100 KM/H IN WENIGER ALS ZWEI SEKUNDEN UND EINE REICHWEITE VON MEHR ALS 960 KILOMETERN.

UNTEN RECHTS DAS TESLA MODEL S KAM 2012 AUF DEN MARKT UND ERHIELT 2016 EIN NEUES DESIGN.

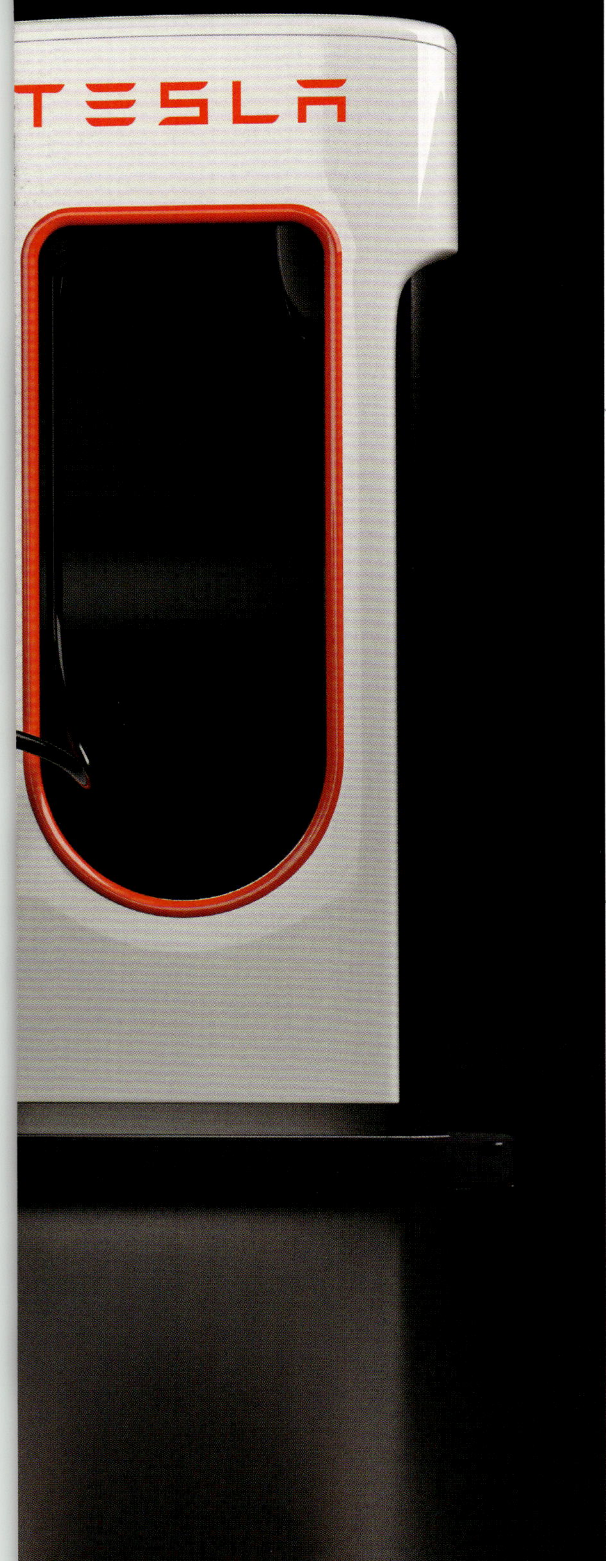

TESLA MODEL S

Henry Fords Model T stellte zwischen 1908 und 1927 die Welt auf die Räder. Die gleiche Rolle könnte aus Sicht zukünftiger Historiker Elon Musks Marke Tesla spielen, die breiten Käuferschichten den Wechsel zur E-Mobilität schmackhaft macht.

Elektrofahrzeuge sind nicht neu. Zu Beginn des 20. Jahrhunderts fuhr tatsächlich ein Drittel der Automobile batteriebetrieben. Doch schon bald wurden Elektro- und Dampffahrzeuge von Verbrennern verdrängt. Die dadurch verursachte Umweltverschmutzung wurde zu einem globalen Problem, und so erwachte das Interesse an elektrisch betriebenen Autos wieder.

Hybridautos wie der Toyota Prius ebneten den Weg für den elektrischen Individualverkehr. Während die traditionellen Autohersteller abwarteten, kam ein Start-up-Unternehmen mit einem Angebot auf den Markt, das international Anklang fand.

Tesla wurde 2003 von den Ingenieuren Martin Eberhard und Marc Tarpenning gegründet. Im Jahr darauf investierte Musk in das Unternehmen und engagierte sich als CEO auch im Tagesgeschäft. Das erste Produkt des Unternehmens war ein 2008 vorgestellter Kleinserien-Sportwagen. Vier Jahre später kam die Luxuslimousine Model S, dann folgten preiswertere Limousinen, und 2023 begann die Produktion eines Pick-ups.

Das Model 3 erschien 2017 und wurde bis 2021 mit mehr als 1 Million verkauften Einheiten zum meistverkauften Elektroauto der Welt. Bis 2023 setzte Tesla weltweit fast 2 Millionen Fahrzeuge pro Jahr ab, nicht nur in den USA und China, sondern auch in Norwegen, Deutschland und England. Im Jahr 2021 war das Tesla Model 3 das meistverkaufte Auto in Norwegen.

Das Model S machte die Marke in Europa bekannt. Es kam 2012 auf den Markt und war bis 2015 das weltweit meistverkaufte Plug-in-Fahrzeug. Die große und luxuriöse Limousine hatte bei der Markteinführung eine Reichweite von mehr als 320 Kilometern, bevor es aufgeladen werden musste (die Reichweite wurde in späteren Versionen mehr als verdoppelt). Im Anschluss an das Anfahren mit Heckantrieb sorgen zwei Elektromotoren für Allradantrieb und verleihen dem Fahrzeug Beschleunigungswerte auf dem Niveau von Supersportwagen.

Apropos Sportlichkeit: 2018 lud Musk seinen eigenen Original-Roadster auf eine Rakete seines neuen Projekts SpaceX und schoss ihn ins Weltall.

Normalerweise werden Raketen mit einer Ballastladung aus Stahl oder Beton getestet. „Das klang für mich extrem langweilig", fand Elon Musk. Stattdessen bot er seinen privaten Elektro-Roadster an, in dem sogar eine Astronautenpuppe („Starman") auf dem Fahrersitz platziert wurde. Das Auto ist mittlerweile ein Teil unseres Sonnensystems geworden. Sein Flug wird von einer eigenen Website (www.whereisroadster.com) verfolgt, die bei Redaktionsschluss dieses Buches berichtete, dass der rote Sportwagen inzwischen fast fünf Milliarden Kilometer zurückgelegt hat und die Sonne in 557 Tagen einmal umrundet.

FERRARI FXX K EVO

OBEN LINKS DER FXX K EVO BIETET EINE VERBESSERTE AERODYNAMIK, EIN LENKRAD NACH FORMEL-1-ART UND WEITERE NEUERUNGEN UND VERBESSERUNGEN.

UNTEN IN DER MITTE DER FXX K EVO WURDE ANLÄSSLICH DES 70-JÄHRIGEN BESTEHENS DER ITALIENISCHEN SPORTWAGENMARKE VORGESTELLT.

Seit die Formel 1 auf Hybrid-Rennautos umgestiegen ist, führen die an der Serie teilnehmenden Hersteller die Technologie auch in ihren Straßenfahrzeugen ein. Im Jahr 2013 wurde LaFerrari vorgestellt, das erste Serien-Hybridfahrzeug der italienischen Sportwagenmarke, mit einem Antriebsstrang, der von der in der Formel 1 verwendeten HY-KERS-Technologie (ein System zur Speicherung von kinetischer Energie) abgeleitet ist.

Ferrari bezeichnete LaFerrari als „bisher ehrgeizigstes Projekt", ein Auto „mit der extremsten Leistung, die je von einem Ferrari-Serienauto erreicht wurde", und mit einer wegweisenden Technologie für zukünftige Modelle. Das Auto werde „zwei Herzen haben": einen benzinbetriebenen V12 mit 810 PS – die höchste Leistung eines Ferrari-Straßenautos überhaupt – und einen Elektromotor mit zusätzlichen 163 PS. Der Wagen würde

in weniger als sieben Sekunden von Null auf 100 km/h beschleunigen und eine Höchstgeschwindigkeit von 350 km/h erreichen.

Damit war das Ende der Fahnenstange noch nicht erreicht, daher gab es eine FXX-Version auf Basis des Hybridfahrzeugs. Dies war der Name eines Ferrari-Programms, das einem exklusiven Kundenkreis die Möglichkeit bot, Fahrzeuge mit extremer Leistung in sehr begrenzter Stückzahl zu erwerben und sie auf Rennstrecken zu testen. Die dabei gewonnenen Daten flossen in die Entwicklung zukünftiger Ferrari-Fahrzeuge ein.

Zum Zeitpunkt seiner Einführung an der Jahrtausendwende war der Enzo Ferrari das ultimative Auto, das in Zusammenarbeit mit Ferraris Formel-1-Rennteam und Zulieferern entwickelt wurde, ein Auto, das so bedeutsam war, dass es nicht mit einer Nummer oder einem Ortsnamen bezeichnet wurde, sondern mit dem Namen des Firmengründers Enzo Ferrari selbst.

Nach dem FXX, einem Hochleistungsmodell, das nur für den Einsatz auf Rennstrecken konzipiert war und auf dem Enzo basierte, wurde der LaFerrari zum FXX K und dann zum FXX K Evo (kurz für Evolution) weiterentwickelt.

Der FXX K bezog 1 050 PS aus seinem V12-Motor und dem Elektroantrieb. Zu den weiteren Verbesserungen gehörten spezielle Fahrmodi für Qualifikationsrunden, für längere Renndistanzen und sogar für das Schnellladen sowie eine aus der Formel 1 abgeleitete Aerodynamik und entsprechende Bedienelemente im Cockpit.

Das Debüt des FXX K fand im Jahr 2015 statt. Zwei Jahre später, im Rahmen der Feierlichkeiten zum 70. Geburtstag von Ferrari, stellte das Unternehmen den FXX K Evo vor. Firmensprecher verkündeten, das Auto profitiere von „den auf der Rennstrecke gewonnenen Erfahrungen" und sei „ein Sprung vorwärts in Bezug auf Innovation und Leistung".

Aerodynamische Verbesserungen erhöhten den Abtrieb um fast 25 Prozent und sorgten für zusätzliche Fahrstabilität und Kurvendynamik. Als Fahrer profitiert man von einem echten Formel-1-Lenkrad mit Bedienelementen für die Einstellung des Fahrzeugs, für das KERS-System, die Aufhängung und mehr, einschließlich des Scheibenwischers. Auf der rechten Seite des Armaturenbretts befindet sich ein vergrößertes Display, das die Rückfahrkamera und verschiedene Leistungsdaten anzeigt.

ASTON MARTIN VALKYRIE

Aston Martin ist eng mit der Filmfigur des britischen Spions James Bond verknüpft, Protagonist der 007-Filmreihe – oder sollte man sagen, dem Co-Star neben dem Aston Martin DB5 und den schönen „Bond-Girls"?

Wie Bond erlebte auch Aston Martin Höhen und Tiefen. Die Marke wurde 1913 gegründet, nach dem Zweiten Weltkrieg vom Maschinen- und Traktorenhersteller David Brown gerettet (das „DB" in DB5), wurde in den siebziger Jahren erneut gerettet und produzierte die Modelle Vantage und Volante, wurde in den späten achtziger Jahren Teil des Ford-Konzerns, wechselte 2007 erneut den Besitzer, ging eine Partnerschaft mit Mercedes-Benz ein (die unter anderem Motoren für das wiederbelebte Aston-Martin-Formel-1-Rennteam lieferten) und ging 2018 an die Londoner Börse.

Um die Rückkehr in die Formel 1 und die Modernisierung der Produktpalette zu unterstreichen, stellte Aston Martin nur wenige Tage vor dem Großen Preis von Großbritannien 2021 das Konzeptfahrzeug Valhalla vor, einen Mittelmotor-Hybrid-Supersportwagen, der mit einem V8-Motor mit Biturbo und zwei Elektromotoren 950 PS leistet. Der Valhalla definiere Aston Martin neu, hieß es.

An dieser Definition wurde weiter fleißig gefeilt, nämlich mit dem Aston Martin Valkyrie, einem projektierten Kleinserien-Supersportwagen. Die Namengebung lehnte sich weiterhin an die nordische Mythologie an, und Walhall sollte von der Walküre dabei noch in den Schatten gestellt werden. Der spätere Valkyrie wurde 2016 zunächst als Konzeptfahrzeug AM-RB 001 und später, 2017 und 2019, als Prototyp 1 bzw. 2 vorgestellt. Die Serienversion kam Ende 2021 als Modell 2022 auf den Markt.

UNTEN IN DER MITTE JEDES EINZELNE DETAIL STEHT IM ZEICHEN DER GEWICHTSERSPARNIS UND DER AERODYNAMIK.

OBEN RECHTS DIE TÜREN LASSEN SICH MIT AM DACH MONTIERTEN SCHARNIEREN ÖFFNEN UND ERMÖGLICHEN SO DEN ZUGANG ZUM BEENGTEN COCKPIT.

Der Valkyrie sah aus wie die Sportwagen, die beim 24-Stunden-Rennen von Le Mans antraten. Er schöpfte 1 140 PS aus einem von Cosworth entwickelten 6,5-Liter-V12-Motor und einem Hybrid-Power-Boost-System im Stil der Formel 1 (mit Batterien von Rimac) sowie einem Aerodynamikpaket, das von Adrian Newey, dem technischen Leiter des F1-Teams Red Bull Racing, entworfen wurde.

„Der Valkyrie kommt einem Formel-1-Auto so nahe wie möglich, ohne auf die Rennstrecke beschränkt zu sein", erklärte Aston Martin. „Seine rebellische Technologie ist das direkte Ergebnis unserer Partnerschaft mit Red Bull Racing Advanced Technology mit dem für Aston Martin typischen, clever gefertigten Luxus." Das Auto solle eine Geschwindigkeit von 350 km/h erreichen.

Um Gewicht zu sparen und die Aerodynamik zu verbessern, verzichtete Aston Martin auf das übliche emaillierte Markenzeichen auf der Motorhaube und ersetzte es durch ein chemisch geätztes, nur 40 Mikrometer dickes Aluminiumemblem im Lack des Fahrzeugs. Ein weiteres gewichtssparendes Detail war die Entwicklung eines einzelnen Scheibenwischers, der mit Hilfe des NASA-Raumfahrtprogramms entstand.

Die populäre britische Fernsehsendung *Top Gear* befand, der Valkyrie sei „das zielstrebigste Hypercar auf Rädern". Ungeheure Komplexität und Kompromisslösungen gingen Hand in Hand mit göttlicher Schönheit und atemberaubender Geschwindigkeit.

„Der Valkyrie ist exotisch und enorm aufregend und verfügt über einen der aufregendsten, viszeralsten und intensivsten Verbrennungsmotoren aller Zeiten", hieß es weiter, und der Wagen „beschleunigt wie ein Papierflieger mit Nachbrennern".

Vielleicht pilotiert 007 in einem der nächsten James-Bond-Filmabenteuer einen Aston Martin Valkyrie.

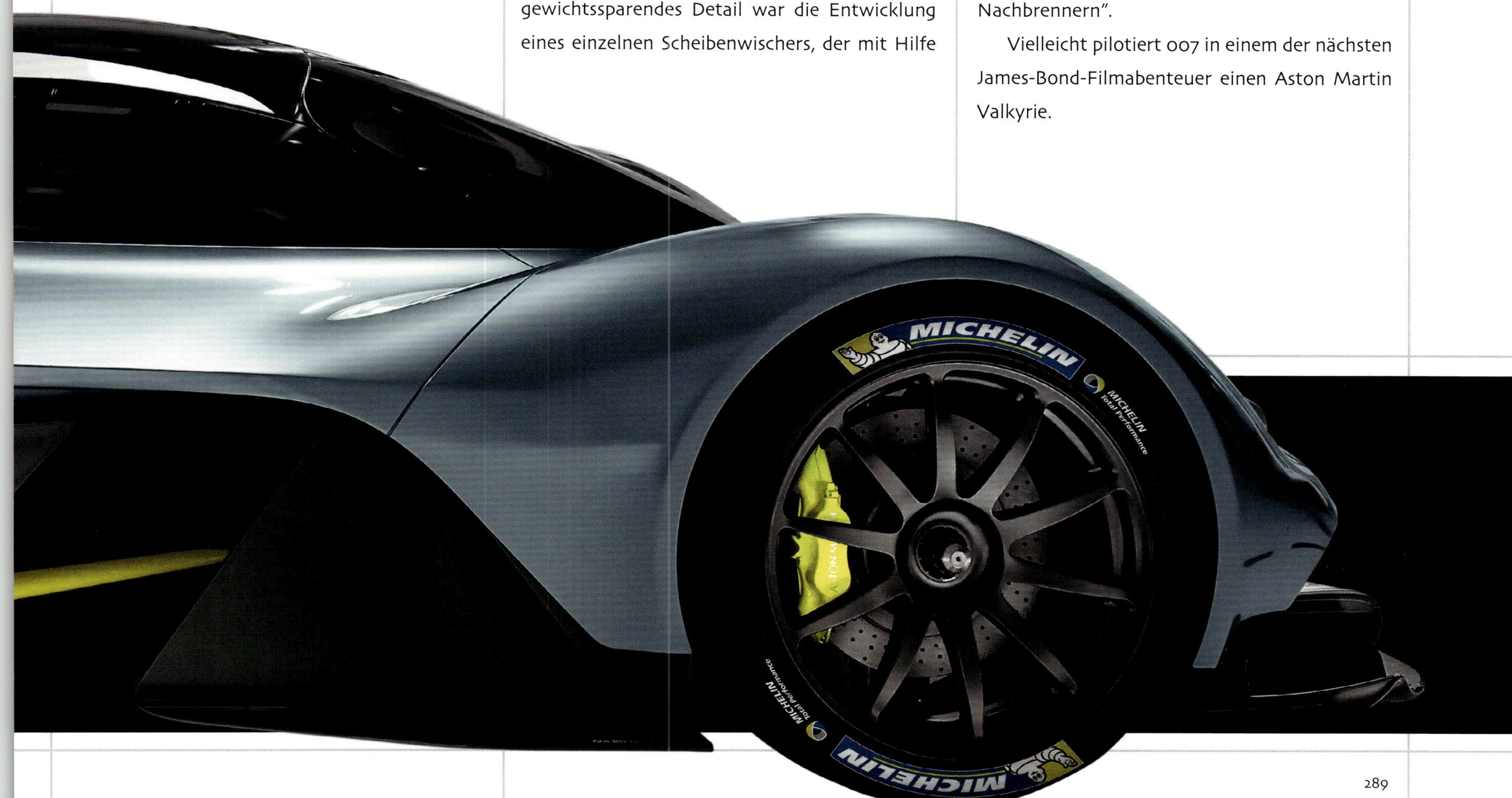

FERRARI SF90 STRADALE

UNTEN IN DER MITTE DIE PROPORTIONEN DES SF90 STRADALE SIND ZUKUNFTSWEISEND UND INNOVATIV. „ER UNTERSCHEIDET SICH VON ALLEM, WAS FERRARI BISHER GEMACHT HAT." DABEI VERSTEHT ER SICH NICHT EINMAL ALS HYPERSPORTWAGEN IN LIMITIERTER AUFLAGE.

SF90 war der Name des neuen Formel-1-Rennwagens von Ferrari für die Grand-Prix-Saison 2019. Die numerische Bezeichnung verwies auf den 90. Jahrestag der Gründung des Rennstalls. Charles Leclerc fuhr mit dem Auto Siege in Belgien und Italien ein, und Sebastian Vettel gelang in Singapur der dritte Sieg in Folge. Außerdem stand das Auto bei sechs aufeinanderfolgenden Rennen am Ende der Saison auf der Pole Position.

Zeitgleich mit der Einführung des SF90 in der Formel 1 wurde der Ferrari SF90 Stradale vorgestellt, ein Plug-in-Hybrid-Sportwagen mit Mittelmotor. Stradale bedeutet so viel wie „straßentauglich".

Der SF90 Stradale war das erste elektrische Plug-in-Hybrid-Serienmodell von Ferrari.

„Der Name des Wagens drückt die wahre Bedeutung all dessen aus, was in Sachen Leistung erreicht wurde", erklärte Ferrari. „Der Verweis auf den 90. Jahrestag der Gründung der Scuderia Ferrari unterstreicht die starke Verbindung, die seit jeher zwischen den Rennwagen und den Straßenfahrzeugen von Ferrari besteht."

Der SF90 Stradale demonstriere in Vollendung, wie Ferrari sein Rennsport-Know-how unmittelbar auf seine Serienfahrzeuge übertrage, hieß es weiter.

Der Wagen mit Allradantrieb – ein Novum bei einem Ferrari-Sportwagen – wird von einem aufgeladenen V8 mit 780 PS und einem Trio von Elektromotoren angetrieben, von denen jeweils einer an den Vorderrädern und der dritte am Heck zwischen Benzinmotor und Getriebe sitzt; die Elektromotoren leisten zusätzlich 220 PS und können den Wagen 25 Kilometer allein antrei-

OBEN RECHTS DAS HECK DES WAGENS MIT GROSSEN DOPPEL-DIFFUSOREN WIE BEI EINEM GT-RENNWAGEN UND EINEM AKTIVEN DOPPELSPOILER SOLL SOWOHL DEN ABTRIEB IN KURVEN ALS AUCH DIE HÖCHSTGESCHWINDIGKEIT ERHÖHEN UND BRICHT MIT DER TRADITION DER RUNDEN RÜCKLEUCHTEN BEI FERRARI.

ben. Auch im Rückwärtsgang fährt das Auto nur mit elektrischer Energie.

Ferrari nennt Leistungsdaten wie die Beschleunigung von Null auf 100 km/h in 2,5 Sekunden, eine Höchstgeschwindigkeit von 340 km/h und sogar eine Rundenzeit auf der firmeneigenen Teststrecke im italienischen Fiorano von 79 Sekunden.

Während das Äußere des Wagens die Form einer modernen Mittelmotor-Berlinetta bekam, gab der Innenraum den Startschuss für eine neue Designrichtung, die Ferrari nunmehr auf alle seine Fahrzeuge anwenden wollte. Die Vorgabe lautete: Augen auf die Straße, Hände am Lenkrad. Dafür sorgen ein gewölbtes Armaturenbrett und ein 3D-Effekt für die digitale Anzeige der Instrumente sowie ein Head-up-Display, bei dem die wichtigsten Informationen in der Windschutzscheibe erscheinen.

Nach einem Test des Fahrzeugs berichtete das britische *Evo*-Magazin: „Der SF90 Stradale ist so kraftvoll und fortschrittlich, dass man kaum glauben kann, dass es sich um ein Serienfahrzeug handelt. Mit seiner Einführung tritt das Supersportwagen-Wettrüsten in eine neue Phase ein, in der ein Supersportwagen mit Hypercar-Leistung aufwartet."

Der SF90 ist auch als Spider (Cabriolet) mit einem versenkbaren Dach erhältlich, das von hinten schwenkbar ist und hinter dem Fahrer verschwindet.

Außerdem gibt es die Ferrari Special-Version-Modelle, die noch leistungsstärkeren SF90 XX vom Stradale und Spider, mit zusätzlicher Leistung und zusätzlichem Abtrieb für bessere Bodenhaftung und höhere Geschwindigkeiten, sowohl als Vollhybrid als auch mit Elektroantrieb. Im Gegensatz zu den bisherigen XX-Modellen sind dies jedoch die ersten XX-Fahrzeuge mit Straßenzulassung.

CHEVROLET C8 CORVETTE

Sehr viel mehr konnten die Ingenieure von General Motors aus dem angestammten Frontmotorlayout der Chevrolet Corvette nicht mehr herausholen. In der Mitte des 20. Jahrhunderts wusste man es nicht besser, und das Prinzip funktionierte über sieben Generationen, die sich über ebenso viele Jahrzehnte erstreckten, extrem gut.

Doch um im 21. Jahrhundert wettbewerbsfähig zu sein, sei es auf der Rennstrecke oder im Rennen um Marktanteile im In- und Ausland, waren strukturelle Anpassungen nötig. Wie auch die anderen Sportwagenhersteller der Welt musste Chevrolet den Motor der Corvette für ein zeitgemäßes Design und dynamische Eigenschaften hinter das Cockpit verlegen.

So wurde im Juli 2019 die C8 (achte Generation) der Chevrolet Corvette vorgestellt, die mit einem 6,4-Liter-V8-Motor mit 495 PS und einem Achtgang-Doppelkupplungs-Automatikgetriebe ausgestattet ist – genug Leistung, um das Auto in 3 Sekunden oder weniger aus dem Stand auf 100 km/h zu beschleunigen.

Am überraschendsten war jedoch der vom Hersteller empfohlene Verkaufspreis von weniger als 60 000 Dollar, was der Hälfte oder sogar einem Drittel des Preises europäischer Sportwagen mit ähnlicher Dynamik entspricht.

Eine Cabrio-Version mit einem zweiteiligen Hardtop wurde im Herbst 2019 vorgestellt, die Rennversion C8.R im darauffolgenden Jahr. Ein noch leistungsstärkeres Modell, die Z06, wurde für das Modelljahr 2023 mit einem neuen 5,5-Liter-Motor mit 670 PS angeboten, der laut Chevrolet die höchste Leistung eines V8-Saugmotors in einem Serienfahrzeug entwickelt.

„Die Corvette war für GM schon immer Spitze bei der Innovation und beim Ausreizen der Möglichkeiten", sagte Konzernchef Mark Reuss bei der Vorstellung der C8. „Der Frontmotor stieß jedoch an seine Leistungsgrenzen, was das neue Layout erforderlich machte", fuhr er fort. „In Bezug auf Komfort und Fahrspaß sieht sie immer noch aus wie eine Corvette und fühlt sich auch

UNTEN DIE CABRIO-VERSION DER C8-CORVETTE VERFÜGT ÜBER EIN ZWEITEILIGES KLAPPDACH.

so an, aber sie fährt sich besser als jedes andere Fahrzeug in der Corvette-Historie." Schon der legendäre Konstrukteur Zora Arkus-Duntov und seine Nachfolger hätten von einer Mittelmotorlösung geträumt.

„Unsere Mission war es, einen neuen Sportwagentyp zu entwickeln, der die erfolgreichen Attribute der Corvette mit der Leistung und dem Fahrerlebnis von Mittelmotor-Supersportwagen kombiniert", erklärte der beim Projekt federführende Chefingenieur Tadge Juechter.

Die zentrale Aufgabe der Ingenieure und Designer bestand darin, einen unverfälschten, aber alltagstauglichen Supersportwagen zu entwickeln.

„Dank einer ausgefeilten Aufhängungsgeometrie, maßgeschneiderter Reifentechnologie und größter Aufmerksamkeit für strukturelle Details konnten wir Fahrverhalten und Handling verbessern", fügte Juechter hinzu: „Keine Corvette fühlte sich jemals so komfortabel, wendig und dennoch absolut stabil an."

„Die Corvette Stingray als Amerikas kultigste Hochleistungsmarke von Grund auf neu zu gestalten, bot dem Team eine historische Chance, etwas, was sich die Chevrolet-Designer seit über 60 Jahren gewünscht haben", fügte Michael Simcoe, General Motors Vice President für globales Design, hinzu.

„Sie ist jetzt das Beste aus Amerika, ein Neuzugang in der Klasse der Mittelmotor-Sportwagen. Wir wissen, dass die Corvette mit dem Besten, was die Welt zu bieten hat, mithalten kann."

Als Gymnasiast gewann der Kroate Mate Rimac einen Ingenieurwettbewerb nicht nur an seiner Schule, sondern auch auf nationaler und internationaler Ebene. Dies gab ihm das Selbstvertrauen, seine Träume umzusetzen, ganz wie sein Vorbild, sein Landsmann Nikola Tesla. Noch als Teenager erfand Rimac ein Toter-Winkel-System, das Autofahrer vor von hinten herannahendem Verkehr warnt, und verkaufte es an einen Automobilzulieferer. Den Erlös nutzte er, um sich als Rennfahrer zu versuchen, wobei der Motor seines gebrauchten BMW schnell kaputt ging.

Rimac rüstete das Auto auf Elektrobetrieb um, brach sein Studium ab, um mit 20 Jahren Rimac Automobili zu gründen. Er baute acht Exemplare vom Rimac Concept_One, dem schnellsten Elektroauto der Welt. Das Auto hatte vier Elektromotoren mit einer Gesamtleistung von 1 088 PS und Rimacs eigenes Allrad-Drehmomentverteilungssystem, das über eine Art Tablet im Armaturenbrett gesteuert werden konnte. Der Wagen war nicht nur schnell, sondern auch schön, und er wurde zum renommierten Pebble Beach Concours d'Élégance eingeladen. Porsche und der Volkswagen-Konzern schlossen sich mit Rimac zusammen, um ein neues Auto- und Technologieunternehmen, Bugatti Rimac, zu gründen, nicht nur als globaler Zulieferer für Automobiltechnologie, sondern auch für die Entwicklung zukünftiger Bugatti-Fahrzeuge und der Fahrzeuge der Marke Rimac.

Im Jahr 2020 stellte Rimac den Nevera vor, einen E-Supersportwagen, der nach den plötzlichen Stürmen benannt ist, die aus dem Mittelmeer aufsteigen und über Kroatien hinwegziehen. „Wie das mächtige Sturmsystem, von dem er seinen Namen hat, sucht die Kraft des Nevera seinesgleichen", heißt es auf der Website des Unternehmens.

Als Weiterentwicklung des Concept_One und des nachfolgenden C-Two verfügt der Nevera über 1 914 PS, sprintet in weniger als zwei Sekunden auf 100 km/h, hat eine Reichweite von mehr als 640 Kilometern und kann schnell aufgeladen werden. Bei Tests im Jahr 2022 erreichte der Nevera 413 km/h und war damit schneller als der benzinbetriebene Bugatti Veyron EB 16.4.

„Genau dieses Auto schwebte mir vor zehn Jahren vor", sagte Mate Rimac bei der Enthüllung des Autos. „All die harte Arbeit führte zu unserem rekordverdächtigen Hypercar. Der Nevera ist dazu geboren, die Messlatte höher zu legen und die Norm für Hochleistungsfahrzeuge neu zu definieren. Und das nicht nur in Bezug auf die Leistung, sondern als Rundum-Paket." Zu den Merkmalen des Nevera gehört der „Driver Coach", ein System, mit künstlicher Intelligenz, Kameras, Radar und Sensoren, mit dem „Fahrer aller Niveaus die maximale Leistung aus dem Nevera herausholen und das ihnen hilft, ihr fahrerisches Können auf der Rennstrecke weiterzuentwickeln".

Der Nevera eignet sich auch für Langstreckenfahrten und bietet sieben verschiedene Fahrmodi, von Komfort bis Driften. Seit der Gründung vor 16 Jahren ist Rimac Automobili von sechs auf rund 1 300 Beschäftigte in Kroatien, England, Deutschland und in einem neuen Bugatti-Rimac-Werk in Italien angewachsen. Außerdem gibt es Pläne für einen neuen kroatischen Unternehmenscampus mit rund 2 500 Mitarbeitern.

RIMAC NEVERA

UNTEN IN DER MITTE
DER RIMAC NEVERA LEISTET FAST 2 000 PS MIT EINEM DREHMOMENT VON MEHR ALS 2 360 NM.

OBEN RECHTS RIMAC AUTOMOBILI PLANT DIE PRODUKTION VON 150 EXEMPLAREN DES ELEKTRO-SUPER-SPORTWAGENS NEVERA.

VOLKSWAGEN ID. BUZZ

Zu den kultigsten je produzierten Fahrzeugen gehört der Volkswagen Typ 2, der als Transporter, Camper, Samba oder schlicht „Bulli" bekannt wurde. Er erschien 1950. Wie beim Käfer („Typ 1") befand sich der Benzinmotor im Heck des Fahrzeugs, sodass der Fahrer über den Vorderrädern saß, mit viel Platz für Passagiere und/oder Fracht.

Der niederländische VW-Importeur Ben Pon sah 1946 bei einem Besuch der Firmenzentrale in Wolfsburg ein auf dem Fahrgestell des Typ 1 basierendes Fahrzeug, das für den Transport von Teilen im Volkswagenwerk verwendet wurde. Ein Jahr später fertigte er eine Skizze an, und 1949 wurde der Startschuss für die Produktion gegeben.

Da die Sitze in der zweiten und dritten Reihe leicht herausnehmbar waren und das Fahrzeug auch mit kompletter Campingausrüstung angeboten wurde, wurde der VW-Bus zum typischen Fahrzeug für große Familien, für Campingausflüge und insbesondere für die sogenannte Woodstock- und Hippie-Generation in den USA, deren Vans oft in psychedelischen Farben und Bemalungen angestrichen waren.

Bei der vierten Generation im Jahr 1990 wurde der Motor nach vorne verlegt. Im Rahmen der Elektrifizierung seiner Fahrzeuge stellte Volkswagen Anfang 2022 den ID. Buzz vor, einen modernisierten Transporter, der jedoch starke Designanleihen an den ursprünglichen Typ 2 aufweist. VW verwendet die Initialen ID, die für „intelligentes Design, Identität und visionäre Technologien" stehen, um seine Elektroflotte zu kennzeichnen, und Buzz ist eine Anspielung auf das Wort Bus und den Klang, den man gemeinhin mit Elektrizität verbindet.

„Der Volkswagen Bulli stand in den 1950er Jahren für ein neues Gefühl von automobiler Freiheit, Unabhängigkeit und großer Emotion", sagte Ralf Brandstätter, Vorstandsvorsitzender der Pkw-Sparte von Volkswagen, bei der Enthüllung. „Der ID. Buzz greift dieses Lebensgefühl auf und überträgt es in unsere Zeit: emissionsfrei, nachhaltig, voll vernetzt und jetzt bereit für das nächste große Kapitel: das autonome Fahren."

Die Vorgabe für das Fahrzeugdesign, erläuterte Jozef Kabaň, verantwortlich für das Design bei Volkswagen, lautete, Zeitlosigkeit mit Nachhaltigkeit zu verbinden und dabei äußerste Funktionalität im Blick zu haben. Unter Beibehaltung der Retro-Elemente des Originals sollte die neue Version modern und frisch wirken und sogar für diejenigen aufregend sein, die zu jung sind, um die ursprünglichen Modelle in den sechziger und siebziger Jahren erlebt zu haben.

Mit dem Slogan „Old School trifft auf New-School-Kraft" bewarb Volkswagen den ID. Buzz. Mit drei Sitzreihen in der Version mit langem Radstand bietet der Buzz Platz für eine ganze Volleyballmannschaft, wie das Unternehmen auf seiner Website betont. Es sind auch Transporter- und Campingversionen erhältlich.

Die Standardversion (mit kurzem Radstand) wird von einem 201-PS-Elektromotor angetrieben, während die Version mit langem Radstand einen 286-PS-Motor hat und optional mit Allradantrieb noch mehr Leistung bietet.

„Wenn man in den ID. Buzz einsteigt, möchte man seinen Job kündigen und Surflehrer in Hermosa Beach werden, mit dem Rucksack durch Peru reisen oder Alpakas züchten, damit man für alle in seiner Kommune Biowoll-Hoodies stricken kann", berichtet das Magazin *Car and Driver*. „Das ist Neuland: der Minivan als Statussymbol und Aushängeschild für eine ganze Marke."

UNTEN ZUM RETRO-DESIGN GEHÖREN DIE OPTIONALE ZWEIFARBIGE LACKIERUNG UND EIN GROSSES VW-EMBLEM AUF DER NASE DES ELEKTROTRANSPORTERS. SEITLICH ANGEBRACHTE SCHIEBETÜREN GEWÄHREN ZUGANG ZUM INNEREN DES VOLKSWAGEN ID. BUZZ.

LOTUS EVIJA

UNTEN IN DER MITTE DIE KANTEN DER VENTURI-TUNNEL AM HECK DES FAHRZEUGS SIND MIT ROTEN LEUCHTDIODEN UMRANDET, UM DEN EINDRUCK VON NACHBRENNERN WIE BEI DÜSENJÄGERN ZU ERZEUGEN.

OBEN RECHTS LOTUS BEZEICHNET DEN EVIJA ALS „UNMÖGLICH LEICHT" UND VERSPRICHT „LUXUS OHNE KOMPROMISSE". JEDES ÜBERFLÜSSIGE DETAIL WURDE GESTRICHEN.

Der Begriff „Leichtbau" hat unter Automobilingenieuren einen guten Klang. Auf der Website von Lotus Cars heißt es, dass der Gründer des Unternehmens, der britische Konstrukteur Colin Chapman, „an die Kraft der Einfachheit glaubte, indem er Überflüssiges entfernte und in das Wesentliche investierte".

Chapman war ein Pionier des Leichtbaus. Lotus-Fahrzeuge waren sowohl auf der Rennstrecke als auch auf öffentlichen Straßen leicht und schnell, machten Spaß und waren häufig als Erste im Ziel.

Chapman gründete das Unternehmen 1951, und zu seinen Lebzeiten (er starb 1982) gewann Lotus sieben Konstrukteursmeisterschaften in der Formel 1. Jim Clark, Graham Hill, Emerson Fittipaldi, Jochen Rindt und Mario Andretti wurden als Fahrer des Teams Fahrerweltmeister. Clark gewann auch das Indianapolis-500-Rennen in einem Lotus, eine historische Leistung, denn dies war das erste Fahrzeug mit Heckmotor, das dieses weltberühmte Rennen gewann. In Chapmans Worten: „Wenn man Leistung hinzufügt, wird man auf den Geraden schneller, wenn man Gewicht abzieht, wird man überall schnell." Dies galt auf der Rennstrecke wie auf der Straße gleichermaßen.

Eines der erfolgreichsten Lotus-Fahrzeuge war der 1956 vorgestellte Eleven, dessen Name ausgeschrieben wurde. Möglicherweise als Hommage erhielten alle nachfolgenden Lotus-Straßenfahrzeuge Namen, die mit dem Buchstaben E beginnen, wie Elan, Europa, Esprit, Elise und Evija. Der Evija wurde 2019 vorgestellt und als „das erste vollelektrische britische Hypercar" bezeichnet, Lotus zufolge „das leistungsstärkste Serien-Straßenfahrzeug der Welt".

Das auf einem Karbon-Monocoque gebaute Auto wiegt 1 680 Kilogramm, und seine Elektromotoren liefern 2 000 PS, genug, um das Auto in weniger als drei Sekunden auf 100 km/h und in 9,1 Sekunden auf 300 Kilometer pro Stunde zu beschleunigen, und das bei einer Höchstgeschwindigkeit von mehr als 320 km/h.

Lotus ist für seine Innovationen bekannt, und der Evija verfügt nicht nur über eine neue Beleuchtungstechnik, sondern auch über effektvoll beleuchtete Venturi-Tunnel am Heck. Chefdesigner Russell Carr erläuterte sein „Konzept der Durchlässigkeit"; es basiere auf einer Studie darüber, wie die Konstrukteure der Le-Mans-Rennwagen die Luft nicht nur über, unter und um das Fahrzeug strömen lassen, sondern auch durch das Fahrzeug.

Die Bezeichnung Evija ist eine Anleihe bei den abrahamitischen Religionen und bedeutet so viel wie „die Lebendige". Das Auto sollte 2024 in Produktion gehen.

„Der Evija markiert den Beginn eines aufregenden neuen Kapitels in der Geschichte einer legendären und sehr beliebten britischen Sportwagenmarke. Er ist das erste Hypercar von Lotus und das erste Modell des Unternehmens mit elektrifiziertem Antriebsstrang. Als erstes komplett neues Auto, das unter der Leitung von Geely – dem weltweit am schnellsten wachsenden Automobilkonzern [der 2017 eine Mehrheitsbeteiligung an Lotus sowie am Mainstream-Automobilhersteller Volvo erwarb] – auf den Markt gebracht wird, kann seine Bedeutung nicht hoch genug eingeschätzt werden", verlautbarte Lotus.

„Er wird unsere Marke in den Herzen und Köpfen der Sportwagenfans und auf der globalen Automobilbühne wieder etablieren", fügte der Vorstandsvorsitzende Phil Popham hinzu. „Er wird auch den Weg für weitere visionäre Modelle ebnen."

LOTUS

GORDON MURRAY AUTOMOTIVE T.50

UNTEN GORDON MURRAY SCHUF DEN T.50, UM DIE VORTEILE DER SEIT DEM MCLAREN F1 ERFOLGTEN WEITERENTWICKLUNG VON FERTIGUNG UND MATERIALIEN ZU NUTZEN.

Auf Seite 234 stellen wir den McLaren F1 von 1992 vor, einen straßentauglichen Supersportwagen, der auf Formel-1-Technologie basiert. Dazu gehörte ein Lenkrad in der Mitte des Armaturenbretts, um dem Fahrer eine optimale Position für das Ausreizen der Fahrdynamik des Autos zu bieten. Im Gegensatz zu den typischen zweisitzigen Sportwagen war der F1 ein Dreisitzer, bei dem die Passagiere auf beiden Seiten und leicht hinter dem Fahrer sitzen.

Hinter dem Konzept stand Gordon Murray, ein Ingenieur und gebürtiger Südafrikaner, der seine eigenen Rennwagen baute, weil er es sich nicht leisten konnte, sie zu kaufen. Murray zog nach England, wo er Lenkraketen entwarf, bevor er zunächst für Brabham und dann für McLaren Raketen auf Rädern für die Grand-Prix-Rennstrecke entwickelte.

Im Jahr 2007 gründete er sein eigenes Design-Unternehmen und stellt seit 2017 mit Gordon Murray Automotive Autos in kleinen Stückzahlen her. Das erste Fahrzeug sollte auf den Prinzipien des früheren McLaren F1 basieren, aber die Fortschritte bei Materialien, Fertigung und anderen Technologien nutzen. Der Name T.50 sollte an Murrays 50-jährige Tätigkeit als Automobilingenieur und -designer erinnern. Das Auto sollte „der reinrassigste, leichteste und am stärksten auf den Fahrer zugeschnittene Supersportwagen aller Zeiten" werden.

Murray enthüllte das fertige Auto 2020. Wie beim McLaren F1 sitzt der Fahrer vorne in der Mitte, flankiert von Sitzen für die Passagiere auf beiden Seiten. Das Auto, das nur 986 Kilogramm wiegt, wird von einem 3,9-Liter-V12-Motor angetrieben, der gemeinsam von Murray Automotive und Cosworth

entwickelt wurde und eine Leistung von 663 PS bei bis zu 12 000 /min erreicht. Ein Gebläse am Heck des Wagens klebt ihn buchstäblich auf die Fahrbahn, um die Fahrdynamik zu verbessern. Der Fahrer kann zwischen sechs „Aero-Modi" wählen, die das Fahrerlebnis verbessern sollen.

„Nach 30 Jahren des technologischen und systemtechnischen Fortschritts ist jetzt die Zeit für das großartigste analoge Fahrerauto gekommen", sagte Murray bei der Ankündigung des T.50. „Ich glaube, dass kein anderes Unternehmen das liefern kann, was wir 2022 auf den Markt bringen werden, und die Produktion dieses britischen Supersportwagens wird mein stolzester Moment sein."

Einen Monat nach der Vorstellung des T.50 – da war angeblich die gesamte geplante Serie von 100 Fahrzeugen bereits verkauft – zeigte Murray eine noch leichtere und leistungsstärkere Version des Wagens für den Rennsport. Diese Version, von der 25 Stück produziert werden sollten, wog gut 90 Kilogramm weniger, aber der Motor hatte eine Leistung von 730 PS. Der Wagen verfügte außerdem über einen Deltaflügel, der vom Cockpit aus nach hinten gezogen wurde, um die aerodynamischen Eigenschaften weiter zu verbessern.

„Der T.50s wird auf der Rennstrecke erstaunliche Leistungen erbringen und das ganze Ausmaß der Fähigkeiten des Fahrzeugs demonstrieren", meint Murray, der sich völlig auf die Leistung konzentriert. „Wir haben alles darangesetzt, dieses Auto über alles bisher Dagewesene hinaus zu entwickeln – es ist ein Fest der britischen Ingenieurskunst und der umfangreichen Motorsporterfahrung unseres Teams."

AUTOR

LARRY EDSALL beobachtet als Journalist seit mehreren Jahrzehnten die Automobilindustrie. Ein Dutzend Jahre lang war er Redakteur bei der Zeitschrift *AutoWeek* und dann Gründungsredakteur des *ClassicCars.com Journal*. Er berichtete über die wichtigsten Automobilveranstaltungen und fuhr Hunderte von Fahrzeug sen auf mehreren Kontinenten Probe. Für White Star schrieb er *Automobile der Zukunft*, *Triumphe des Automobil-Designs* und *Legenden der Automobilgeschichte*.

BIBLIOGRAPHIE

Bücher

24 Heures du Mans, 1923-1992; Christian Mointy, Jean-Marc Teissedre und Alain Bienvenu. Le Mans, Frankreich, 1993.

A Century of Car Design; Penny Sparke, London, 2002

Automobile and Culture; Gerald Silk, Angelo Tito Anselmi, Henry Flood Robert Jr., Strother MacMinn, New York, 1984

AZ of Sports Cars Since 1945; Mike Lawrence, Devon, England, 1991

Bug: The Strange Mutations of the World's Most Famous Automobile; Phil Patton, New York, 2002

Cars 1930-2000: The birth of the Modern Car; Nick Georgano, Michael Sedgwick und Bengt Ason Holm, Gothenburg, Schweden, 2001

Cars: An encyclopedia of the world's most fabulous automobiles; Martin Buckley und Chris Rees, London, 2002

Classic Cars: From 1945 to The Present; Michael Bowler, Vercelli, Italien, 2001

Classic Cars: The World's Greatest Marques; Richard Gunn, London, 2003

Concept Cars: From the 1930s to the Present; Larry Edsall, Vercelli, Italien, 2003

Ferrari: Design of a legend; Gianni Rogliatti, Segrio Pininfarina und Valerio Moretti, Mailand, Italien, 1990

Ford GT: The Legend Comes to Life; Larry Edsall, St. Paul, Minn., 2004

Ford Racing Century; Larry Edsall und Mike Teske, St. Paul, Minn., 2003

Jeep Owner's Bible; Moses Ludel, Cambridge Massachusetts, 1992

Standard Catalog of American Cars 1946-1975, 1976-1999; Ron Kowalke und James M. Flammang, Iola, Wisconsin, 1999

Standard Catalog of Imported Cars 1946-2002; Mike Covello, Iola, Wisconsin, 2002

The Automobile Age; James J. Flink, Cambridge, Massachussets, 1993

The Checkered Flag: 100 Years of Motor Racing; Ivan Rendall, Secausus NJ, 1993

The Complete Book of Collectible Cars; Richard M Langworth und die Autoredakteure des Consumer Guide, Lincolnwood, Illinois, 2001

The Complete Encyclopedia of Antique Cars: Sports & Passenger Cars 1886-1940; Rob De La Rive Box, Niederlande, 1998

The Story of Jeep; Patrick R. Foster, Iola, Wisconsin, 1998

The Ultimate Classic Car Book; Quentin Wilson mit David Selby, New York, 1995

Ultimate Sports Car; Quentin Wilson, New York, 2002

Andere Quellen

Alfa Romeo SZ – RZ Registry

100 Events That Made the Industry, Sonderausgabe, Automotive News, 26. Juni 1996

Katalog von Il Museo Dell'Automobile Carlo Biscaretti di Ruffia di Torino

Ford 100, Jubiläumssonderausgabe, Automotive News, June 16, 2003

MX-5 Miata Anniversary Album von Barbara Houndt Beach, 1994

Museum of Modern Art (New York) Kataloge der Autodesignausstellungen von 1951 und 1953

Through Darkest America with Truck and Tank, ein Kapitel aus At East: Stories I tell to friends, Dwight D. Eisenhower, Doubleday & Company Inc., Garden City, N.Y., 1967

Zeitschriftenartikel

100 Coolest Cars; CAR, Mai 2004

A Car, A Watch? Swatchmobile! Thomas A. Sancton und Margaret Studer, Time, 28. März 1994

Escape Roads, AutoWeek, verschiedene Veröffentlichungen und Artikel von Randy Barnett, Robert Barlow, Rick Carey, Dan Carney, Mike Covello, Larry Edsall, Patrick Foster, John F. Katz, Nick Kurczewski, J. William Lamm, Michael Lamm, John Matras, Bill McGuire, Nina Padgett, Jonathan Stein, Matt Stone, Jan Tegler, Howard Walker und Michael Worthington-Williams

Verschiedene Artikel aus AutoWeek von Luca Ciferri, John P. Cortez, Matt DeLorenzo, Larry Edsall, Gavin Green, John F. Katz, Dutch Mandel, Denise McCluggage, Wes Raynal, Steve Thompson, Mark Vaughn, J.P. Vettraino und Kevin A. Wilson

Piero Dusio & the Cisitalia; Genevieve Obert, European Car online features

Zeitungsartikel

Museum Shows Army Jeep as „Work of Art", Elyria (Ohio) Chronicle-Telegram, 30. August 1951

DANKSAGUNGEN

Der Autor möchte sich bei den folgenden Personen für ihren Beitrag zur Recherche für dieses Buch bedanken: Leslie Armbruster von den Archiven der Ford Motor Co., Dave Buchko und Rob Mitchell von BMW North America, Sam Butto von Toyota Motor Sales USA, Bob Carlson von Porsche Cars North America, Dean Case von Nissan North America, Jennifer Cortez von Audi America, Donald Davidson von Indianapolis Motor Speedway, Jackie Jouret vom Bimmer magazine, Tim McGrane von Barrett-Jackson Auctions und CurtCo Publishing, "Landspeed' Louise Ann Noeth, Peter Reed vom Museum of Modern Art, Will Rodgers von SHR Perceptual Management, Wes Sherwood von Ford Motor Company, Eduard van de Beek von International SZ and
RZ Registry, Patricia Lee Younge von der University of Houston, Corrine Young vom Automotive News Information Center, der Phoenix Public Library und besonders den ehemaligen Kollegen beim AutoWeek magazine, darunter Cynthia Claes, Joe Kovach und Kevin A. Wilson für ihre Hilfe.

Schließlich widmet der Autor diese Arbeit seiner Großmutter, Ethel Acord, die selbst gern fuhr, aber auch eine begeisterte Beifahrerin war, als ihr Enkel alt genug war, um das Steuer zu übernehmen, und seinem eigenen Enkel, Nicholas Russell Chester – mögen die Autos immer noch cool sein, wenn du alt genug bist, um selbst zu fahren.

Der Herausgeber möchte danken:

Archivio Storico Fiat, Turin, Italien
Astorina Publisher für das Bild auf Seite 173, Mailand, Italien
Fiat Auto Press, Turin, Italien
BMW Historisches Archiv, München, Deutschland
Nissan Italia Press Office, Rom, Italien
Bertone Engineering Press Office, Grugliasco (TO), Italien
Porsche Historisches Archiv, Stuttgart, Deutschland
British Motor Industry Heritage Trust, Gaydon, Großbritannien
Alfa Romeo Historisches Archiv, Turin, Italien
Volkswagen Pressebüro, Wolfsburg, Deutschland
Autogerma, Verona, Italien
General Motors Archives, Detroit, USA

BILDNACHWEIS

amy Images: S. 40-41, 42 , 43, 149, 180-181
oum / Alamy Stock Photo S. 74-75
' Photo: S. 90
chivio Massimo Massarenti: S. 66 oben inks und rechts, 66 Mitte, 66 unten links ind rechts
chivio Nissan: S. 250, 250-251, 251
chivio Porsche: S. 77, 100, 100-101, 101
chivio Scala: S. 40, 56 oben
chivio Storico Alfa Romeo: S. 123
chivio Storico FIAT: S. 32 rechts, 33, 67
temis Images: S. 210
rnard Cahier: S. 172-173
ttmann / Corbis / Contrasto: S. 18-19, 94
1IHT Archive Heritage Motor Centre: S. 37, 152 oben
1W AG Historiches Archiv: S. 56 unten, 58-59, 211, 212-213, 213
simiro PT / Shutterstock: S. 111
idy Lewis Photography: S. 180
1 Photography / Alamy Stock Photo: S. 00-301
imler Chrysler: S. 46-47
vid Paul Morris / Bloomberg / Getty mages: S. 294-295
k Pendzich / Alamy Stock Photo: S. 295
erett Collection/Contrasto: S. 216
\T Auto Press: S. 122 oben
tostudio Zumbrunn: S. 2-3, 18-19, 20-21, 3, 36, 37, 38, 39, 48-49, 60, 60-61, 62, 62-3, 68, 68-69, 70, 70-71, 71, 79, 80, 81, 82, 2-83, 83, 84, 86-87, 97 unten, 98-99, 99, 04-105, 108, 108-109, 109, 110-111, 112-113, 14-115, 125, 127, 128-129, 130, 131 unten, 32, 134, 134-135, 140-141, 142-143, 146, 147, 50-151, 152 unten, 153, 156-157, 162-163, 163 inks und rechts, 164-165, 175, 177, 184-185, 85, 194-195, 196, 197, 198-199, 218, 223, 225, 28-229, 229, 230-231, 231, 237, 256-257, 258-59, 259
neral Motors Media Archive: S. 18, 20, 31, 58 unten, 159, 161, 263
es Chapman Library: S. 183
on Mili / Time Life Pictures / Getty Images / aura Ronchi: S. 93 oben
lton Archive / Laura Ronchi: S. 96, 131 oben
lton-Deutsch Collection / Corbis / Contrasto: S. 150
S/AP Photo: S. 242

Illustrazione di Sergio Zaniboni, Diabolik © Astorina: S. 165
Yves Forestier / Getty Images: S. 209
Jack Sullivan / Alamy Stock Photo: S. 254
Jaguar Archives: S. 89 oben links und rechts, 89 Mitte links und rechts
James Mann: S. 190-191, 191, 214-215
LademannMedia / Alamy Stock Photo: S. 296-297
Lat Photographic: S. 38-39, 52, 53, 58
Ludvingsen Library: S. 215
Maggi und Maggi: S. 32 links, 34, 34-35
Malcolm Haines / Alamy Stock Photo: S. 298-299, 299
Marco De Fabianis Manferto ©: S. 290-291, 291
Media.Ford.com: S. 93 unten
Michael Furman Photography: S. 10-11, 29, 52-53, 102-103, 115, 138-139, 148-149, 166-167, 182-183
Mike Mareen / shutterstock: S. 284 oben, 284-285
Museo dell'automobile di Torino: S. 21
Neill Bruce: S. 17 oben, 48, 178-179
Oleksiy Maksymenko / Alamy Stock Photo: S. 254-255
Mit freundlicher Genehmigung von Audi AG / Audi Media Service: S. 268, 268-269, 270, 270-271, 271
Mit freundlicher Genehmigung von Aston Martin Lagonda Limited: S. 288-289, 289 oben links und rechts
Mit freundlicher Genehmigung von Bugatti: S. 272, 272-273, 274 oben und unten, 275 oben und unten
Mit freundlicher Genehmigung von Ferrari spa: S. 286 oben, 286-287
Mit freundlicher Genehmigung von ©GM Company: S. 278-279
Mit freundlicher Genehmigung von McLaren Automotive Limited: S. 280-281, 282-283, 283
Mit freundlicher Genehmigung von Media Center Maserati: S. 276, 276-277
Peter Harholdt / Corbis / Contrasto: S. 216-217
Peter Vann / Automedia: S. 54-55
Photos12: S. 17 unten, 86, 93, 135, 245
Photoservice Electa / AKG: S. 97 oben, 103, 145, 169

Pictorial Press Ltd / Alamy Stock Photo: S. 173
Rene' Staud Studios: S. 117, 120-121, 122 unten, 140, 144, 144-145, 154, 155, 192-193, 193, 200-201 201, 207, 234, 239, 252, 252-253
Retro AdArchives / Alamy Stock Photo: S. 95
Roger Viollet / Archivio Alinari: S. 107, 116, 128
Ron Kimball: S. 4-5, 6-7, 13, 22-23, 24-25, 26-27, 44, 44-45, 50-51, 51, 72-73, 90-91, 91, 118, 118-119, 136, 136-137, 186, 186-187, 188-189, 202-203, 216-217, 218-219, 221, 2224-225, 226-227, 240-241, 244-245, 246-247, 247, 248-249, 262-263 264, 264-265, 266-267
Smith Archive / Alamy Stock Photo: S. 16-17
Schlegelmilch Photography: S. 234-235
Schwartzwald Lawrence / Corbis Sygma / Contrasto: S. 240
Steven Bennett / Alamy Stock Photo: S. 255
The Advertising Archive Ltd.: S. 85, 151, 160 oben
The Culture Archive: S. 35, 46, 47, 92 unten
Todd Corzett: S. 57
Topfoto/ICP: S. 15, 232-233
Uber Bilder / Alamy Stock Photo: S. 205
Underwood Archives, Inc / Alamy Stock Photo: S. 41
Volkswagen Media: S. 98, 242-243, 243, 304
Whitevector / shutterstock: S. 292-293
www.carphoto.co.uk: S. 20, 64, 64-65, 65, 88-89, 133, 160-161, 260-261
Zoomstock: S. 8-9, 75, 106, 106-107, 168-169, 170-171

Umschlag: Mercedes-Benz 300 SL (JackKPhoto/Shutterstock)

DIE LINIEN DES NEW BEETLE BIETEN SICH GERADEZU AN FÜR JEDE ART VON INDIVIDUELLER GESTALTUNG.

WS whitestar® ist eine eingetragene Marke von White Star S.r.l.

Piazzale Luigi Cadorna, 6
20123 Mailand, Italien
www.whitestar.it

Übersetzung: Barbara Neeb - Dietmar Schmitz

ISBN 978-88-6312-681-5
3 4 5 6 30 29 28 27 26

Gedruckt in der China